网络表示学习的理论与应用

王静红 著

科学出版社
北京

内 容 简 介

本书介绍了在人工智能与大数据时代背景下，网络表示学习的理论与应用。提出了网络表示学习的关键在于将网络中的节点映射到低维空间，形成能够反映节点间复杂关系的向量表示。书中讨论了各种先进的网络表示学习方法，如基于图注意力机制、图自编码器和深度学习技术，并提供了大量实验和案例分析，展示了这些方法在不同数据集上的应用效果。这些案例覆盖了社交网络、生物信息学、知识图谱等领域，证明了网络表示学习技术在多样化场景中的适用性和有效性。通过系统的理论基础和丰富的实践案例，本书旨在帮助读者深入理解和应用网络表示学习。

本书适合数据科学、人工智能、机器学习和网络分析等领域的研究人员、工程师、高年级本科生和研究生，以及对大数据分析和复杂网络感兴趣的初学者阅读和参考。

图书在版编目（CIP）数据

网络表示学习的理论与应用 / 王静红著. —北京：科学出版社，2024.12
ISBN 978-7-03-077885-7

Ⅰ. ①网…　Ⅱ. ①王…　Ⅲ. ①机器学习　Ⅳ. ①TP181

中国国家版本馆 CIP 数据核字（2024）第 024978 号

责任编辑：任　静 / 责任校对：胡小洁
责任印制：师艳茹 / 封面设计：蓝正设计

科学出版社 出版
北京东黄城根北街 16 号
邮政编码：100717
http://www.sciencep.com
北京中科印刷有限公司印刷
科学出版社发行　各地新华书店经销
*
2024 年 12 月第　一　版　开本：720×1000　1/16
2024 年 12 月第一次印刷　印张：14
字数：285 000

定价：128.00 元

（如有印装质量问题，我社负责调换）

序

在数字化与信息化浪潮席卷全球的今天，大数据早已深深扎根于我们的生活与工作之中，成为不可或缺的一环。其中，复杂网络作为大数据的一个重要载体，在社交网络、知识图谱、生物信息学等广阔领域发挥着举足轻重的作用。然而，面对这些错综复杂的数据，如何有效地提炼出有价值的信息，一直是复杂网络分析领域的一大技术挑战。在此背景下，《网络表示学习的理论与应用》一书问世，为我们带来了全新的视角与方法论。

王静红教授长期深耕大数据研究，不仅科研成就斐然，更以满腔热情与智慧无私地培育学生，可谓桃李满天下。王教授的科研精神，如同磁石般吸引着无数青年学子投身科研，激励着他们勇攀科学高峰，为科研事业输送了大量优秀人才。

该书自网络表示学习的基本概念启程，逐步引领读者深入其技术精髓与应用实践，构建了一个既全面又系统的知识体系框架。网络表示学习的核心，在于将网络中的节点巧妙转化为低维、稠密的向量形式，同时确保在向量空间中保留网络的结构信息与语义信息。这一转化不仅极大地降低了数据处理的复杂度，更使得网络的内在结构与特征得以更清晰地展现。在大数据泛滥的今天，这一技术对于复杂网络分析而言，无疑具有举足轻重的意义。更加值得一提的是，该书不仅涵盖了传统的网络表示学习技术，还重点聚焦于图注意力机制、图自编码器、神经网络等前沿技术，这些技术能够更精准地捕捉网络的局部与全局结构，为后续的节点分类、链路预测、社区发现等任务奠定了坚实的基础。

在实验与实例分析章节中，该书通过展示多种算法在真实数据集上的实际表现与效果，不仅有力验证了所述方法的有效性，更为读者提供了直观而生动的参考。通过对这些实例的深入剖析，读者能够更加直观地感受到网络表示学习的实际应用价值，加深对理论知识的理解。

此外，该书更是以极具前瞻性的视角，深入探讨了网络表示学习在社交网络、知识图谱、生物信息网络等诸多领域的应用价值。这些讨论不仅展现了网络表示学习的广阔应用前景，更为读者打开了无限的想象空间。

综上所述，《网络表示学习的理论与应用》一书是一部全面、深入的网络表示学习宝典。无论是对于数据科学、人工智能、机器学习领域的资深研究者，还是对网络分析充满好奇的初学者，该书都是一本不可多得的珍贵资料。它如同一把钥匙，以全新的视角为我们开启了网络表示学习的大门，使我们得以更为深入地探索与应用网络表示学习，进而更加自信地迎接大数据时代的挑战。

河北省教育厅原厅长

2024 年 8 月 20 日

前　言

随着信息技术的飞速发展，我们已然步入了人工智能和大数据的时代。现实世界中的各类系统相互交织，形成了复杂多样的网络结构，如社交网络、交通网络、生物网络等。这些复杂网络蕴含着丰富的信息，其结构和节点之间的关系反映了系统的内在规律和功能特性。然而，面对如此庞大且复杂的数据，如何从中提取有价值的信息，成为复杂网络分析领域亟待解决的关键问题。本书聚焦于网络表示学习这一前沿领域，系统地阐述了其理论基础、模型方法以及实际应用。

全书共分为八章，从网络表示学习的基本概念出发，逐步深入到其技术核心和应用实例，旨在为读者呈现一个全面而深入的网络表示学习知识体系。第 1 章深入探讨了网络表示学习的研究背景和目标。第 2 章对网络表示学习的相关研究进行了全面综述。第 3 章重点阐述了基于图注意力机制的网络表示学习方法。第 4 章提出了基于联合注意力的网络表示学习方法。第 5 章专注于基于自编码器与双曲几何的网络表示学习方法。第 6 章针对异质信息网络的表示学习进行了深入研究。第 7 章聚焦于动态网络的表示学习。第 8 章着重探讨了基于社区发现的网络表示学习方法。本书在编写过程中，力求做到理论与实践相结合，深入浅出地阐述网络表示学习的核心概念和方法。

此外，本书还前瞻性地探讨了网络表示学习在多个领域的应用价值，如社交网络、知识图谱和生物信息网络等。网络表示学习应用范围广泛，也希望能够吸引更多的学者和爱好者关注这一充满活力的研究领域，共同推动网络表示学习技术的发展和应用。希望本书能够为从事网络表示学习、复杂网络分析、数据挖掘等领域工作的研究人员和工程师提供有益的参考和帮助。

本书的科研成果得到了京津冀自然科学基金“任务引导的室内服机器人感知及决策关键技术研究”(F2021205014)、河北省自然科学基金“社交网络半监督广义社区发现方法研究”(F2019205303)、河北省高等学校科学技术研究重点项目“语义社区发现的认知图谱模型研究及应用”(ZD2022139)等项目的资助，在此一并表示感谢。

在撰写本书过程中，作者参阅、摘引了国内外许多前人的著作和论文，在此谨致谢意，特别感谢张戴鹏、周志霞、梁丽娜、李昊康、黄鹏、闫增运、王慧、李昌鑫等老师和博士的大力支持和帮助。

尽管做出了最大努力，但是书中难免还存在不妥之处，希望广大读者不吝赐教，在此深表谢意。

王静红

2024 年 8 月 13 日

目　录

第 1 章　网络表示学习

1.1　研 究 背 景

随着大数据和互联网的迅猛发展，现实生活中的各个领域产生了海量数据，这些数据之间的流通和交互与我们的日常生活紧密联系，并且变得频繁和复杂。海量数据之间相互连接、相互影响，形成了数量众多、规模庞大、相互连接的复杂网络[1]，例如引文网络、社交网络和交通网络，而这种相互连接的网络又称为信息网络。这些信息网络根据节点和边的不同类型分为同质信息网络和异质信息网络[2]，前者的节点和边数量都为一种，而后者可以有不同类型的节点和不同类型的连接边，也代表了更复杂的数据类型和连接类型。图是复杂网络的一种直观的表示形式，是建模结构化数据的一种流行方法。在本书中图(Graph)和网络(Network)是等价的。复杂网络使用图论知识抽象成图结构[3]，图包含节点和边，节点对应在网络中表示数据点，边对应在网络中表示数据点之间的连接关系。如引文网络抽象表示为图结构存储在计算机中，每篇文献表示一个顶点，文献之间的相互引用关系表示边。

网络表示学习，旨在学习网络中节点的低维表示[4]，为每个顶点都寻找一个低维向量表示，在学习到的向量空间中保留了局部和全局结构信息，是对网络中的复杂关系进行表示的方法，在网络分析中有着至关重要的作用，一个适当的、信息丰富的网络表示学习可以得到有效的网络分析[5]。学习网络的低维稠密表示，可用于社区发现、节点分类以及链接预测等诸多下游分析任务中[6]。

由于现有条件的限制，实际生活中的网络具有复杂且多样的结构信息、丰富的节点属性信息，使用原始的网络数据来完成网络分析任务，会增加模型的复杂性，降低算法的性能和可用性。因此，如何对这些复杂网络进行有效地表示学习，得到低维、稠密的向量形式，快速可靠地从复杂网络中获取重要信息，是一个非常有价值的研究问题。

网络表示学习领域已存在大量的研究成果，然而，仍旧存在很多问题。首先，大多数研究利用最大化顶点和顶点之间邻近点的接近性来保持网络结构，当前已由早期集中在一阶接近转变为保持高阶接近或结合顶点之间的接近性[7]。

目前，由于网络数据的不断扩大，为了获得更加完备的整图，只利用网络结构，忽略了丰富的节点属性，对于节点的属性信息和图的局部、全局拓扑结构信息的综合考虑仍然存在欠缺[8]。此外，大多数的表示学习方法面向传统欧氏空间，忽略了原始网络潜在的几何层次结构，并且这些潜在结构在欧氏空间学习会出现失真及维度爆炸的问题。已有的研究方法大都只能隐式地为目标节点中不同的邻域节点指定权重，使得网络表示学习的可解释性较差，在学习中并不考虑表征空间的自身限制，大多数方法都是基于欧氏空间进行学习。目前大多数的传统网络都是基于浅层网络或者只在同质网络上进行研究，不能有效地获取异质信息网络中节点之间丰富的语义信息和结构信息。在现有的对异质信息网络表示学习相关研究中，许多工作[9-11]都是基于元路径来实现的。

综上所述，研究网络表示学习能够助力分析复杂网络，高效完成网络分析任务，降低人力计算成本。学习网络表示，除了要考虑网络复杂的拓扑结构信息，还应对网络丰富的节点属性信息、行为信息进行学习，这些信息可以缓解网络稀疏性，学习到更多的复杂网络潜在重要信息。对网络潜在几何层次结构信息的考虑，可以提高网络表示学习的可解释性，在欧氏嵌入中忽略的几何层次结构相近的节点信息得到捕获，有助于生成更高质量的节点表示向量。研究高性能的网络表示学习方法，可以应用在各种复杂网络的分析任务中，减轻计算压力，降低计算成本，提高计算效率，助力文化、经济、社会发展。因此，网络表示学习研究具有重要的研究意义。

1.2 研究目标

本书主要研究大数据背景下复杂网络的表示学习方法。总体目标是，通过对现实生活中的海量数据形成的复杂网络进行学习，将网络表示为低维的向量形式，保留网络中有价值信息，以缓解在原始复杂网络上进行网络分析任务的困难，经过网络表示学习，得到高质量的网络表示向量，将向量应用在网络分析下游任务中，如节点分类、链路预测、社区发现等，完成复杂网络分析。为复杂网络学习到高质量的向量表示，可提高网络分析效率，为大数据环境下网络分析任务节省了大量的时间、人力、物力成本。本书的具体研究目标如下。

(1) 复杂网络的表示学习方法及模型。利用图注意力机制、图自编码器机制、神经网络等技术，实现针对不同环境下的复杂网络的表示学习。

(2) 大数据背景下，使得复杂网络具有认知推理能力的表示学习。利用胶囊网络的认知推理技术，实现节点嵌入任务的图数据认知推理模型，进行特征融合、特征表示的研究，为复杂网络表示学习提供新的发展思路，在表示学习基础上，使得表示向量具有认知推理能力，提高网络分析任务效率。

(3) 基于社区发现的网络表示学习方法及模型。针对真实世界复杂网络，综合图注意力和变分图自编码器技术，实现具有社团结构的网络的划分，解决传统社区发现领域存在的社区相似性度量不准确等问题。

1.3 研究内容

网络表示学习(Network Representation Learning)，又名网络嵌入(Network Embedding)、图嵌入(Graph Embedding)，旨在将网络中的节点表示成低维、实值、稠密的向量形式，使得到的向量形式可以在向量空间中具有表示以及推理能力，同时轻松方便地作为机器学习模型输入，进而将得到的向量表示运用到社交网络中常见的应用中，如可视化任务、节点分类任务、链接预测以及社区发现等任务，还可以作为社交边信息应用到推荐系统等其他常见任务中。

网络表示学习有节点级和图级两种，节点级表示学习是将网络中的节点映射成低维向量，保证在原网络中具有相似性的节点在低维嵌入空间也具有相似的向量表示，通常节点级表示学习可以应用在节点分类、链路预测等网络分析任务中；图级表示学习是对整个图进行分类常用的方法，通常在生物医学研究领域较为常见，如判断整个分子(原子构成)是否有剧毒等[12]。

复杂网络结构复杂、信息丰富等特点，导致利用原始网络进行分析任务耗费巨大人力、物力成本，分析效果不佳。针对这个问题我们提出了网络表示学习方法。利用注意力机制、自编码器等技术学习网络的低维向量表示，并尽可能保留网络中有价值信息，同时，提出认知推理机制，利用深度神经网络使得学习的网络表示向量具有认知推理能力，可得到高质量的网络表示学习向量。将网络表示学习方法应用于节点分类、社区发现、链路预测等下游任务中，能够高效、准确地完成网络分析任务。

(1) 基于注意力机制的网络表示学习

主要研究同构网络的表示学习，包括属性网络、传统欧氏空间的表示学习。基于图注意力机制，对示例节点的每个邻居节点更好地分配权重并提取矩阵的特征信息组成注意力特征矩阵，使网络获取更多与目标有关的细节信息，来实现更准确的网络表示。

(2) 基于自编码器的网络表示学习

主要研究具有丰富属性信息的网络，设计低通拉普拉斯滤波器处理属性矩阵，将高频噪声过滤，得到平滑的属性矩阵，结合网络邻接矩阵来聚合邻居节点的属性信息，得到网络表示，监督自编码器的损失函数来优化模型。

(3) 基于图卷积的网络表示学习

主要研究异质信息网络的表示学习，由于异质网络中含有丰富的寓意信息，并且网络中信息更为复杂，种类多样，因此利用图卷积神经网络学习对异质网络进行表示。根据元路径对提取异质网络语义信息的良好帮助，设计出一种新颖的异质关联矩阵，作为图卷积的输入，提高异质网络获取结构信息的能力。

(4) 基于认知推理机制的网络表示学习

现有的数据分析方法在信息的特征提取、特征融合以及可解释性方面存在缺陷，已有的研究方法大都只能隐式地为目标节点中不同的邻域节点指定权重，使得在节点表示学习的可解释方面比较薄弱，大多数方法以最纯粹的形式定义将局部邻域节点的信息进行聚合，未能高效利用网络信息。针对这些问题，提出一种可以处理多层次特征的认知推理网络模型，实现对多层次特征的融合与认知推理性分析，探索基于认知推理机制的网络表示学习方法。

(5) 基于社区发现的网络表示学习

主要研究社区发现的网络表示学习方法，从静态网络到动态网络，利用图注意力和图自编码器等技术，学习网络特征信息，通过在较长连续时间中的连边关系指导最终的社区划分。在图神经网络框架内直接获取社区的方法，将社区的网络结构隐含在信息传递中，实现社区结构的划分。

第 2 章　网络表示学习综述

2.1　同构网络的表示学习模型

2.1.1　基于随机游走的网络表示学习模型

Perozzi 等人[13]提出深度游走(DeepWalk)算法，使用深度优先搜索进行节点采样获取网络的局部结构信息，将节点嵌入到潜在的连续空间中，但只考虑到网络的局部特征。Tang 等人[14]提出 LINE 算法，设计了一种优化的目标函数来融合网络结构的一阶和二阶邻近性，保留了结构的局部和全局信息，但邻居邻近性局限在一阶和二阶，没有考虑到节点之间的高阶邻居相似。Grover 等人[15]提出 Node2Vec 算法，在顶点近邻序列的获取上采用有偏随机游走，并结合深度优先搜索和广度优先搜索的邻域，通过参数可控地探索网络邻域，但在嵌入过程中没有将边权重放到网络训练中，忽视了边权重对网络表示学习的影响。Wang 等人[16]提出 Stru2vec，关注不同节点在网络中所处的角色，在表示网络节点的同时又保持了节点的结构特征，但对于应用网络的类型有所局限，只能应用在无权无向网络中。

2.1.2　基于矩阵分解的网络表示学习模型

Cao 等人[17]提出 GraRep 算法，使用矩阵分解优化模型，应用 SVD 融合网络高阶邻近性，定义 k-step 损失函数集成与图相关的丰富的局部结构信息，捕获全局结构属性，但计算关系矩阵时计算量太大，不适用于大型网络。Yang 等人[18]在矩阵分解框架下，将 DeepWalk 整合顶点文本信息，提出 TADW (text-associated DeepWalk)算法，结合了两种不同类型的信息特征，通过矩阵分解来联合建模特征组合，但在矩阵分解的过程中造成了较高的时间复杂度。Ou 等人[19]提出 HOPE 算法，构造非对称关系矩阵保持网络高阶邻近，通过矩阵降维得到网络节点的表示，但在降维过程中造成了较高的时间复杂度。Yang 等人[20]提出网络表示学习更新算法(NEU)，通过隐式逼近高阶接近矩阵来提高网络表示学习的性能，先构造关系矩阵和属性矩阵，再通过分解得到最终表示，但只适用于无权无向图。

Qiu 等人[21]提出 NetMF 算法，经特征分解后通过特征值和特征向量形成一个密集矩阵，对此密集矩阵进行奇异值分解生成嵌入，但处理大规模网络时需花费极大的时间和空间。之后 Qiu 等人[22]在 NetMF 的基础上提出大规模网络表示学习作为稀疏矩阵分解(NetSMF)，利用光谱稀疏化理论将密集矩阵稀疏化，使得稀疏矩阵在谱上接近于原始的密集矩阵，但在稀疏化过程中需大空间的内存。Chen 等人[23]对顶点潜在结构进行建模，提出层次负采样(HNS)，自适应地发现顶点的潜在社区结构，将邻居邻近信息建模到层次社区结构中，在网络表示学习方法中利用顶点的 N 级相邻区域信息选择合适的负样本。谢雨洋等人[24]在矩阵分解 NetMF 的基础上，提出一种高效且内存用量较小的网络表示学习算法(eNetMF)，随机化分解特征值，并单遍历奇异值对其进行分解，虽然提高了嵌入性能，但依然产生了较高的时间复杂度。

2.1.3 基于深度学习的网络表示学习模型

图神经网络是为图数据的表示学习任务而引入的一组神经网络模型，可以有效地捕获网络结构信息，并将新学习的表示用在应用任务上。Kipf 等人[25]提出图卷积网络(Graph Convolutional Network，GCN)，引入谱图卷积算子，并提供了几个不同的近似算子来编码图结构和节点特征，虽然将邻居节点特征进行了整合，但在整合过程中忽略了节点自身的特征。

Chen 等人[26]提出多层次图表示范式(HARP)，是嵌入图数据集的元策略，保留了高阶结构特征，并且可以改进 DeepWalk、Node2Vec 和 LINE 等多种表示学习方法，但层次图的形成只局限于星型或者边折叠两种方式。在 GCN 基础上，Velickovic 等人[27]对 GCN 进行扩展，提出图注意力网络(Graph Attention Network，GAT)，在更新节点的表示时，改变了传统用固定权值来分配邻居权重的方式，引入注意机制计算目标节点及其邻居的表示权重。为稳定模型的学习过程，将 GAT 进一步扩展到多头注意力，让 K 表示所涉及的注意机制的数量，学习的表示节点基于每个注意机制将这些学习表示聚合在一起，形成最终的节点表示，但图注意网络仅适用于有向图。

Wang 等人[28]提出基于深度自动编码器的潜在功能提取(LF&ER)，将嵌入图作为潜在特征向量来获得整个社区的特征，图形距离图的矩阵转换为向量。You 等人[29]在模型中设置两个层次的循环神经网络，提出图递归神经网络(GraphRNN)，在图上进行训练来学习生成图，并将图生成过程分解为节点和边的生成序列，但在训练过程中易出现过拟合情况。Meng 等人[30]提出图同构神经网络(IsoNN)，从输入图中提取有意义的子图用于表示学习。Zheng 等人[31]提出图多注意力网络(GMAN)，将其用于交通预测，采用编码器和解码器架构对输入流量特征编码预测输出序列，具有门控融合的时空注意机制模拟时空相关性，在编码器和解码器之间应用变换注意机制转换特征，但只适合预测短期内的交通情况。

2.1.4　基于双曲空间的网络表示学习模型

由于现实世界的网络通常表现出非欧氏结构，有近似树状的层次结构，有的还满足幂律分布等，这就导致在传统的欧氏空间嵌入会出现失真和维度爆炸的问题，因此，后来研究开始基于双曲空间的特性进行网络表示学习[32,33]。

2017 年，Nickel 等人首先使用庞加莱球模型学习网络的层次结构，为社交网络节点进行表示[34]。Ganea 等人[35]利用凸锥建模有向无环的网络数据。Zhang 等人[36]基于元路径的随机游走，把异构网络映射到庞加莱球模型，学习节点的双曲空间表示。Papadopoulos 等人[37]提出 HyperMap 算法，利用最大似然估计推断节点间角度，将角度大的节点先进行学习，然后，通过节点之间是否存在直接的连边判断节点相似性，得到节点嵌入。后来，HyperMap 算法的作者在其基础上修改了似然函数，提出了 HyperMap-CN 算法，引入共同的邻居信息来生成节点嵌入[38]。戴�[39]提出 PKGM 算法，通过计算在双曲空间中网络数据之间的距离，来判断它们彼此之间有边的概率，实现对科研热点的预测。HGNN 算法和 HGCN 算法[40,41]是最新的将双曲神经网络推广到图领域的方法，把邻居的聚合操作转移到相对应的切空间，进而运用图神经网络学习得到节点嵌入。

双曲嵌入弥补了欧氏空间嵌入的不足，独有的空间特性使得原始网络的几何层次结构信息得以保持，提高了网络表示学习的可解释性。但是双曲嵌入与图神经网络、机器学习的结合还没有得到足够的发展。如何将双曲空间和欧氏空间各自的优势结合起来，生成高效的网络表示学习算法，在各种网络中高度适用，是未来值得研究的问题。

2.2　异构网络的表示学习模型

与同质网络不同的是，在异质网络中不同连接关系包含的不同语义信息是异质网络表示学习需要保留的基本信息之一[42]。为了区分不同的连接关系，Chen 等人[43]提出的 PME 模型是在不同的度量空间来处理它们，将每种边类型视为一种关系，并使用特定的关系矩阵将节点转化在不同的维度空间，这样不同类型的节点在维度空间下彼此靠近，从而捕获网络的异质性，但其缺点是只能捕获节点的一阶邻居信息。

Dong 等人[44]对异质网络的研究引入了元路径，采用元路径获取节点序列的方式输入到 Skip-gram[45]模型得到异质网络的节点嵌入。但该模型只使用了一条元路径，可能会忽略其他元路径上的有用的语义信息。Fu [46]等人提出的 HIN2Vec 模型通过利用节点之间不同类型的连接关系来学习异质信息网络中的潜在向量。Shang 等人[47]提出的 Esim 通过用户指定的元路径来解决异质信息网络的表示学习，实现了采用多条元路径的方式来解决节点嵌入。Cai 等人[48]提出的 HMSG 则是在多条元路径中生成基于元路径的子图，对不同类型节点信息聚合操作得到子图聚合向量，然后加入注意力机制给每个子图赋予不同的权重，最后得到异质网络的节点嵌入。Zhou 等人[49]提出的 HAHE 在元路径和元路径实例上使用层次注意力机制来捕获元路径的语义信息和路径实例上的个性化偏好，在不同元路径传达不同的语义问题上得到了解决。又随着异质图神经网络[50](Heterogeneous Graph Neural Network，HGNN)的推广，Wang 等人[51]提出的 HAN 在节点级别上和语义级别上实现了对异质网络信息的表示学习，克服了异质信息网络属性的异质性融合问题。Fu 等人[52]提出的 MAGNN 也在元路径层面，引入了注意力机制来进行节点嵌入。又随着网络动态性的发展，Wang 等人[53]提出的 DyHNE 解决了异质网络表示学习方法中的扩展性差、无法处理动态网络的问题。它是一种基于矩阵扰动理论的增量更新方法，在考虑网络中异质性和演化过程的同时学习节点嵌入，为保证算法的高效性同时保留了一阶和二阶近似的元路径。Xue 等人[54]提出的 DyHATR 则是使用不同层级的注意力机制来获取不同时间的节点信息。

通过对上述异质网络表示学习算法的综合分析，多数算法在利用元路径指导随机游走获取节点序列时，主要是基于同质邻居的信息进行传递，忽略了异质网络中异质邻居的丰富的结构信息和语义信息。同样，基于浅层模型的算法并不能高效地处理异质数据，缺乏对复杂数据的表达能力且准确率较低。如何高效并且准确地对异质信息网络中的节点信息和边信息进行学习表示，并且能提高后续网络分析任务的准确率是研究的重点和难点。

第 3 章 基于图注意力机制的网络表示学习方法

3.1 复杂网络的基本理论

现实中的复杂系统可抽象成复杂网络，如图 3-1 所示，网络节点表示实体，网络节点之间的连线表示实体之间的关系，引文网络、社交网络、蛋白质网络等都是复杂网络的体现[55]，在交通、生物学等诸多领域都得到了广泛的应用。新冠疫情也可以利用复杂网络进行分析，可将确诊者表示为网络的个体，如果确诊者通过某种方式与其他人发生接触，就认为确诊者与接触者这两个个体之间存在直接连接，如果接触者通过某种方式再与其他人发生接触，就认为他们这两个个体之间也存在直接连接，从而得到新冠疫情传播网络的拓扑结构，利用机器学习等方法就能找到密接者，并且还能预测密接者与确诊者之间的相对可能性传染概率。

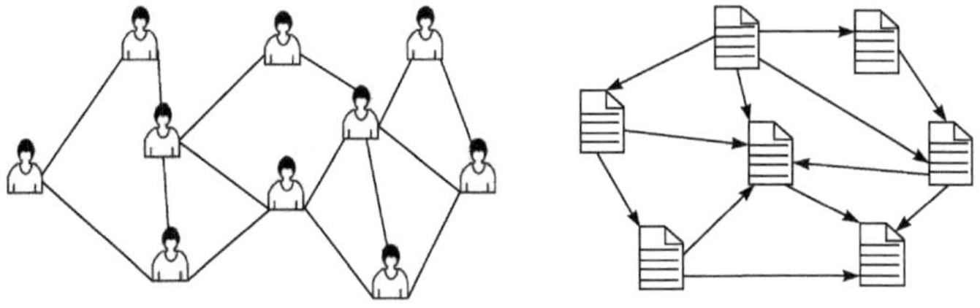

(a) 社交网络　　(b) 引文网络

图 3-1　网络示例

网络是一个拥有复杂拓扑结构的图[56]，通常将网络定义成图 $G=(V,E)$ ，在本书中图等同于网络，表示网络节点，$n=|V|$ 是网络节点的数量，E 表示网络节点之间的边集合，$e_{ij}\in E$ 表示节点 v_i 与节点 v_j 的连边，所有节点的连通关系构成了网络的邻接矩阵，若节点 $v_i\in V$ 与节点 $v_j\in V$ 有直接连边 $(v_i,v_j)\in E$ ，则 $e_{ij}=1$ ，否则 $e_{ij}=0$ 。不同节点之间的相似性可能会有所不同，使得每条边都对应一个权重 $w_{ij}\geqslant 0$ ，未加权图 $w_{ij}=1$ ，加权图 $w_{ij}>1$ ，节点之间没有直接连边则 $w_{ij}=0$ 。邻接矩阵 A 是图的一种存储方式，更加直观地反映了网络的拓扑结构，矩阵内的元素值 a_{ij} 等于权重值 w_{ij} 。

判断节点的重要性对复杂网络的研究至关重要，节点影响力取决于节点的内部和外部环境特征，其中内部环境特征包括节点的度、阶数、特征路径长度、聚类系数及节点相似性等[57]，外部环境特征包括社区大小及社区之间的紧密程度等。节点的度是此节点连接其他节点的数目，度值越大意味着节点越重要，a_{ij} 是邻接矩阵元素，在无权图中，节点 v_i 度 k_i 的计算为：

$$k_i = \sum_{j=1}^{n} a_{ij} \tag{3.1}$$

阶数是节点重要性的一种体现方式，是节点在网络中影响信息流动的力度，阶数的值越高则此节点在网络中越重要，g_{ik} 是节点 v_j 与节点 v_k 的最短路径数目，h_{jk}^i 是 v_j 到 v_k 最短路径中经过节点 v_i 的最短路径数目，节点 v_i 阶数 BC_i 的计算为：

$$\mathrm{BC}_i = \sum_{j \neq i \neq k} \frac{h_{jk}^i}{g_{jk}} \tag{3.2}$$

将网络中节点 v_i 与节点 v_j 之间的距离 d_{ij} 定义为连接这两个节点最短路径上的边数，则特征路径长度 L 的计算为：

$$L = \frac{1}{n(n-1)} \sum_{i \neq j} d_{ij} \tag{3.3}$$

聚集系数描述了与节点直接相连节点之间的连接关系，反映了网络聚类的程度，聚集系数越大，网络集团化现象越明显，节点 v_i 的聚集系数 C_i 是与此节点直接相邻的节点间实际存在的边数 e_i 占最大可能存在的边数的比例，聚集系数的计算为：

$$C = \sum_{i=1}^{n} \frac{2e_i}{k_i(k_i - 1)} \tag{3.4}$$

节点相似性越大，节点之间的距离就越小；相似性越小，节点之间的距离就越大。利用图论知识对网络进行研究有着深远的意义。在蛋白质网络中，节点是蛋白质分子，节点之间的连边是分子间的连接；在社交网络中，节点是人，节点之间的连边是人在网络中代表的人际关系；在金融交易网络中，节点是一个账户，节点之间的连边是账户之间的接触关系；在引文网络中，节点是文献名称，节点之间的连边是文献之间的引用情况。蛋白质网络、社交网络、金融交易网络及引文网络等都属于复杂网络，通过对网络的研究分析，有助于探索网络结构的功能及内部联系[58]。

3.2 图注意力机制的基本理论

Kipf 等人[59]提出图卷积网络(Graph Convolutional Network，GCN)，结合了图

的局部结构和邻近节点的特征，但训练所得模型应用在其他图结构上的泛化能力有所局限。Velickovic 等人[60]提出图注意力网络(Graph Attention Network，GAT)，有效地改善了这一不足，通过注意力机制来捕获其邻居的权重，对邻近节点特征加权求和，为不同邻居节点分配不同权重，使与中心节点更相关的邻居节点分配更高的权重。

图注意力针对网络节点，对输入的节点特征预测输出新的节点特征。注意力的输入是节点的特征向量集 $\boldsymbol{h}=\{\boldsymbol{h}_1,\boldsymbol{h}_2,\cdots,\boldsymbol{h}_n\}$，其中 $\boldsymbol{h}\in\boldsymbol{R}^{n\times F}$，$\boldsymbol{h}_1\in\boldsymbol{R}^{F}$，$\boldsymbol{h}$ 是所有的节点特征，n 是节点个数，F 是节点的特征数量。输出是节点新的特征向量集 $\boldsymbol{h}=\{\boldsymbol{h}_1',\boldsymbol{h}_2',\cdots,\boldsymbol{h}_3'\}$，$F'$ 是经过注意力机制的操作后节点特征向量的新维度，F' 等于或不等于 F。

如图 3-2 所示，图中利用 K 表示 Key，利用 V 表示 Value，Query 是输入节点的特征向量集 $\boldsymbol{h}$，用来存放目标元素集合，Attention Value 是输出节点新的特征向量集 $\boldsymbol{h}'$，数据注意力机制本质上是对 Source 中元素的 Value 值进行加权求和，Source 将输入数据集中的每个元素抽象成一系列的键值对⟨Key，Value⟩，计算 Query 中的目标元素和各个 Key 的相似性，并将此相似性作为每个 Key 对应 Value 的权重系数，之后对 Value 进行加权求和得到最终的注意力值。

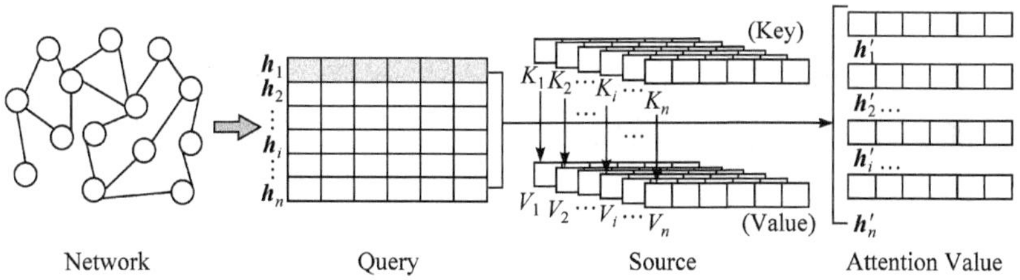

图 3-2　图注意力机制

注意力机制的本质思想公式为：

$$\text{Attention(Query, Source)} = \sum_{i=1}^{L_x} \text{Similarity(Query, Key)} \cdot \text{Value} \tag{3.5}$$

其中，$L_x = \|\text{Source}\|$，计算输入数据 Query 与 Key 之间的相似度有点积、余弦相似性、MLP 网络等多种方式，即计算公式为：

$$\text{点积：Similarity(Query, Key)} = \text{Query} \cdot K_i \tag{3.6}$$

$$\text{MLP 网络：Similarity(Query, Key)} = \text{MLP}(\text{Query} \cdot K_i) \tag{3.7}$$

$$\text{余弦相似性：Similarity(Query, Key)}(\text{Query} \cdot K_i)/\left(\|\text{Query}\| \cdot \|K_i\|\right) \tag{3.8}$$

引入 Softmax 对 Query 与 Key 之间的相似度进行数值转换，将原始数据整理成权重之和为 1 的概率分布，得到权重注意力系数 a_i，使得重要的元素拥有相对较大的权重，a_i 是 V_i 的权重系数，计算公式为：

$$a_i = \text{softmax}(\text{Similarity}_i) = \frac{e^{\text{similarity}_i}}{\sum_{j=1}^{L_x} e^{\text{similarity}_j}} \tag{3.9}$$

注意力数值是 Value_i 权重系数 a_i 的加权求和，计算公式为：

$$\text{Attention}(\text{Query}, \text{Source}) = \sum_{i=1}^{L_x} a_i \cdot V_i \tag{3.10}$$

即注意力输出为：

$$\boldsymbol{h}' = \text{Attention}(\text{Query}, \text{Source}) = \sum_{i=1}^{L_x} a_i \cdot V_i \tag{3.11}$$

3.3 基于标记注意力的网络表示学习方法

3.3.1 基于标记注意力的网络表示学习模型

本章提出的 NLAM 模型框架如图 3-3 所示。模型的输入以图的形式，根据标记分布思想将网络节点划分为标记节点和示例节点，利用标记频率和反示例频率度量初始网络的特征并将其转化为网络 LF_IEF 特征矩阵。注意力层引入图的拓扑结构，利用注意力机制处理图的邻接矩阵，对示例节点的每个邻居节点更好地分配权重并提取矩阵的特征信息组成注意力特征矩阵，经过网络社区预处理和社区博弈归并操作对新的特征矩阵做社区发现任务，最终输出社区的划分结果。

1. 网络节点标记预处理

将网络图表示为图结构，图一般表示为 $G = (V, E)$，其中，V 是节点集合，E

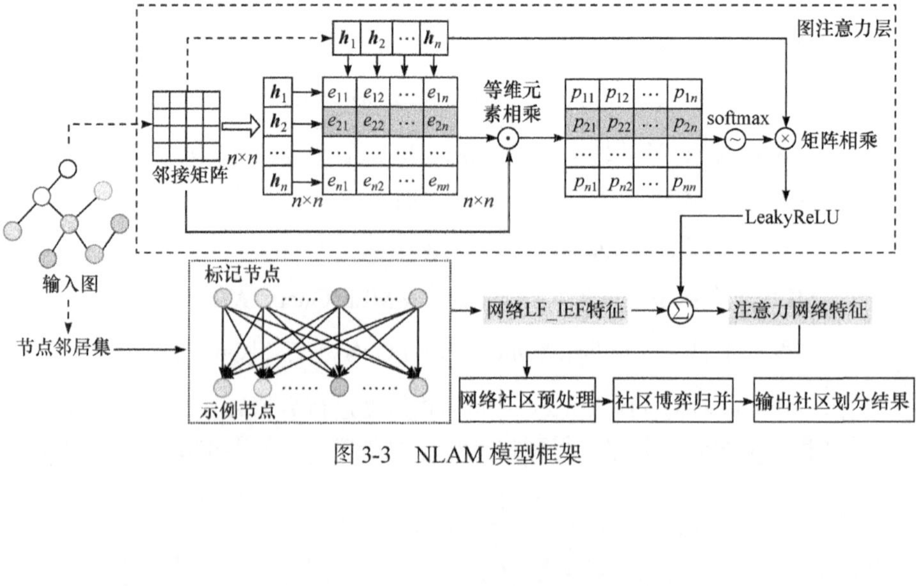

图 3-3　NLAM 模型框架

是边集合，边集合的元素 $e=(v_i,v_j)\in E$ ，$v_i,v_j\in V$ 。邻接矩阵 $\boldsymbol{A}=(a_{ij})_{n\times n}$ ，i 和 j 表示节点序号，a_{ij} 表示节点 v_i 与节点 v_j 之间是否存在连边，如果两节点之间有连边，则相对于节点 v_j 将节点 v_i 标记为 1，即 $a_{ij}=1$ ，如果两节点之间没有连边，则相对于节点 v_j 将节点 v_i 标记为 0，即 $a_{ij}=0$ 。

2. 网络 LF_IEF 特征

网络中包含 n 个节点，将网络中的所有节点作为示例节点 F 和标记节点 L ，示例节点和标记节点构成 $n\times n$ 二维矩阵，一个示例节点对应 n 个标记节点。标记频率(label frequency，LF)即在示例节点的一阶邻居中标记节点出现的频次。$\text{freq}(F_i,L_j)$ 表示在第 i 个示例节点中第 j 个标记节点出现的绝对频率。标记频率为：

$$\text{LF}(F_i,L_j)=\frac{\sum_i \text{freq}(F_i,L_j)}{\sum_i\sum_j \text{freq}(F_i,L_j)},(i,j=1,2,\cdots,n) \tag{3.12}$$

假设网络在没有做任何处理时，每个示例节点自身是一类，利用反示例频率(inverse example frequency, IEF)衡量标记节点对于示例节点类别区分的重要程度。节点所属的类别数越多，表明该节点的类别区分能力越弱[61]，则在各类别中需衡量标记节点的比例关系，设每个示例节点为一类，使用熵值来度量这一比例关系。在类别 c 中标记节点 v_j 出现的个数为 $\text{Count}(L_j,c)$ ，总示例节点的个数为 $\text{Count}(c)$ ，则在类别 c 中描述标记节点出现概率为：

$$p(L_j,c)=\frac{\text{Count}(L_j,c)+1}{\text{Count}(c)+n} \tag{3.13}$$

使用熵值度量的反示例频率为：

$$\text{IEF}(L_j)=-\sum_{k=1}^{n} p(L_j,c_k)\cdot\log_2 p(L_j,c_k) \tag{3.14}$$

节点标记频率_反示例频率(label frequency_inverse example frequency，LF_IEF)特征为：

$$\begin{aligned}
&\text{LE_EF}(F_i,L_j)=\text{LF}(F_i,L_j)\times\text{IEF}(L_j)\\
&=\text{LF}(F_i,L_j)\times\left[-\sum_{k=1}^{n} p(L_j,c_k)\cdot\log_2 p(L_j,c_k)\right]\\
&=\text{LF}(F_i,L_j)\times\left[-\sum_{k=1}^{n}\frac{\text{Count}(L_j,c)+1}{\text{Count}(c)+n}\cdot\log_2\frac{\text{Count}(L_j,c)+1}{\text{Count}(c)+n}\right]\\
&=\frac{\sum_i \text{freq}(F_i,L_j)}{\sum_i\sum_j \text{freq}(F_i,L_j)}\times\left[-\sum_{k=1}^{n}\frac{\text{Count}(L_j,c)+1}{\text{Count}(c)+n}\cdot\log_2\frac{\text{Count}(L_j,c)+1}{\text{Count}(c)+n}\right]
\end{aligned} \tag{3.15}$$

网络 LF_IEF 特征矩阵为：

$$\boldsymbol{H} = (h_{ij})_{n \times n} = \mathrm{LF\_IEF}(F_i, L_j), (i, j = 1, 2, \cdots, n) \tag{3.16}$$

3. 注意力网络特征

网络中包含 n 个节点，$\tilde{N}(v_i)$ 是示例节点 v_i 的邻居节点集合，将 LF_IEF 特征向量进行注意力特征提取，如图 3-4 所示，$\boldsymbol{h}_i$ 是网络 LF_IEF 特征矩阵的行向量，h_{ij} 是特征行向量 $\boldsymbol{h}_i$ 的一个元素。Query 存储示例节点 v_i 的特征行向量 $\boldsymbol{h}_i$，Source 中 Key 是标记节点 v_j 的特征行向量 $\boldsymbol{h}_j$，Attention value 是标记节点相对于示例节点的注意力权重，是此示例节点与标记节点的相关度，在给定 Query 的条件下 Attention value 利用注意力机制从 Source 中提取节点结构信息。标记节点相对于示例节点的相关度为：

$$\begin{aligned} &\text{Attention value(Query, Source)}_i \\ &= \sum\nolimits_j \text{Similarity(Query, Source)} \cdot \text{Value}_j \end{aligned} \tag{3.17}$$

$$\text{Attention value(Query, Source)}_i = \sum\nolimits_{v_j \in \tilde{N}(v_i)} \text{Similarity}(\boldsymbol{h}_i, \text{Key}_j) \cdot \boldsymbol{h}_j \tag{3.18}$$

其中，Query 和 Source 中任意两向量的相关度用内积表示，则有：

$$\text{Attention value(Query, Source)}_i = \sum\nolimits_{v_j \in \tilde{N}(v_i)} \boldsymbol{h}_i, \text{Key}_j \cdot \boldsymbol{h}_j \tag{3.19}$$

两节点向量相关度函数用 $a(\cdot)$ 来表示，则 v_i 的邻居节点 v_j 到 v_i 的注意力系数为

$$e_{ij} = a(\boldsymbol{h}_i, \boldsymbol{h}_j) \tag{3.20}$$

e_{ij} 对示例节点与其网络所有节点的权重系数进行了计算，使得没有直接联系的两节点之间有了权重系数，更好地区分了节点与非直接连接节点之间的重要影响度。节点特征受其邻居节点的影响较大，引入网络邻接矩阵元素 A_{ij} 调整 e_{ij}，以此得到新的注意力系数为：

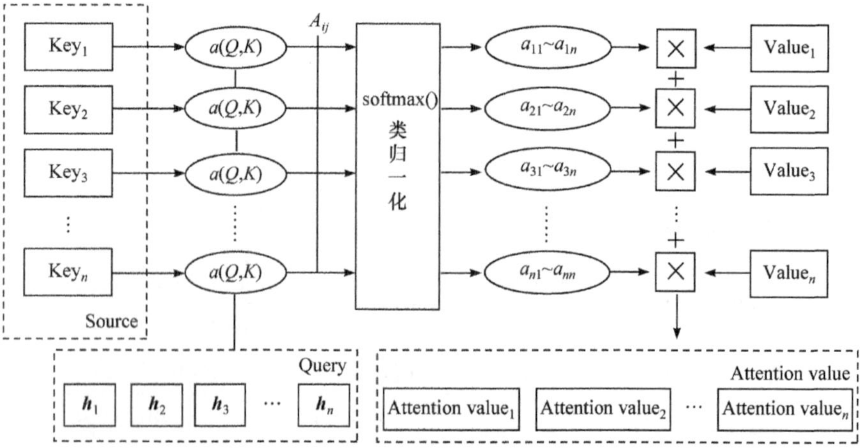

图 3-4 注意力网络框架

$$p_{ij}=A_{ij}\cdot e_{ij}=A_{ij}\cdot a(\boldsymbol{h}_i,\boldsymbol{h}_j) \tag{3.21}$$

网络中节点之间的相关性具有相对性，示例节点相对于网络所有节点来说，与最相关节点的注意力系数被取到的概率非常大，与最不相关节点的注意力系数被取到的概率不至于为零，因此，利用 softmax 函数进行归一化处理，其相关度为：

$$a_{ij}=\mathrm{softmax}(p_{ij})=\frac{\mathrm{e}^{p_{ij}}}{\sum_{v_k\in\tilde{N}(v_i)}\mathrm{e}^{p_{ik}}} \tag{3.22}$$

h'_{ij} 是节点 v_i 相对于节点 v_j 的注意力网络特征值，示例节点 v_i 新的注意力网络特征向量元素值为：

$$h'_{ij}=\sigma\left(\sum_{v_j\in\tilde{N}(v_i)}a_{ij}\cdot h_{ij}\right)+\mathrm{LF\_IEF}(F_i,L_j) \tag{3.23}$$

4. 网络社区预处理

算法流程：

网络图 $G=(V,E)$，给定先验知识社区划分的数量 m， C 为社区。

1) 按式(3.23)计算图 G 中所有节点对之间的注意力网络特征向量元素值。初始每个节点自身设为一个社区，随机选择任意一节点 v_i 作为起始节点并将其作为当前节点；

2) 比较与当前节点 v_i 形成节点对的所有节点注意力网络特征向量元素值，将包含值最大的节点 v_j 所在的社区归并到当前节点 v_i 社区中为当前节点，并将节点 v_j 及归并后的社区分别置为当前节点和当前社区；

3) 比较与当前节点 v_j 形成节点对的所有节点注意力特征向量元素值，找到其值最大的节点 v_k。检测 v_k 是否处于当前社区，处于则将 v_k 置为当前节点并且归并到当前社区内，不处于则随机选择未访问过的节点置为当前节点，并返回步骤 2)；

4) 当网络节点不都被访问过时重复步骤 3)，最终输出网络社区预处理的划分结果。

5. 社区博弈归并

当节点注意力特征最大的节点总是当前社区内的节点时，网络社区预处理划分后的结果可能会存在诸多小型社区的稀疏现象，故利用社区博弈归并对小社区进行处理。

算法流程：

1) 计算当前社区与其他社区节点注意力特征向量元素值的总和；

2) 比较步骤 1)中总和大小，将这一总和最大的两个社区进行归并；

3) 检测社区划分的数量是否高于先验知识 m，如果高于则重复执行步骤 1)

和步骤 2)，直到划分的社区数量是 m 为止，得到归并后的结果。

3.3.2 实验分析

本节将基于标记注意力机制的网络嵌入算法运用在社区发现中，利用社区发现来验证此嵌入方法的性能，详细地阐述了实验数据、评价指标及对比基准算法，并对实验结果进行了分析。

1. 实验数据

本方法采用了空手道俱乐部网络(Karate network)、海豚网络(Dolphin network)、美国足球队网络(Football network)、悲惨世界人物关系网络(Lesmis network)、美国政治书网络(Polbooks network)、形容词和名词邻接网络(Adjnoun network)以及科学家论文合作网络(Netscience network)七个真实网络数据集，数据集信息如表 3-1 所示。

表 3-1 数据集信息

数据集信息	Karate	Dolphin	Lesmis	Football	Polbooks	Adjnoun	Netscience
节点数量	34	62	77	115	105	112	1589
边数量	78	159	508	613	441	425	2742

空手道俱乐部网络[62]因美国空手道俱乐部教练与管理者之间的分歧而产生，网络由俱乐部成员及社交互动现象组成；海豚网络[63]因观察宽嘴海豚的生活习性而产生，网络由海豚之间的接触现象组成；美国足球队网络因美国大学生足球赛而产生，网络由足球队及队伍之间进行过比赛组成；悲惨世界人物关系网络[64]因小说中的人物关系而产生，网络由小说角色及角色之间有出现过相同的场景组成；美国政治书网络[65]因美国在线书店销售的政治书而产生，网络由政治书及买家同时购买的政治书之间的关系组成；形容词和名词邻接网络[66]因小说中形容词和名词之间有邻接关系而产生，由形容词和名词以及两者之间的邻接关系组成；科学家论文合作网络[67]因网络领域中科学家之间普遍有合作关系而产生，网络由科学家以及科学家之间的合作关系组成。

2. 实验评价指标

本方法从模块度、社区数量、准确度和运行时间四个方面评价社区划分效果，模块度越大、准确度越大、运行时间越少，则社区划分效果越好。假设图 G 有 K 个社区，并且每个节点 $v_i \in V$ 只属于 K 个社区中的一个，模块化函数[68]为：

$$Q(\boldsymbol{c}) = \sum_{i=1}^{n}\sum_{j=1}^{n}\frac{1}{\mu}\left(A_{ij} - \frac{d_i^{\text{out}}d_j^{\text{in}}}{\mu}\right)\cdot\delta(c_i,c_j),\ \delta(c_i,c_j) \equiv \begin{cases}1, & c_i = c_j \\ 0, & \text{其他}\end{cases} \tag{3.24}$$

其中，社区标签 $c_i \in (1,2,\cdots,K)$，社区标签向量 $\boldsymbol{c} \equiv (c_1,c_2,\cdots,c_n)^\top$，邻接矩阵 $\boldsymbol{A} = [A_{ij}]$，节点 v_i 与节点 v_j 有直接连边时 $A_{ij} > 0$，否则 $A_{ij} = 0$，$\mu = \sum_{i=1}^{n}\sum_{j=1}^{n}A_{ij}$，$d_i^{\text{out}} = \sum_{j=1}^{n}A_{ij}$ 表示节点 v_i 的出度，$d_i^{\text{in}} = \sum_{j=1}^{n}A_{ji}$ 表示节点 v_i 的入度。

归一化互信息(Normalized Mutual Information，NMI)[69]是相似性度量的一种方式，也是社区划分的准确度，其计算公式为：

$$\text{NMI}(C^*,C) = \frac{-2\sum_{i=1}^{K_C}\sum_{j=1}^{K_{C^*}}c_{ij}\log(M_{ij}\times n/s_i+s_j)}{\sum_{i=1}^{K_C}s_i\log(s_i/n)+\sum_{j=1}^{K_{C^*}}s_j\log(s_j/n)} \tag{3.25}$$

其中，n 表示网络节点数目，C^* 表示社区的真实划分，C 表示算法得出的社区划分，$\text{NMI}(C^*,C)$ 表示真实社区划分与算法得出的社区划分之间的相似度，K_{C^*} 是真实社区数目，K_C 是算法得出的社区数目，模糊矩阵元素 M_{ij} 是社区 C_i 中节点在真实社区 C_j^* 中的节点数，s_i 和 s_j 是社区 C_i 和社区 C_j^* 的元素之和。

3. 基准算法

在本章节中采用了 GN 算法、Fast Newman 算法、LPA 算法、SLPA 算法四种社区发现方法作为基准算法，来对本章节 NLAM 模型的性能进行评估。GN 算法使用边缘中心性概念来检测图的簇，逐步去除最中心的边缘，直到达到高模块化社区；Fast Newman 算法在每次迭代过程中根据产生的模块度值不断地合并社区；标签传播算法(Label Propagation Algorithm，LPA)[69]，未标记节点的标签利用已标记节点标签信息进行预测；迭代社区检测算法(SLPA)[70]，在多次迭代中传播节点标签，每个节点从其邻居处接收标签，一次迭代中从邻居更新接收的标签列表将在下一轮迭代中反映，具有相同标签的节点形成一个社区。

4. 实验结果及分析

本章方法在 Karate 网络等七个数据集下执行社区发现任务，以模块度、社区数量、准确度和运行时间四个评价指标对其性能进行验证。为更清晰直观地看到网络社区划分前后的差异，因此可视化 Karate、Dolphin 及 Polbooks 三个较小网络如图 3-5～图 3-8 所示。

图 3-5 中给出了 NLAM 算法在空手道俱乐部网络上划分的社区分布图，其(a)图是网络社区预处理后的社区划分图，经过网络社区预处理后，网络节点划分为 11 个小型社区，其(b)图是社区博弈归并后的社区划分图。经社区博弈归并后，社

区数量由预处理的 11 个社区合并为 2 个社区。

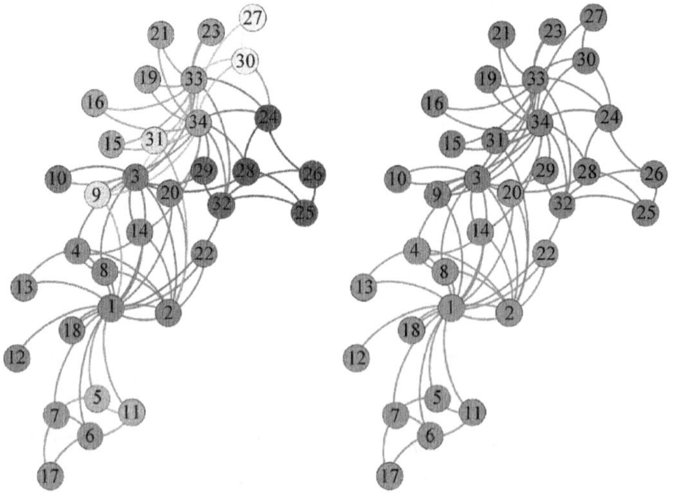

(a) 网络社区预处理后的社区划分图　　(b) 社区博弈归并后的社区划分图

图 3-5　NLAM 在空手道俱乐部网络上划分的社区分布图①

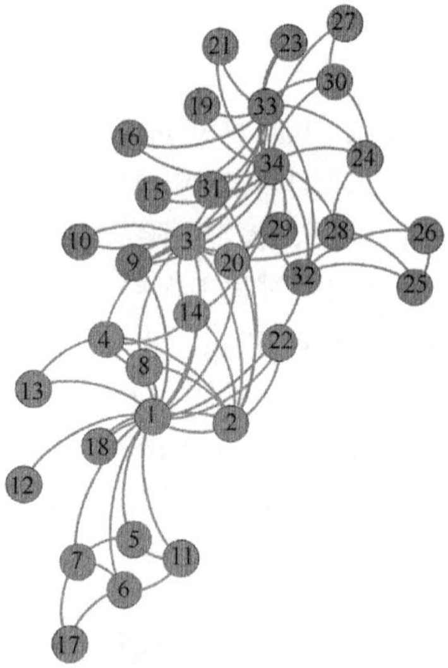

图 3-6　空手道俱乐部网络的自然划分社区分布图[11]

图 3-6 给出了空手道俱乐部网络的自然划分社区分布图，图中的划分规则引用参考文献[71]中的社区划分结果，图中将网络划分为 2 个社区，与图 3-5(b)中的社区划分结果对比可知，无论是自然划分还是 NLAM 算法的划分，其网络社区划

① 图中圆圈表示节点，颜色相同节点在同一社区中，圆圈内的数字表示节点序号，下同。

分性能稳定，划分数量都为 2 个社区，两图中仅有节点 3 的颜色不同，表明两种划分社区结果基本一致。

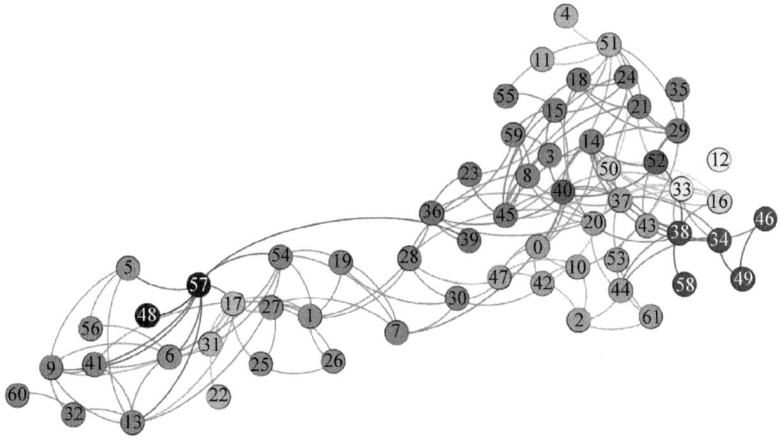

(a) 网络社区预处理后的社区划分图

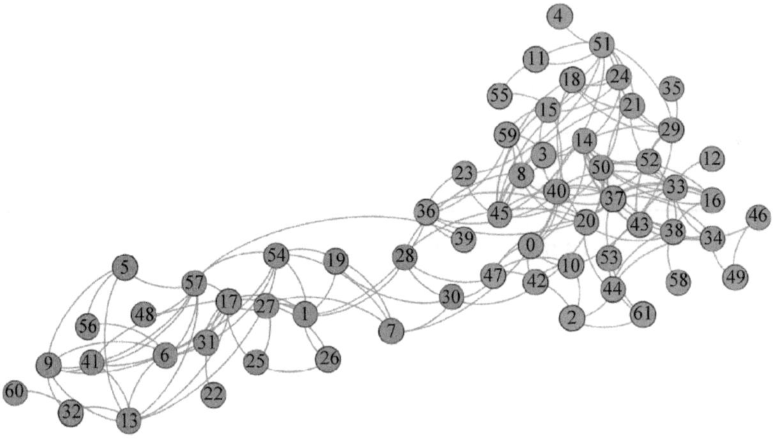

(b) 社区博弈归并后的社区划分图

图 3-7　NLAM 在海豚网络上划分的社区分布图

图 3-7 中给出了 NLAM 算法在海豚网络上划分的社区分布图，其(a)图是网络社区预处理后的社区划分图，经过网络社区预处理后，网络节点划分为 17 个小型社区，其(b)图是社区博弈归并后的社区划分图。经社区博弈归并后，社区数量由预处理的 17 个社区合并为 2 个社区。图 3-8 给出了 NLAM 算法在美国政治书网络上划分的社区分布图。

NLAM 算法与其他算法在空手道俱乐部网络 Karate 和海豚网络 Dolphin 上的准确度如表 3-2 所示。表中加粗数值是最优值，粗下画线数值是次优值(下同)。

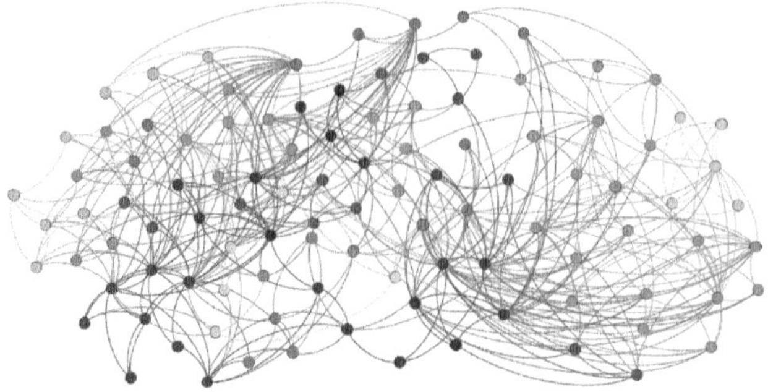

(a) 网络社区预处理后的社区划分图

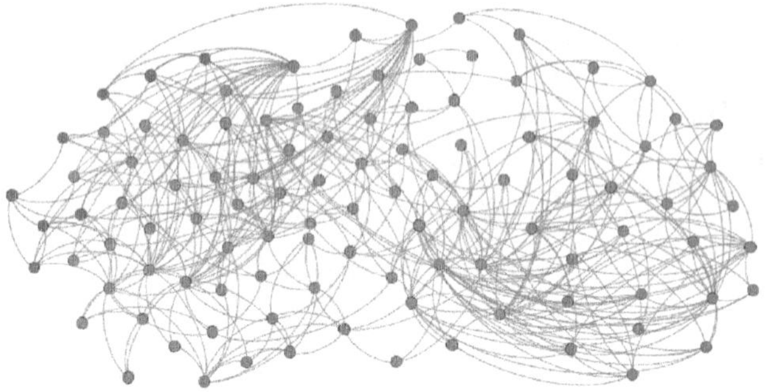

(b) 社区博弈归并后的社区划分图

图 3-8 NLAM 在美国政治书网络上划分的社区分布图

表 3-2 NLAM 算法与其他算法在真实网络上的 NMI

社区划分准确度 NMI	NLAM 算法	GN 算法	Fast Newman 算法	SLPA 算法
Karate	**0.838**	0.652	0.621	0.414
Dolphin	**0.814**	0.554	**0.814**	0.560

表 3-2 中，Karate 网络下，NLAM 算法、GN 算法、Fast Newman 算法、SLPA 算法的社区划分准确度分别为 0.838、0.652、0.621、0.414，NLAM 算法社区划分准确率最高，比次优的 GN 算法高 0.186，表明在 Karate 网络本算法社区划分最准确。Dolphin 网络下，NLAM 及三种对比算法的社区划分准确度分别为 0.814、0.554、0.814、0.560，NLAM 算法与 Fast Newman 算法社区划分准确率相同，比次优的 SLPA 算法高 0.254，表明在 Dolphin 网络中本算法社区划分较准确。条形图可以更直观地观察到算法之间的精度差异大小，图 3-9 给出了表 3-2 中准确度数据的条形图。

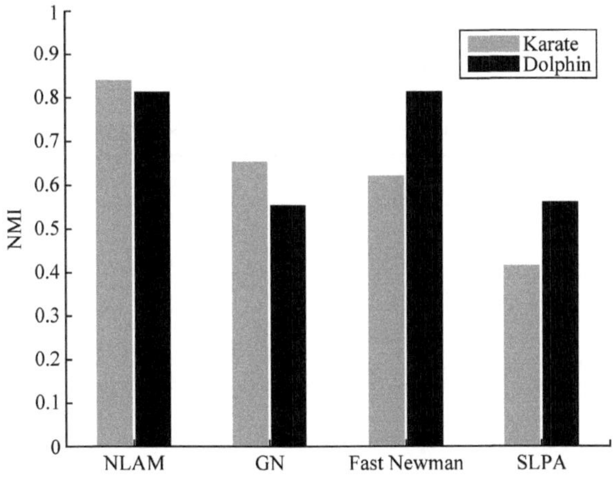

图 3-9 NLAM 算法与其他算法在真实网络上的 NMI 对比图

图 3-9 是 NLAM 算法与其他算法在真实网络上的 NMI 对比图，图坐标轴横轴表示算法名称，坐标轴纵轴表示社区划分准确率，深红色条柱表示 Karate 网络，深蓝色条柱表示 Dolphin 网络，Karate 网络下 NLAM 算法社区划分准确率最优，Dolphin 网络下 NLAM 算法与 Fast Newman 算法社区划分准确率同高，并且比其他算法准确率条柱差异明显。

表 3-3 是 LPA 算法在真实网络上的准确率 NMI，在表中社区划分的准确率随迭代次数的变化而变化，在两个网络数据集上都存在多个数值，表明 LPA 算法社区划分不稳定。而对比表 3-2 中 NLAM 算法的准确度数值，NLAM 算法准确度只有一个数值，不存在多个数值的情况，因此 NLAM 算法在社区划分准确率上取得了较优的效果且划分稳定。

表 3-3 LPA 算法在真实网络上的准确率 NMI

数据集	迭代次数		
	1	2	3
Karate	0.700	1	6.423×10^{-16}
Dolphin	0.513	0.649	1

表 3-4 中给出了 NLAM 算法与其他算法划分的社区数量，表 3-5 给出了 LPA 算法经多次迭代后划分的社区数量。表 3-4 中的算法都有明确的社区划分数量，但表 3-5 中的 LPA 算法不同的迭代次数有着不同的划分数量，还会出现没有数量的情况，说明表 3-4 中的 NLAM、GN、Fast Newman、SLPA 算法相较于 LPA 算法在社区划分方面稳定。网络节点较少或中等时，如社区划分的数量太多会导致社区分布过于稀疏，影响划分效果，因此社区划分的数量不宜太多。表 3-4 中数

据集网络节点处于中等数量，NLAM 算法相较于其他三个算法划分数量较少，说明 NLAM 算法在划分社区方面具有一定的优势。

表 3-4 NLAM 算法与其他算法在真实网络上划分的社区数量

数据集	NLAM 算法	GN 算法	Fast Newman 算法	SLPA 算法
Karate	2	2	12	3
Dolphin	2	2	1	7
Lesmis	3	4	4	5
Football	7	12	5	9
Polbooks	3	3	79	8
Adjnoun	4	9	9	4
Netscience	50	406	200	349

表 3-5 LPA 算法多次迭代后在真实网络上划分的社区数量

数据集	迭代次数					
	1	2	3	4	5	6
Karate	2	3	4	1	—	—
Dolphin	2	3	4	5	—	—
Lesmis	3	4	3	4	2	3
Football	12	10	9	11	7	8
Polbooks	4	1	3	2	—	—
Adjnoun	1	1	1	1	—	—

表 3-6 和图 3-10 给出了 NLAM 算法与其他算法在真实网络上的模块度 Q 的数据值和对比图，图中坐标横轴表示数据集名称，坐标纵轴表示模块度 Q，NLAM、GN、LPA、Fast Newman、SLPA 算法在数据集上的模块度折线分别由灰色及蓝色由浅到深来表示，图 3-10 结合表 3-6 综合来看，NLAM 算法的模块度处于中等水平，说明本算法划分的社区在模块度方面较好。

表 3-6 NLAM 算法与其他算法在真实网络上的模块度 Q

数据集	NLAM 算法	GN 算法	LPA 算法	Fast Newman 算法	SLPA 算法
Karate	0.360	0.263	0.372	0.253	0.253
Dolphin	0.380	0.484	0.379	0.450	0.450
Lesmis	0.398	0.448	0.317	0.394	0.394
Polbooks	0.187	0.312	0.444	0.172	0.172
Adjnoun	0.208	0.136	0.405	0.243	0.243

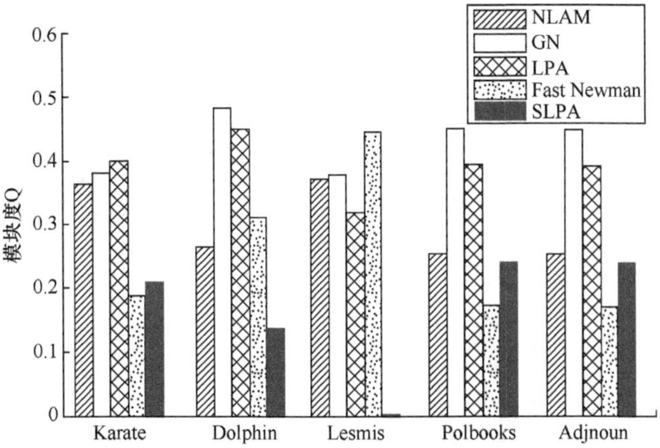

图 3-10　NLAM 算法与其他算法在真实网络上的模块度 Q 对比图

表 3-7 给出了 NLAM 算法与其他算法在真实网络上的运行时间，在 GN 算法和在 Netscience 数据集上的运行时间与其他算法和数据集上相差太多，为更加清晰地观察到各个运行时间的大小，所以在图 3-11 中省去了 GN 算法和 Netscience 数据集上的运行时间，表 3-8 是除 GN 算法和 Netscience 数据集之外的每个算法在其他六个数据集上的平均运行时间。每个算法之间运行时间所属范围不同，因此图 3-11 每个算法的时间条形图的坐标纵轴设置了不同的范围。

表 3-7　NLAM 算法与其他算法在真实网络上的运行时间(s)

数据集	NLAM	GN	LPA	Fast Newman	SLPA
Karate	0.124	6.374	0.066	0.389	0.860
Dolphin	0.306	45.981	0.083	1.594	1.585
Lesmis	0.309	126.757	0.154	9.805	7.718
Football	0.876	888.326	0.190	9.312	5.956
Polbooks	0.741	513.892	0.103	7.114	3.583
Adjnoun	0.487	668.046	0.121	8.386	3.649
Netscience	1.733×10^2	3.024×10^5	5.087×10^4	9.335×10^3	23.364

表 3-8　NLAM 算法与其他算法在真实网络上的平均运行时间(s)

	NLAM 算法	LPA 算法	Fast Newman 算法	SLPA 算法
平均值	0.474	0.120	6.100	3.892

图 3-11 中，观察每个图中条柱之间的高低情况并结合表数据，总体上来看，算法平均运行时间由长到短依次为 Fast Newman、SLPA、NLAM、LPA，从局部来看，Fast Newman、SLPA 与 LPA 算法的运行时间差值要远远大于 NLAM 与 LPA

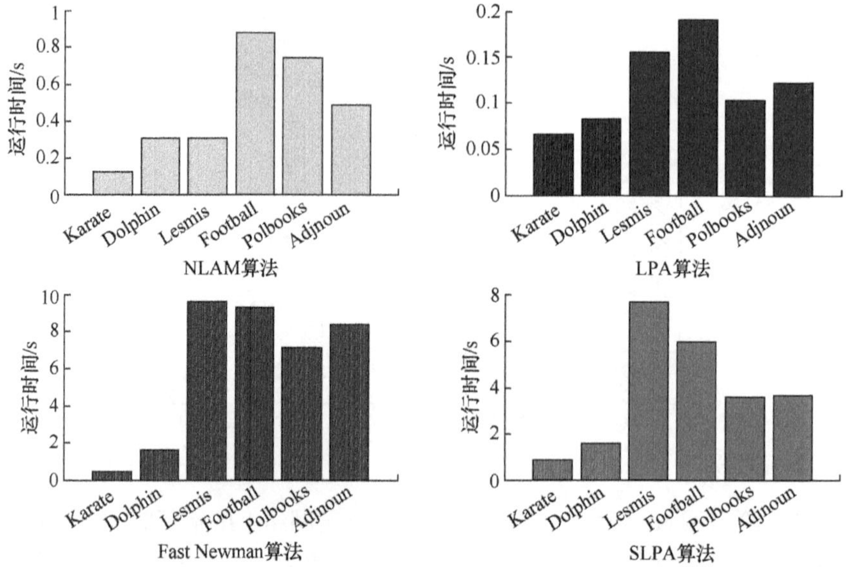

图 3-11　NLAM 算法与其他算法在真实网络上的运行时间对比图

算法运行时间的差值，表明 NLAM 算法在运行时间上有着较大的优势。

综上所述，利用标记注意力机制的网络嵌入算法 NLAM 的社区发现任务，在社区数量和准确度两方面取得了最优效果，在模块度和运行时间两个方面与最优算法差距较小，取得了次优效果，并且此算法能稳定地进行社区划分。

3.4　基于邻域注意力的网络表示学习方法

3.4.1　基于邻域注意力的网络表示学习模型

本章提出的 CNAM 模型框架如图 3-12 所示。模型应用对象是属性网络，引文网络属于属性网络，是包含了大量信息和知识的复杂网络，既包含网络结构信息，也包含网络特征，在本文中特征等同于属性，在网络特征和网络结构对网络的潜在影响上，本节提出的基于邻域注意力机制的胶囊网络嵌入 CNAM 方法，利用学习到的特征表示做节点分类任务，该方法本质上是一种融合多信息的表示方法，其主要过程由三个步骤组成：

第一，发掘网络结构信息。将节点聚集系数和节点连接强度融合发掘网络拓扑结构中的邻域相似性。

第二，发掘网络特征信息。邻近节点特征的权重由节点特征决定，利用注意力机制对邻近节点特征进行处理，使得网络特征包含更多节点之间的信息，挖掘网络中的特征信息。

第三，融合网络结构和特征信息，通过卷积方式对融合信息进行处理来生成节点胶囊，节点胶囊作为胶囊网络的输入，利用胶囊网络的传输生成节点的胶囊网络表示。

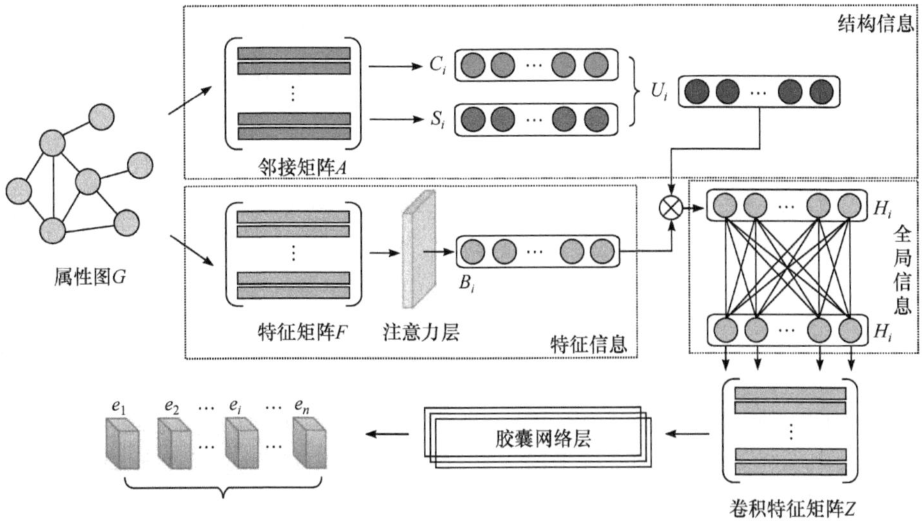

图 3-12　CNAM 模型框架

1. 节点聚集系数设定

引文网络中一篇文章引文的引文可能是这篇文章的引文，这种可能性通过图节点集聚系数衡量，反映了相邻两篇文章之间引用文章的重合度。

将引文网络定义为一个无向图 $G=(V,E,A,F)$，其中，$V=\{v_1,v_2,\cdots,v_n\}$ 是图节点集合，v 表示图节点，n 表示图节点的数量，$E=(e_{ij}\mid v_i,v_j\in V,i\neq j)$ 是图边集合，$\boldsymbol{A}=(a_{ij})$ 表示图的邻接矩阵，当节点 v_i 和节点 v_j 之间有直接连边时 $a_{ij}=1$，否则 $a_{ij}=0$，每个节点 $v\in V$ 与一个代表节点特征的特征向量 $\boldsymbol{x}_v\in\boldsymbol{R}^d$ 相关联，每个节点包含 d 个特征，所有节点的特征向量组成图的特征矩阵 F。

节点集聚是图中节点之间结集成团的程度，是一个点与其邻接点之间相互连接的程度，$\forall v_i\in V$，节点 v_i 邻居节点之间相互连接的紧密程度是图的局部聚集系数，即节点聚集系数，是 v_i 邻居节点相互连接的边数占可能连接的总边数的比例，计算公式为：

$$C_i=\frac{2\left|\{e_{jk}\}\right|}{K_i(K_i-1)},(v_j,v_k\in N_i,e_{jk}\in E) \tag{3.26}$$

其中，K_i 是 v_i 邻居节点构成的网络中边的数量，$N_i=\{v_j:(e_{ij}\in E)\cap(e_{ji}\in E)\}$ 表示 v_i 的第 i 个相邻节点，e_{jk} 是连接节点 v_j 与节点 v_k 的边，节点 v_j 与节点 v_k 有连边时，$\left|\{e_{jk}\}\right|=a_{jk}=1$，否则 $\left|\{e_{jk}\}\right|=a_{jk}=0$。

2. 节点连接强度

引文网络中施引文献包含多个引用文献，施引文献与引用文献之间存在共同引用相同文献的可能，两篇文章如果有更多的共同引用文献，则表明两篇文章之间更紧密和相似，每篇文章作为网络中的一个节点，利用节点之间的共同邻居来表示它们之间的相似度，计算公式为：

$$S(v_i, v_j) = \left|N_i \cap N_j\right| \tag{3.27}$$

考虑到不同的文章具有不同数量的引用文章，因此，在节点相似度的基础上加入节点度的影响，使得节点度大的节点与其他节点之间具有更高的相似性，其处理方式为

$$S(v_i, v_j) = \frac{\left|N_i \cap N_j\right|}{\min(d_i, d_j)} \tag{3.28}$$

引用强度通过共同引用相同文献的强度衡量，反映了两篇文章之间共同引用文章的强度。在式(3.28)的基础上融入文章之间直接引用的数量，即节点强度节点之间直接连边的数量。节点 v_i 的连接强度计算公式为：

$$S_i = \sum_{v_j \in V} S(v_i, v_j) \Rightarrow \sum_{v_j \in V} \frac{\left|N_i \cap N_j\right|}{\min(d_i, d_j)} \Rightarrow \sum_{v_j \in V} \frac{g_{ij}\left(1+\left|N_i \cap N_j\right|\right)}{\min(d_i, d_j)} \tag{3.29}$$

其中，N_i 和 N_j 分别表示节点 v_i 和节点 v_j 的邻居节点，$S(v_i, v_j)$ 表示节点 v_i 和节点 v_j 之间的连接强度，S_i 是节点对之间连接强度的总和，g_{ij} 是连接节点 v_i 和节点 v_j 之间直接连边的数量，d_i 和 d_j 是它们的度。

3. 邻域相似度

邻域体现了网络节点空间上的关系，针对属性网络图的拓扑结构信息，将邻域相似度结合更多邻域信息，充分利用网络的拓扑结构，将节点集聚系数与连接强度融合，对节点之间的相似性进行衡量。节点 v_i 邻域相似度 U_i 是节点集聚系数 C_i 与连接强度 S_i 的平均，其计算公式为

$$\begin{aligned} U_i = \frac{C_i + S_i}{2} &= \frac{1}{2} \cdot \left(\frac{2\left|\{e_{jk}\}\right|}{K_i(K_i-1)}\right) + \frac{1}{2}\sum_{v_j \in V} \frac{g_{ij}\left(1+\left|N_i \cap N_j\right|\right)}{\min(d_i, d_j)} \\ &= \frac{\left|\{e_{jk}\}\right|}{K_i(K_i-1)} + \sum_{v_j \in V} \frac{g_{ij}\left(1+\left|N_i \cap N_j\right|\right)}{2\min(d_i, d_j)} \end{aligned} \tag{3.30}$$

4. 注意力层

属性网络中既包含网络拓扑结构，又包含网络特征，针对属性网络图的节点特征信息，利用注意力机制将网络特征进行处理，过滤掉不重要的信息，得到网

络中各节点特征之间的相关性。每个节点 $\forall v_i \in V$ 的特征向量表示为 $\boldsymbol{x}_{v_i} \in R^d$，所有节点的特征向量组成图的特征矩阵 $\boldsymbol{F}$，$\boldsymbol{F}=\{\boldsymbol{x}_{v_1},\boldsymbol{x}_{v_2},\cdots,\boldsymbol{x}_{v_n}\}$。注意力包含 Target 和 Source 两部分，其中，Target 存放目标节点 $v_i \in V$ 的特征向量 $\boldsymbol{x}_{v_i}$，Source 包含 Key 和 Value 两部分，存放所有节点的特征向量 $\boldsymbol{x}_{v_i} \in \boldsymbol{F}$。目标节点与节点之间的注意力特征的变换如图 3-13 所示，本质化变换为：

$$\text{Attention(Target, Source)}=\sum_{j=1}^{n}\text{Similarity(Target, Key}_j)\cdot \text{Value}_j \tag{3.31}$$

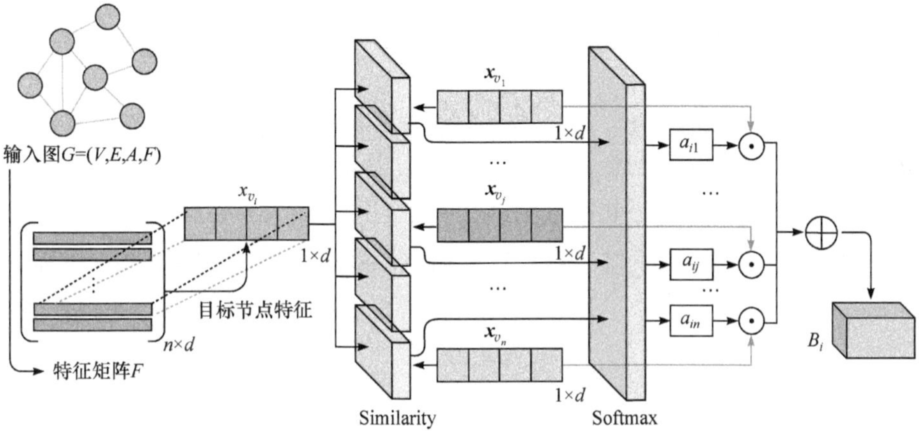

图 3-13　注意力特征变换

目标节点的注意力特征是与所有节点特征相关联的注意力值的加权求和，将目标节点与所有节点的特征带入式(3.31)中，得到目标节点 v_i 的注意力值 Att_i 为：

$$\text{Att}_i=\sum_{j=1}^{n}\text{Attention}\left(\boldsymbol{x}_{v_i},\boldsymbol{x}_{v_j}\right)=\sum_{j=1}^{n}\text{Similarity}\left(\boldsymbol{x}_{v_i},\boldsymbol{x}_{v_j}\right)\cdot \boldsymbol{x}_{v_j} \tag{3.32}$$

每个节点包含 d 个特征，即 $\boldsymbol{x}_v=\{\boldsymbol{x}_v^1,\boldsymbol{x}_v^2,\cdots,\boldsymbol{x}_v^d\}$，通过余弦相似度来计算节点特征之间的相似性，则相似度变换后的形式为：

$$\begin{aligned}\text{Similarity}\left(\boldsymbol{x}_{v_i},\boldsymbol{x}_{v_j}\right)&=\frac{\boldsymbol{x}_{v_i}\cdot \boldsymbol{x}_{v_j}^{\top}}{\boldsymbol{x}_{v_i}\cdot \boldsymbol{x}_{v_j}}\\&=\frac{\left(\boldsymbol{x}_{v_i}^1,\boldsymbol{x}_{v_i}^2,\cdots,\boldsymbol{x}_{v_i}^d\right)\cdot\left(\left(\boldsymbol{x}_{v_j}^1\right)^{\top},\left(\boldsymbol{x}_{v_j}^2\right)^{\top},\cdots,\left(\boldsymbol{x}_{v_j}^d\right)^{\top}\right)}{\sqrt{\left(\boldsymbol{x}_{v_i}^1\right)^2+\left(\boldsymbol{x}_{v_i}^2\right)^2+\cdots+\left(\boldsymbol{x}_{v_i}^d\right)^2}\times\sqrt{\left(\boldsymbol{x}_{v_j}^1\right)^2+\left(\boldsymbol{x}_{v_j}^2\right)^2+\cdots+\left(\boldsymbol{x}_{v_j}^d\right)^2}}\\&=\frac{\boldsymbol{x}_{v_i}^1\left(\boldsymbol{x}_{v_j}^1\right)^{\top}+\boldsymbol{x}_{v_i}^2\left(\boldsymbol{x}_{v_j}^2\right)^{\top}+\cdots+\boldsymbol{x}_{v_i}^d\left(\boldsymbol{x}_{v_j}^d\right)^{\top}}{\sqrt{\left(\boldsymbol{x}_{v_i}^1\right)^2+\left(\boldsymbol{x}_{v_i}^2\right)^2+\cdots+\left(\boldsymbol{x}_{v_i}^d\right)^2}\times\sqrt{\left(\boldsymbol{x}_{v_j}^1\right)^2+\left(\boldsymbol{x}_{v_j}^2\right)^2+\cdots+\left(\boldsymbol{x}_{v_j}^d\right)^2}}\end{aligned} \tag{3.33}$$

由于相似度产生分值的数值范围不同，因此利用 softmax 对分值进行归一化，处理成权重之和为 1 的概率分布，其处理计算过程为：

$$a_{ij} = \text{softmax}\left(\text{Similarity}\left(\boldsymbol{x}_{v_i}, \boldsymbol{x}_{v_j}\right)\right) = \frac{\mathrm{e}^{\text{Similarity}\left(\boldsymbol{x}_{v_i}, \boldsymbol{x}_{v_j}\right)}}{\sum_{j=1}^{n} \mathrm{e}^{\text{Similarity}\left(\boldsymbol{x}_{v_i}, \boldsymbol{x}_{v_j}\right)}} \tag{3.34}$$

a_{ij} 是 $\boldsymbol{x}_{v_i}$ 对应的权重系数，用式(3.33)替换式(3.34)中的 Similarity 函数得到的节点 v_i 的注意力特征 $\boldsymbol{B}_i$ 为：

$$\boldsymbol{B}_i = \sum_{j=1}^{n} a_{ij} \cdot \boldsymbol{x}_{v_j} = \sum_{j=1}^{n} \frac{\mathrm{e}^{\text{Similarity}\left(\boldsymbol{x}_{v_i}, \boldsymbol{x}_{v_j}\right)}}{\sum_{j=1}^{n} \mathrm{e}^{\text{Similarity}\left(\boldsymbol{x}_{v_i}, \boldsymbol{x}_{v_j}\right)}} \cdot \boldsymbol{x}_{v_j} \tag{3.35}$$

$\boldsymbol{B}_i$ 是注意力层的输出，是注意力层通过注意力机制的处理得到的注意力特征，注意力特征是原始节点特征的转换，其包含了更多节点之间的相关信息，注意力层的输出与节点邻域相似度的结合是卷积层的输入，邻域注意力特征矩阵 $\boldsymbol{H} = \{\boldsymbol{H}_1, \boldsymbol{H}_2, \cdots, \boldsymbol{H}_n\} \in \boldsymbol{R}^{n\times d}$ ， $\boldsymbol{H}_i$ 是节点 v_i 的邻域注意力特征向量，结合过程为：

$$\boldsymbol{H}_i = \boldsymbol{U}_i \cdot \boldsymbol{B}_i, (i = 1, 2, \cdots, n) \tag{3.36}$$

5. 节点胶囊

图卷积网络 GCN 是一个神经网络层，利用提取的特征可以对图数据进行节点分类、图分类、边预测以及图表示，在 GCN 的每一层上对每个节点机器相邻节点进行卷积操作，将邻接矩阵与前一层的输出做矩阵相乘，快速聚合了相邻节点的信息，通过一个权重矩阵做线性变换，再经过非线性激活函数计算每个节点新的表示形式作为下一层的输入，层与层之间的传播方式为：

$$\boldsymbol{Z}^{(l+1)} = f(\boldsymbol{A}\boldsymbol{Z}^{(l)}\boldsymbol{W}^{(l)}) \tag{3.37}$$

$\boldsymbol{Z}^{(l+1)} \in \boldsymbol{R}^{n\times d}$ 是第 $l+1$ 层的节点特征，$\boldsymbol{Z}^{(l)} \in \boldsymbol{R}^{n\times d}$ 是第 l 层的节点特征，图中有 n 个节点，每个节点有 d 个特征，输入层 $\boldsymbol{Z}^{(0)} = \boldsymbol{H}$ ， $\boldsymbol{W} \in \boldsymbol{R}^{d\times d}$ 是可训练的参数权值矩阵，$f(\cdot)$ 是非线性激活函数，$\boldsymbol{A}$ 是邻接矩阵。式(3.37)只对节点的所有邻居特征进行了聚合，但忽略了自身的特征，引入自身特征后层与层之间的传播方式为：

$$\boldsymbol{Z}^{(l+1)} = f\left(\tilde{\boldsymbol{D}}^{-\frac{1}{2}}\tilde{\boldsymbol{A}}\tilde{\boldsymbol{D}}^{-\frac{1}{2}}\boldsymbol{Z}^{(l)}\boldsymbol{W}^{(l)}\right) \tag{3.38}$$

其中，$\tilde{\boldsymbol{A}} = \boldsymbol{A} + \boldsymbol{I}_n$ ， $\boldsymbol{I}_n$ 是单位矩阵，把每个节点都增加一条到自身的边，使得卷积既包含邻居特征，又包含自身特征，$\tilde{\boldsymbol{D}}$ 是 $\tilde{\boldsymbol{A}}$ 的度矩阵，$\tilde{D}_{ii} = \sum_j \tilde{A}_{ij}$ ， $\tilde{\boldsymbol{D}}^{-\frac{1}{2}}\tilde{\boldsymbol{A}}\tilde{\boldsymbol{D}}^{-\frac{1}{2}}$ 是对称归一化后的邻接矩阵。将邻域注意力特征矩阵 H 作为 GCN 的输入，通过卷

积从不同的层中提取多尺度节点特征，特征矩阵经过 L 层卷积得到的卷积特征为：

$$\boldsymbol{Z}^{(L)} = f\left(\tilde{\boldsymbol{D}}^{-\frac{1}{2}}\tilde{\boldsymbol{A}}\tilde{\boldsymbol{D}}^{-\frac{1}{2}}\boldsymbol{Z}^{(L-1)}\boldsymbol{W}^{(L-1)}\right) \tag{3.39}$$

经过两层卷积得到的特征为：

$$\boldsymbol{Z}^{(2)} = f\left(\tilde{\boldsymbol{D}}^{-\frac{1}{2}}\tilde{\boldsymbol{A}}\tilde{\boldsymbol{D}}^{-\frac{1}{2}}f\left(\tilde{\boldsymbol{D}}^{-\frac{1}{2}}\tilde{\boldsymbol{A}}\tilde{\boldsymbol{D}}^{-\frac{1}{2}}f\left(\tilde{\boldsymbol{D}}^{-\frac{1}{2}}\tilde{\boldsymbol{A}}\tilde{\boldsymbol{D}}^{-\frac{1}{2}}\boldsymbol{H}\boldsymbol{W}^{(0)}\right)\boldsymbol{W}^{(1)}\right)\boldsymbol{W}^{(2)}\right) \tag{3.40}$$

$\boldsymbol{Z}^{(L)} \in \boldsymbol{R}^{n\times d}$ 是卷积层提取的特征矩阵，$\boldsymbol{Z}^{(L)} = \left\{\boldsymbol{Z}_{v_1}^L, \boldsymbol{Z}_{v_2}^L, \cdots, \boldsymbol{Z}_{v_n}^L\right\}$，$\boldsymbol{Z}_{v_n}^L$ 表示节点 v_n 的卷积特征向量，将卷积得到的节点特征向量以胶囊的形式输入到胶囊网络层中。

6. 胶囊网络层

胶囊网络对空间信息和存在的概率同时编码，胶囊相当于神经元，同一层中的胶囊没有连接，连续胶囊层之间通过动态路由连接。人工神经网络的输入是标量，胶囊网络的输入输出都是向量，可以捕获节点上下文邻居来预测一个目标节点的表示。设置两层胶囊，通过随机游走方式对胶囊进行采样，构成第一层的 q 个胶囊，包含自身节点特征与其 $q-1$ 个上下文邻居节点特征，第二层只包含一个胶囊，是第一层胶囊输出的加权总和，权重由动态路由不断迭代生成。胶囊网络层级结构与动态路由过程如图 3-14 所示。

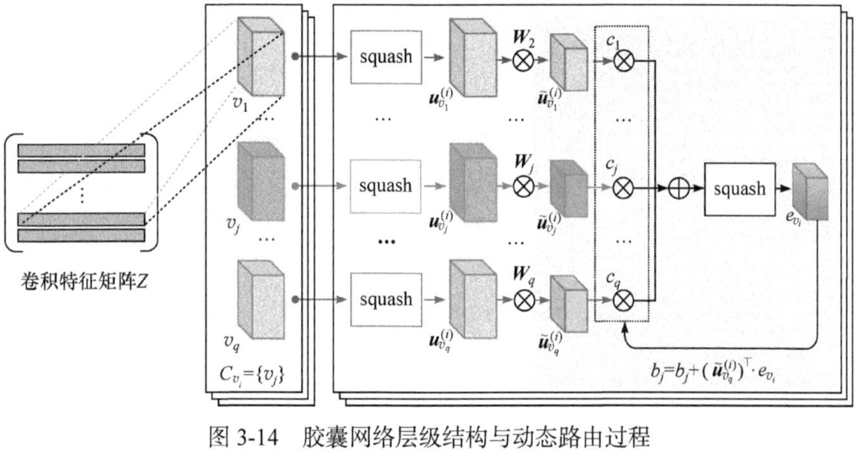

图 3-14 胶囊网络层级结构与动态路由过程

对网络图中每个节点采用随机游走方式，使每个节点均匀采样长度为 q 的随机游动，把图中所有节点都作为目标节点 v_i，从目标节点开始进行随机游走，生成游走序列 C_{v_i}，序列包含自身节点和上下文邻居节点，第一个位置是目标节点 v_i，其他位置是 $q-1$ 个目标节点的上下文邻居节点，$C_{v_i} = \{v_j\}, j \in \{1, 2, \cdots, q\}$，$\left|C_{v_i}\right| = q$。

第一层胶囊向量是卷积得到的节点特征行向量，目标节点的最终表示受自身特征和上下文邻居特征的影响，游走序列 C_{v_i} 中 v_j 的特征向量对应第 j 个胶囊，使用非线性挤压函数将自身特征和上下文邻居的特征向量转换为 $\boldsymbol{u}_{v_j}^{(i)}$ ，转换方式如式(3.41)所示，将每个特征向量的长度收缩，并且保持原方向不变，卷积后每个节点都与一个特征向量 $\boldsymbol{Z}_v$ 相关联。

$$\boldsymbol{u}_{v_j}^{(i)} = \text{squash}\left(\boldsymbol{Z}_{v_j}\right) = \frac{\boldsymbol{Z}_{v_j}^2}{1+\boldsymbol{Z}_{v_j}^2} \cdot \frac{\boldsymbol{Z}_{v_j}}{\boldsymbol{Z}_{v_j}} \tag{3.41}$$

利用权重矩阵 $\boldsymbol{W}_j \in \boldsymbol{R}^{k\times d}$ 对向量 $\boldsymbol{u}_{v_j}^{(i)}$ 进行线性变换得到向量 $\tilde{\boldsymbol{u}}_{v_j}^{(i)} \in \boldsymbol{R}^k$ 的变换过程为：

$$\tilde{\boldsymbol{u}}_{v_j}^{(i)} = \boldsymbol{W}_j \cdot \boldsymbol{u}_{v_j}^{(i)} \tag{3.42}$$

$\tilde{\boldsymbol{u}}_{v_j}^{(i)}$ 是来自胶囊 j 的预测，并对胶囊 j 的输出产生影响。在胶囊网络中加入动态路由机制能找到一组耦合系数 c_j ，使其预测向量 $\tilde{\boldsymbol{u}}_{v_j}^{(i)}$ 最符合输出向量 $\boldsymbol{s}_{v_i} \in R^k$ ，即最符合输出的输入向量。耦合系数 c_j 的计算方式为：

$$\tilde{\boldsymbol{u}}_{v_j}^{(i)} = \boldsymbol{W}_j \cdot \boldsymbol{u}_{v_j}^{(i)} \tag{3.43}$$

胶囊网络的第二层设置一个胶囊，利用耦合系数存储第一层胶囊变换后的 $\tilde{\boldsymbol{u}}_{v_j}^{(i)}$ 向量加权和，第二层胶囊向量表示为：

$$\boldsymbol{s}_{v_i} = \sum\nolimits_j c_j \cdot \tilde{\boldsymbol{u}}_{v_j}^{(i)} \tag{3.44}$$

第二层胶囊向量通过非线性挤压函数得到目标节点的向量表示 $\boldsymbol{e}_{v_i} \in \boldsymbol{R}^k$ 的计算方式为：

$$\boldsymbol{e}_{v_i} = \text{squash}\left(\boldsymbol{s}_{v_i}\right) = \frac{\left\|\boldsymbol{s}_{v_i}\right\|^2}{1+\left\|\boldsymbol{s}_{v_i}\right\|^2} \cdot \frac{\boldsymbol{s}_{v_i}}{\left\|\boldsymbol{s}_{v_i}\right\|} \tag{3.45}$$

耦合系数由动态路由迭代生成，加入相似度得分 b_j ，初始 $b_j = 0$ ，迭代过程中不断更新 b_j ，使 $b_j = b_j + \left(\tilde{\boldsymbol{u}}_{v_j}^{(i)}\right)^{\top} \cdot \boldsymbol{e}_{v_i}$ 。胶囊网络执行过程如算法 3-1 所示。

算法 3-1：胶囊网络 Capsnet 执行过程

1 **Input**: 卷积得到的节点特征向量 $\boldsymbol{Z}_{v_j}(v_j \in V)$.

2 **Output**: 胶囊网络表示 $\boldsymbol{e}_v = \left\{\boldsymbol{e}_{v_j}\right\}$.

for $j=1:q$ **do**
　$b_j=0$；
for $i=1:n$ **do**
　以节点 v_i 为起点进行随机游走，生成长度为 q 的游走序列 C_{v_i}；
　for $j=1:q$ **do**
　　$\boldsymbol{u}_{v_j}^{(i)}=\operatorname{squash}\left(\boldsymbol{Z}_{v_j}\right), \forall v_j \in C_v$；
　　$\tilde{\boldsymbol{u}}_{v_j}^{(i)}=\boldsymbol{W}_j \boldsymbol{u}_{v_j}^{(i)}$；
for $\text{iter}=1:m$ **do**
　$c_j=\operatorname{softmax}(b_j)$；
　$\boldsymbol{s}_{v_j}=\sum c_j \boldsymbol{u}_{v_j}^{(i)}$；
　$\boldsymbol{e}_{v_j}=\operatorname{squash}(b_j)$；
　for $j=1:q$ **do**
　　$b_j=b_j+\tilde{\boldsymbol{u}}_{v_j}^{(i)} \cdot \boldsymbol{e}_{v_j}$；

3.4.2　实验分析

为验证本章提出的属性网络嵌入方法 CNAM 的性能，以引文网络的三个数据集 Cora、Citeseer、Pubmed 为实验数据进行实验验证。本节详细阐述了实验所用的数据集信息、评价指标、模型训练方法及基准算法，通过节点分类任务对 CNAM 进行评估。

1. 实验数据和数据分割

本节数据采用引文网络三个数据集(cora、pubmed、citeseer)，其图节点表示论文，每个节点与标记论文主题的类相关联，图节点特征表示每篇论文的特征，边表示论文之间的引用关系，实验数据信息如表 3-9 所示。为判断模型的正确性，实验数据集进行数据分割，分割将数据随机分成训练集和测试集，一部分用来训练数据，一部分用来验证模型的正确性。本节采用的引文网络属于属性网络，数据集节点有类标签，因此，在每个数据集的每个类中均匀地抽取 20%的随机节点作为训练数据，1000 个不同的随机节点作为验证集，1000 个随机节点作为测试集，重复这种抽取方式 10 次，产生 10 个训练集、验证集、测试集的数据分割。

表 3-9　实验数据信息

数据集信息	节点数	边数	节点特征数	类别数
cora	2708	5429	1433	7
citeseer	3327	4732	3703	6
pubmed	19717	44338	500	3

2. 实验评价指标

CNAM 算法在节点分类任务使用分类精度作为评价指标，精度是精确性的度量，是对分类器整体上的正确率的评价，表示被分对的样本数占所有样本数的比例，精度越大表明节点分类任务越好，以一个二分类为例，区分正类和负类，计算过程为：

$$\boldsymbol{e}_{v_i}=\text{squash}\left(\boldsymbol{s}_{v_i}\right)=\frac{\left\|\boldsymbol{s}_{v_i}\right\|^2}{1+\left\|\boldsymbol{s}_{v_i}\right\|^2}\cdot\frac{\boldsymbol{s}_{v_i}}{\left\|\boldsymbol{s}_{v_i}\right\|} \tag{3.46}$$

实际类别与分类器划分类别都为正类时，样本数为 TP，都为负类时，样本数为 TN，实际类别与分类器划分类别为负类与正类、正类与负类时，样本数分别为 FP、FN。

3. 模型训练

损失函数反映了预测值和真实值之间不一致的程度，函数值越小，其鲁棒性越好，模型训练过程中，最小化损失函数，使得预测值更加接近其真实值，使用最小化 softmax 损失函数，使胶囊网络输出的网络表示学习目标节点的最终表示，如式(3.47)所示，学习过程如算法 3-2 所示。

算法 3-2：CNAM 训练过程

Input：网络图 $G=(V,E,A,F)$。
Output：网络表示 $\boldsymbol{g}_v$。
根据式(3.30)得到邻域相似度；
根据式(3.36)得到邻域注意力特征向量；
根据式(3.39)、式(3.40)得到卷积后的节点特征向量；
for $j=1,2,\cdots,n$ **do**
　　$\boldsymbol{e}_{v_j}=\text{Capsnet}\left(\boldsymbol{Z}_{v_j}\right)$；
$\boldsymbol{e}_v=\left\{\boldsymbol{e}_{v_j}\right\}$；
$\boldsymbol{g}_v=\boldsymbol{e}_v$；

$$e_{v_i} = \text{squash}\left(s_{v_i}\right) = \frac{\left\|s_{v_i}\right\|^2}{1+\left\|s_{v_i}\right\|^2} \cdot \frac{s_{v_i}}{\left\|s_{v_i}\right\|} \tag{3.47}$$

通过数据分割产生的 10 个训练集、验证集、测试集，对于每个而言，将 CNAM 训练得到网络中每个节点的最终表示作为分类器的输入，利用 L2-正则化逻辑回归分类器对网络节点进行分类，选择在验证集上产生最高精度的模型来计算在测试集上的精度,平均1个数据分割的10个测试集的精度作为最终节点分类的精度。

4. 基准算法

在本章节中比较以下几种算法，来对 NLAM 模型的性能进行评估：

Perozzi 等人[72]提出社交表示的在线学习深度游走算法 Deepwalk，通过截断随机游走来学习邻接矩阵潜在表示，即使在网络标注很少的情况下，也能得到较好的效果。Kipf 等人[73]提出可扩展图数据的半监督学习方法 GCN，可以直接在图上操作的卷积神经网络，通过光谱图卷积的局部一阶近似激发卷积体系结构，在图边的数量上呈线性扩展。

Velickovic 等人[74]提出图注意网络 GAT，通过堆叠节点关注节点邻域特征，隐式地为邻域中不同节点指定不同的权值。Velickovic 等人[75]提出无监督方式学习图结构数据中的节点表示方法 DGI，依赖最大化补丁表示和相应高级图之间的相互信息。Nguyen 等人[76]提出基于自注意网络的节点嵌入模型 SANNE，利用变压器自注意网络迭代聚合随机游动中节点的向量表示，既能为当前节点进行嵌入表示，也能为新未见的节点产生可信的嵌入表示。

Nguyen 等人[77]提出无监督嵌入模型 Caps2NE，使用两个胶囊网络，第一层聚合给定目标节点的上下文邻居特征向量，并将此特征向量输入到第二个胶囊层来推断目标节点的合理嵌入。Deng 等人[78]提出多层框架无监督嵌入算法 GraphZoom，将图融合且合并高光谱相似性，在最粗化的层次上获得的嵌入细化为越来越精细的图，有效地编码原始图的拓扑结构和节点属性信息。

Chen 等人[79]提出图互信息最大化嵌入方法 DGI,将互信息在向量空间中的传统思想运用到图中，结合节点特征和网络结构测量互信息。Shi 等人[80]提出双正则化图卷积网络 DRGCN，采用两种类型的正则化处理类不平衡问题，采用类条件的对抗性训练过程促进标记节点的分离，通过最小化未标记节点在嵌入空间中的差异来保持训练平衡，强制未标记节点遵循与已标记节点相似的潜在分布。

Deng 等人[81]提出联合执行表示学习和聚类的方法 GDCL,通过与对齐聚类类信息相结合，对表示进行优化，优化后的表示促进了聚类性能。Chen 等人[82]提出注意图归一化嵌入方法 AGN，学习多种图感知归一化的加权组合，自动为特定的任务选择多种归一化方法的最优组合。

5. 消融分析

本章算法用到了邻域相似度中的节点聚集系数和节点连接强度、注意力机制、胶囊网络，邻域相似度中的节点连接强度以及胶囊网络中的动态路由分别受邻居阶数和路由迭代次数的影响，在不同的邻居阶数和路由迭代次数下设置不同的学习率，其算法在各个数据集上的分类精度会有所不同。因此，为验证在不同学习率、连接强度中不同邻居阶数、不同路由迭代次数的条件下对算法精度的影响，表3-10～表3-12分别展示了在此不同条件下CNAM算法在Cora、Citeseer、Pubmed三个数据集上的分类精度，表中设置了 5×10^{-5}、1×10^{-5}、1×10^{-4} 三个学习率，因精度随连接强度中邻居阶数的增加而下降，所以表中只选取了邻居阶数为一阶、二阶和三阶三种，并且设置了 1 次、3 次、5 次、7 次四种路由迭代次数，表中加粗的数值是算法在其数据集上达到的最优分类精度。

表 3-10 展示了不同条件下 CNAM 算法在 Cora 数据集上的分类精度。对比表中的所有分类精度数值，发现在 1×10^{-4} 学习率、连接强度中一阶邻居阶数、路由迭代次数为 7 次的条件下，CNAM 算法的分类精度为 84.41%，达到了最优的分类精度。

表 3-10　不同条件下 CNAM 算法在 Cora 数据集上的分类精度(%)

数据集	学习率	连接强度中邻居阶数	路由迭代次数 m			
			$m=1$	$m=3$	$m=5$	$m=7$
Cora	5×10^{-5}	一阶	82.61	83.72	83.75	83.70
		二阶	79.76	79.62	79.74	79.56
		三阶	73.97	75.69	74.33	74.35
	1×10^{-5}	一阶	83.71	83.67	83.68	83.78
		二阶	79.75	79.53	81.62	79.57
		三阶	75.48	73.71	73.68	62.93
	1×10^{-4}	一阶	82.95	83.99	83.97	**84.41**
		二阶	79.84	79.77	79.79	79.54
		三阶	75.22	74.59	77.18	73.89

表 3-11　不同条件下 CNAM 算法在 Citeseer 数据集上的分类精度(%)

数据集	学习率	连接强度中邻居阶数	路由迭代次数 m			
			$m=1$	$m=3$	$m=5$	$m=7$
Citeseer	5×10^{-5}	一阶	73.49	73.47	73.42	73.68
		二阶	68.12	67.79	67.78	67.82
		三阶	63.84	63.53	63.76	65.38

续表

数据集	学习率	连接强度中邻居阶数	路由迭代次数 m			
			$m=1$	$m=3$	$m=5$	$m=7$
Citeseer	1×10^{-5}	一阶	73.10	72.80	72.93	73.38
		二阶	67.85	67.87	67.79	67.89
		三阶	63.45	63.28	62.65	62.96
	1×10^{-4}	一阶	73.79	72.75	**73.98**	73.81
		二阶	67.72	68.95	69.24	68.69
		三阶	65.89	65.52	66.62	65.63

表 3-11 展示了不同条件下 CNAM 算法在 Citeseer 数据集上的分类精度。对比表中的所有分类精度数值，发现在 1×10^{-4} 学习率、连接强度中一阶邻居阶数、路由迭代次数为 5 次的条件下，CNAM 算法的分类精度为 73.98%，达到了最优的分类精度。

表 3-12 展示了不同条件下 CNAM 算法在 Pubmed 数据集上的分类精度。对比表中的所有分类精度数值，发现在 1×10^{-4} 学习率、连接强度中一阶邻居阶数、路由迭代次数为 1 次的条件下，CNAM 算法的分类精度为 81.52%，达到了最优的分类精度。

表 3-12　不同条件下 CNAM 算法在 Pubmed 数据集上的分类精度(%)

数据集	学习率	连接强度中邻居阶数	路由迭代次数 m			
			$m=1$	$m=3$	$m=5$	$m=7$
Pubmed	5×10^{-5}	一阶	80.70	80.68	80.36	80.71
		二阶	76.46	76.49	76.52	76.67
		三阶	74.72	73.11	73.66	73.67
	1×10^{-5}	一阶	81.21	80.48	80.89	80.57
		二阶	76.86	76.67	76.76	76.82
		三阶	73.91	73.76	73.89	74.26
	1×10^{-4}	一阶	**81.52**	80.12	81.29	81.32
		二阶	76.08	75.96	76.13	76.08
		三阶	72.95	73.25	72.80	73.35

综上所述，CNAM 算法在 Cora、Citeseer、Pubmed 三个数据集上的分类精度

达到最优效果时，其学习率都为 1×10^{-4}，连接强度中的邻居阶数都为一阶，路由迭代次数分别为 7 次、5 次、1 次。

6. 实验结果及分析

本方法在引文网络的三个数据集 Cora、Citeseer、Pubmed 上执行节点分类任务，以分类的精度作为评价方法性能的指标。表 3-13 展示了 CNAM 与其他算法在引文网络上的精度比较(粗下画线和细下画线分别表示在该数据集上分类精度次优值和次次优值)。

表 3-13 CNAM 与其他算法在引文网络上的精度比较(%)

算法	引文网络数据集名称		
	Cora	Citeseer	Pubmed
DeepWalk	71.11	47.60	73.49
GCN	81.53	70.21	79.65
GAT	82.72	71.80	79.46
DGI	82.43	70.92	77.31
SANNE	80.86	70.38	79.77
Caps2NE	80.53	71.34	78.45
GraphZoom	83.94	71.10	77.60
GMI	83.07	72.63	80.28
DRGCN	74.02	67.79	81.36
GDCL	78.08	71.87	72.21
AGN	81.30	69.74	80.18
CNAM	**84.41**	**73.98**	**81.52**

条形图能更直观地看出各个算法之间的精度差，图 3-15、图 3-16、图 3-17 分别展示了表 3-13 中算法数据的条形图表示，其条形图坐标轴横轴表示算法名称，坐标轴纵轴表示节点分类的精度数值。

由表 3-13 可知，在 Cora 数据集上 CNAM 算法的节点分类精度达到了 84.41%，与表中给出的对比算法相比，CNAM 算法分类效果最优。其节点分类精度次优的 GraphZoom 算法的精度为 83.94%，与最优算法的精度相差 0.47%。节点分类精度次次优的 GMI 算法的精度为 83.07%，与最优算法的精度相差 1.34%。

图 3-15 给出了 CNAM 与其他算法在 Cora 数据集上的精度条形图，从条形图中可以很明显地观察到不同算法在 Cora 数据集上精度条柱的高低情况，其 CNAM 算法位于条形图的最右侧，通过观察条柱的高低，可以看出 CNAM 算法精度条柱最高，表明本算法在 Cora 数据集上达到了最优的节点分类效果。

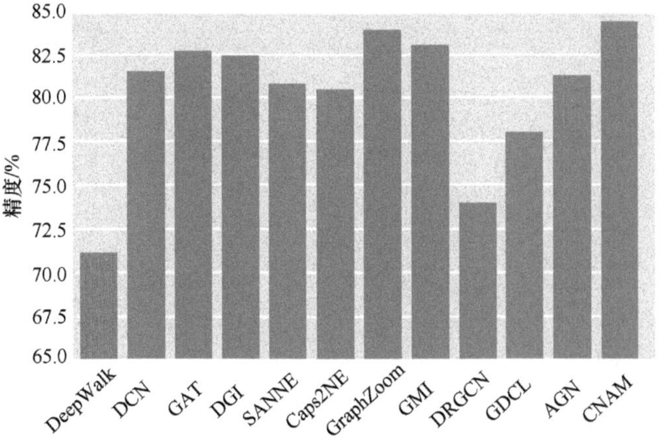

图 3-15　CNAM 与其他算法在 Cora 数据集上的精度条形图

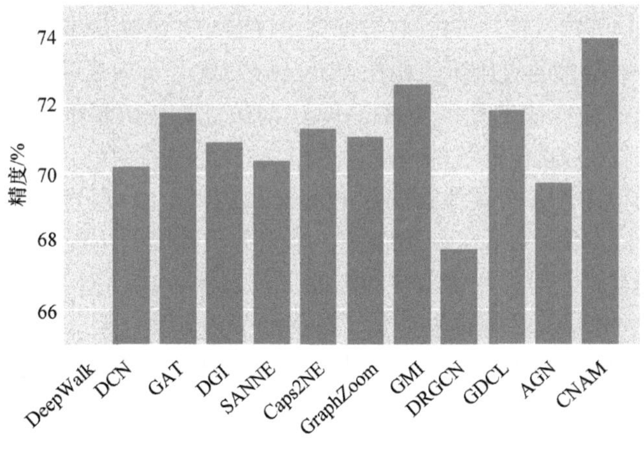

图 3-16　CNAM 与其他算法在 Citeseer 数据集上的精度条形图

由表 3-13 可知，在 Citeseer 数据集上 CNAM 算法的节点分类精度达到了 73.98%，与表中给出的对比算法相比，CNAM 算法分类效果达到了最优，其节点分类精度次优的 GMI 算法的精度为 72.63%，与最优算法的精度相差 1.35%，节点分类精度次次优的 DRGCN 算法的精度为 67.79%，与最优算法的精度相差 6.19%。图 3-16 给出了 CNAM 与其他算法在 Citeseer 数据集上的精度条形图，缩小了坐标纵轴范围来更加直观地观察算法之间的差值，条形图的条柱高低反映了不同算法在 Citeseer 数据集上节点分类精度的大小情况，DeepWalk 算法因精度 47.60%与其他算法精度差太大，因此在图 3-16 中 DeepWalk 算法的条形柱没有蓝色精度区域，其 CNAM 算法位于条形图的最右侧，通过观察条柱的高低，可以看出 CNAM 算法精度条柱最高，表明本算法在 Citeseer 数据集上达到了最优的节点分类效果。

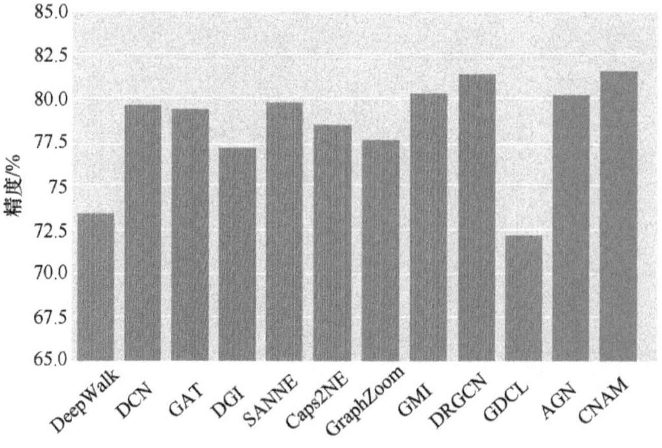

图 3-17 CNAM 与其他算法在 Pubmed 数据集上的精度条形图

由表 3-13 可知，在 Pubmed 数据集上 CNAM 算法的节点分类精度达到了 81.52%，与表中给出的对比算法相比，CNAM 算法分类效果最优，其节点分类精度次优的 DRGCN 算法的精度为 81.36%，与最优算法的精度相差 0.16%。节点分类精度次次优的 GMI 算法的精度为 80.28%，与最优算法的精度相差 1.24%。图 3-17 给出了 CNAM 与其他算法在 Pubmed 数据集上的精度条形图，条形图的条柱高低是不同算法在 Citeseer 数据集上节点分类精度的体现，其 CNAM 算法位于条形图的最右侧，通过观察条柱的高低，可以看出 CNAM 算法精度条柱最高，表明本算法在 Citeseer 数据集上达到了最优的节点分类效果。

综上可知，CNAM 算法在三个数据集的分类精度上均取得了最优的节点分类效果。对比在三个数据集中，其与次优算法 GraphZoom、GMI、DRGCN 的精度差 0.47%、1.35%、0.16%大小，CNAM 算法在 Citeseer 数据集上，其分类精度比次优算法提升最多，其次是 Cora 数据集，最后是 Pubmed 数据集。对比在三个数据集中，其与次次优算法 GMI、DRGCN、GMI 的精度差 1.34%、6.19%、1.24%大小，与次优算法的对比结果相同，CNAM 算法在分类精度上的提升量从大到小为 Citeseer、Cora、Pubmed 数据集。

第 4 章　基于联合注意力的网络表示学习方法

4.1　符 号 定 义

本节介绍论文中所涉及的所有变量以及相关定义。变量符号定义如表 4-1 所示。

定义 4.1　图可以表示为 $G=(V,E)$，其中 V 为图的节点集合，E 为边集。图共有 N 个节点，C 个节点类别，$|E|$ 条边。使用 $\boldsymbol{A}\in\{0,1\}^{N\times N}$ 表示图的邻接矩阵，$\boldsymbol{X}\in\boldsymbol{R}^{N\times D}$ 为输入节点特征矩阵，N_i 表示节点 i 及其一跳邻居节点。

表 4-1　变量定义

变量	定义
G	图
V	图的节点集
E	图的边集
N	图的节点数量
$\boldsymbol{X}$	特征矩阵
$\boldsymbol{A}$	图的邻接矩阵
v_i	第 i 个节点
$\boldsymbol{S}$	图的相似度矩阵
α	相似度阈值
$\boldsymbol{H}$	图嵌入
$\boldsymbol{W}^l$	第 l 层权重矩阵
$\boldsymbol{h}_i^l$	节点 i 在第 l 层的特征嵌入

定义 4.2　相似网络。本章使用节点相似性度量指标计算节点与其邻居节点的相似性，计算方式如下：

$$s_{i,j}=\gamma(i,j) \tag{4.1}$$

其中，$s_{i,j}$ 表示节点 i 与节点 j 之间的相似度，$s_{i,j}$ 值越大表明节点 i 与节点 j 之间越相似，$\gamma(i,j)$ 为相似度计算函数。在矩阵形式中最终得到相似度矩阵 $\boldsymbol{S}$。然后计算相似网络的邻接矩阵，此处超参数 α 为相似度阈值，用来限制相似节点的连接，邻接矩阵计算如下：

$$A' = \begin{cases} 1, & \text{if } s_{ij} \geqslant \alpha \\ 0, & \text{otherwise} \end{cases} \tag{4.2}$$

当 $A'_{i,j}=1$ 时在节点 i 和节点 j 之间构建边 $e_{(i,j)}$，否则不构建边，最终会形成新的相似网络 G'。

定义 4.3 给定图 $G=(V,E)$，通过无监督或有监督学习将图中每个节点 v_i 映射到低维空间，并保留原始信息。其任务旨在学习一个映射函数 $f:v_i \to \boldsymbol{h}_i \in \boldsymbol{R}^d$，其中 v_i 表示第 i 个节点，$\boldsymbol{h}_i \in \boldsymbol{R}^d$ 表示节点 i 的低维向量表示。

4.2 基于联合注意力的网络表示学习模型

本算法首先构建相似网络，其次分别计算相似网络中节点之间的内容相关性和结构相关性，两者结合得到联合注意力分数。最后使用联合注意力分数进行特征加权聚合，得到节点的嵌入表示。算法框架图如图 4-1 所示。

本算法主要由三部分构成：相似网络构建模块、联合注意力分数计算模块、图注意力机制模块。具体介绍如下。

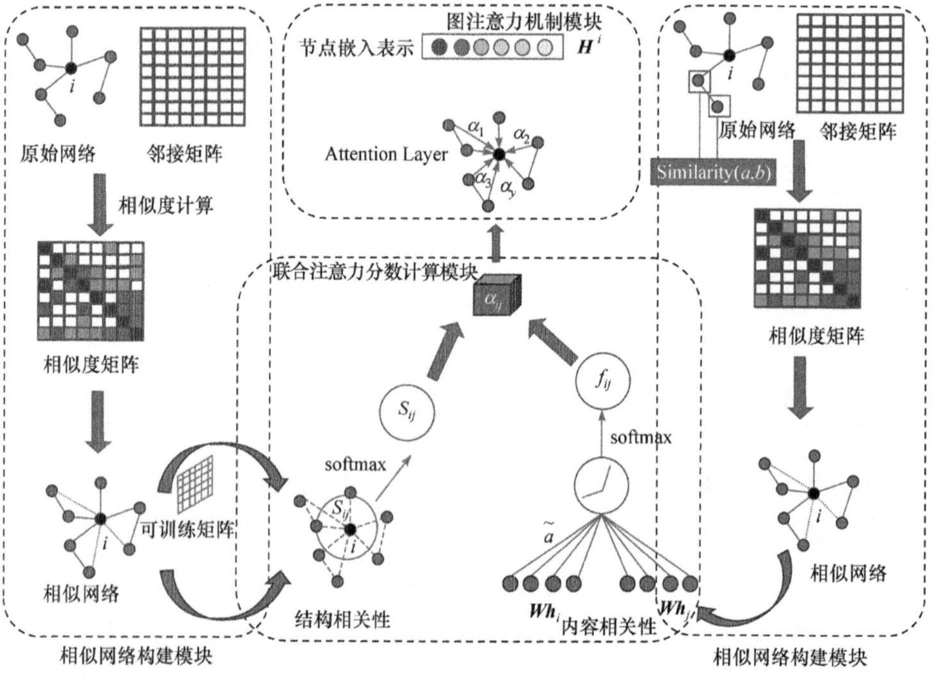

图 4-1 算法整体框架图

1) 相似网络构建模块：首先使用节点相似性度量指标计算网络中节点之间的相似度。根据相似度阈值 α 进行筛选，对相似度较高且未连接的节点对构建新的边，从而使节点与其高阶相似节点建立起联系，最终形成相似网络。此模块解决了原始图注意力网络只关注一阶邻居节点的问题，丰富了聚合时的节点特征信息。

2) 联合注意力分数计算模块：若计算节点 i 和节点 j 之间的联合注意力分数，需分别计算节点对的内容相关性和结构相关性。从内容上讲，节点内容特征将用来计算节点对的内容相关性；从结构上讲，节点结构特征被用来计算结构相关性。节点内容相关性使用 GAT 中的注意力分数计算方法获得。通过设计一个自适应距离计算函数来计算节点的结构相关性，最后联合计算得到联合注意力分数。

3) 图注意力机制模块：使用图注意力机制进行特征提取，在特征聚合过程中根据联合注意力分数对节点特征进行加权聚合，最终得到嵌入表示。

4.2.1　相似网络构建模块

本模块旨在使高阶相似节点参与到学习过程中。首先，对于每一对节点对使用相似度度量指标计算其相似度 $S(i, j)$，相似度越高，则节点越相似。本节使用了四种有代表性的节点相似性度量指标，分别是 CN (common neighbors)[83]、Jaccard (jaccard index)[84]、AA (adamic-adar)[85]、HDI (hub depressed index)[86]。下面将分别介绍这四种相似性计算方法。

1) CN：给定节点 $u \in V$，$\Gamma(u) \subseteq V$ 为节点 u 的邻居节点集合。节点 $u \subseteq V$ 和节点 $v \subseteq V$ 的共同邻域定义如下：

$$\begin{aligned} s_{\mathrm{CN}}(u, v) &= \left|\Gamma(u) \cap \Gamma(u) v\right| \\ &= \left|\{w \in V \mid (v, w) \wedge (u, w) \in \varepsilon\}\right| \end{aligned} \tag{4.3}$$

在矩阵形式中，相似度矩阵可以被表述为

$$\boldsymbol{S}_{\mathrm{CN}} = \hat{\boldsymbol{A}}^2 \tag{4.4}$$

2) Jaccard：该指标通过将交集的大小与并集的大小归一化来评估两个节点的邻居之间的重叠情况。

$$s_{\mathrm{JI}}(u, v) = \frac{\left|\Gamma(u) \cap \Gamma(v)\right|}{\left|\Gamma(u) \cup \Gamma(v)\right|} \tag{4.5}$$

在矩阵形式中，相似度矩阵可以通过以下方式求得：

$$\boldsymbol{S}_{\mathrm{JI}} = \hat{\boldsymbol{A}}^2 \odot \left(\hat{\boldsymbol{A}}\boldsymbol{N} + \boldsymbol{N}\hat{\boldsymbol{A}} - \hat{\boldsymbol{A}}^2\right) \tag{4.6}$$

其中，$\boldsymbol{N}$ 表示与 $\boldsymbol{A}$ 相同大小的全一矩阵，$\odot$ 表示矩阵点除操作。

3) AA：该方法通过给连接较少的共同邻居分配更多的权重来完善共同邻居的概念：

$$s_{(A,A)}(u,v)=\sum_{w\in|\Gamma(u)\cap\Gamma(v)|}\frac{1}{\log(|\Gamma(w)|)} \tag{4.7}$$

在矩阵形式中，相似度矩阵可以以下方式求得：

$$\boldsymbol{S}_{\text{AA}}=\hat{\boldsymbol{A}}\log(\hat{\boldsymbol{D}}^{-1})\hat{\boldsymbol{A}} \tag{4.8}$$

4) HDI：与 Jaccard 指标类似，HDI 的目的是根据节点的度归一化两个节点的邻域的重叠部分，为了关注度数较高的节点：

$$s_{\text{HDI}}(u,v)=\frac{|\Gamma(u)\cap\Gamma(v)|}{\max\{|\Gamma(u)\cup\Gamma(v)|\}} \tag{4.9}$$

基于 HDI 构建的相似度矩阵，可以表述为：

$$\boldsymbol{S}_{\text{HDI}}=\hat{\boldsymbol{A}}^2\odot\max\{\hat{\boldsymbol{A}}\boldsymbol{N},\boldsymbol{N}\hat{\boldsymbol{A}}\} \tag{4.10}$$

如上所示，本节使用以上四种节点相似性度量来计算得到网络的相似度矩阵 $\boldsymbol{S}^{N\times N}$，其中 N 为节点的个数，$\boldsymbol{S}^{N\times N}$ 中每一个位置对应于原始网络中两个节点之间的相似度，后根据相似度阈值 α 进行筛选相似节点对，若节点对相似度高于相似度阈值则构建边，最终形成相似网络 G'，作为下一模块的模型输入。

4.2.2　基于联合注意力分数的特征加权聚合模块

本节主要介绍在构建相似网络后，算法中的联合注意力分数计算和图注意力机制模块的应用。

首先，利用现有的图注意力网络中的注意力分数计算方法得到节点 i 和节点 j 之间的内容相关性：

$$f_{ij}=\frac{\exp\left(\text{LeakyReLU}\left(\vec{\boldsymbol{\alpha}}^{\top}\left(\boldsymbol{W}\vec{\boldsymbol{h}_i}\|\boldsymbol{W}\vec{\boldsymbol{h}_j}\right)\right)\right)}{\sum_{k\in N_i}\exp\left(\text{LeakyReLU}\left(\vec{\boldsymbol{\alpha}}^{\top}\left(\boldsymbol{W}\vec{\boldsymbol{h}_i}\|\boldsymbol{W}\vec{\boldsymbol{h}_k}\right)\right)\right)} \tag{4.11}$$

其中，$\boldsymbol{W}\in\boldsymbol{R}^{F'\times F}$ 是网络中所有节点共享的可训练的权重矩阵，$\vec{\boldsymbol{\alpha}}$ 为单层前馈神经网络的参数向量，$\|$ 表示串联函数，F 为节点的初始特征维度，$\vec{\boldsymbol{h}_i}$ 和 $\vec{\boldsymbol{h}_j}$ 分别表示节点 i 和节点 j 的初始特征向量，N_i 表示节点 i 的一阶邻居节点集合。通过此过程则能得到节点与其一阶邻居节点之间的特征相关性。

然后，寻求获得节点 i 和节点 j 之间的结构相关性。在矩阵形式中图的结构相关性可用下述方法获得：

$$S_{ij}=\arg\min\Phi(M_{ij},A_{ij}) \tag{4.12}$$

其中，$\boldsymbol{S}$ 为图的结构相似度矩阵，S_{ij} 表示节点 i 和节点 j 之间的结构相关性。$\Phi(\cdot)$

为距离函数，$\boldsymbol{A}$ 为输入图的邻接矩阵，$\boldsymbol{M}$ 为与 $\boldsymbol{A}$ 相同纬度的、所有节点可共享的自适应可训练矩阵，本节中距离函数选择欧氏距离，则式(4.12)可以写为：

$$S_{ij} = \arg\min(A_{ij} - M_{ij})^2 \tag{4.13}$$

之后，归一化结构相关性：

$$s_{ij} = \frac{\exp(s_{ij})}{\sum_{k \in N_i} \exp(s_{ik})} \tag{4.14}$$

然后将两者结合计算最终的联合注意力分数：

$$a_{ij} = \frac{\gamma(\overline{e}_{ij})\overline{e}_{ij} + \beta(\overline{s}_{ij})\overline{s}_{ij}}{\gamma(\overline{e}_{ij}) + \beta(\overline{s}_{ij})} \tag{4.15}$$

其中，$\gamma(\cdot)$ 和 $\beta(\cdot)$ 是转换函数，用于调整特征相关性和结构相关性。在本节中使用 Sigmoid 作为转换函数，有：

$$\gamma(\overline{e}_{ij}) = \frac{1}{1 + \mathrm{e}^{-\overline{e}_{ij}}} \tag{4.16}$$

$$\beta(\overline{s}_{ij}) = \frac{1}{1 + \mathrm{e}^{-\overline{s}_{ij}}} \tag{4.17}$$

在获得联合注意力分数后，执行特征加权聚合用来更新每个节点的特征，并传播到下一层或被用于后续学习任务的最终表征：

$$\boldsymbol{h}_i^{(l+1)} = \sigma\left(\sum_{j \in N_i} \alpha_{ij} \boldsymbol{W} \boldsymbol{h}_j^{(l)}\right) \tag{4.18}$$

其中，$\sigma(\cdot)$ 为激活函数，α_{ij} 为节点 i 和节点 j 之间的联合注意力分数，$\boldsymbol{h}_j^{(l)}$ 为节点 j 在第 l 层的向量表示。

具体的算法如算法 4-1 所示。

算法 4-1：基于相似网络和联合注意力的图嵌入算法

Input：图 $G = (V, E)$，特征矩阵 $\boldsymbol{X}$，邻接矩阵 $\boldsymbol{A}$

Output：嵌入矩阵 $\boldsymbol{H}$

1　根据指定的节点相似性度量指标计算节点相似性，得到图的相似度矩阵 $\boldsymbol{S}$。

2　根据式(4.2)计算相似网络邻接矩阵，构建相似网络 G'。

3　根据式(4.11)和式(4.12)分别计算节点内容相关性 f_{ij} 和结构相关性 S_{ij}。

4　根据式和使用转换函数调整内容相关性和结构相关性，根据式计算最终注意力分数 α_{ij}。

---

5 根据式进行节点特征加权聚合，得到节点 i 的向量嵌入表示 $\boldsymbol{h}_i$ 。
6 利用随机梯度迭代更新权重，直到收敛到局部最优或达到训练次数上限。

4.3 实验分析

本节首先介绍了实验所使用的数据集以及相关实验设置，后使用多个基准数据集对提出的模型进行实证分析，并多个图嵌入学习算法进行对比，对实验结果进行分析，验证本算法的优越性。

4.3.1 数据集及实验配置

本节使用三个经典基准数据集(Cora、Citeseer 和 Pubmed)[87]进行实验，数据集统计信息如表 4-2 所示。以上三个数据集被广泛应用于各种图嵌入算法评估实验，它们均属于引文网络，其中节点表示论文，连边表示论文之间的引用关系，特征表示论文的属性信息，如作者、年份、研究主题等。本实验的下游学习任务为节点分类，最终通过使用节点分类的准确率评估所有算法的有效性。

表 4-2 数据集统计信息

数据集	节点数	边数	特征数	类别数
Cora	2708	5429	1433	7
Citeseer	3312	4714	3703	6
Pubmed	19717	44338	500	3

实验中，首先分别使用 CA、Jaccard、AA、HDI 四个相似性度量指标计算节点相似性，初始相似度阈值 α 为 0。本节方法的网络结构遵循 GAT 算法结构设置，采用两层消息传递层和多头注意力机制。在第一层，8 个注意力头中的每一个注意力头都学习一个转换矩阵 $\boldsymbol{W} \in \boldsymbol{R}^{d\times 8}$ ；在第二层，在来自第一层 8 个注意力头产生的级联特征上使用转换矩阵 $\boldsymbol{W} \in \boldsymbol{R}^{64\times C}$ (C 为节点的标签数)，采用一个注意头后跟一个 softmax 算子。

使用 Adam 优化器来学习参数模型，初始学习率 lr 为 0.005，衰减系数为 0.0005，dropout 为 0.6。为了防止模型过度拟合，在实验中引入提前停止策略，patience 设置为 100。模型的输入维度为节点的初始特征维度，隐藏层嵌入向量维数为 8。epoch 设置为 1000，对于每个数据集，所有方法运行十次以获得稳定的统计数据，实验结果取平均值记录。

为了验证算法的有效性，本节将模型与具有代表性的图嵌入算法在节点分类问题上进行对比，包括 Deepwalk、GCN、GraphSAGE、GAT 和 ADSF 等。

4.3.2 实验

本章算法及上述基线在节点分类任务上的实验结果如表 4-3 所示，粗体表示 SiCAT 获得了比其他基线更好的表现。本章提出的基于相似网络的联合注意力图嵌入模型根据所选用的相似性计算方法不同有四个变体，分别是 SiCAT-CN、SiCAT-Jaccard、SiCAT-HDI 和 SiCAT-AA。

表 4-3　不同数据集上各算法节点分类任务实验结果

算法	Cora	Citeseer	Pubmed
Deepwalk	67.2%	43.2%	65.3%
GCN	74.25%	63.36%	77.83%
GraphSAGE	81.12%	71.06 %	79.04 %
GIN	78.25%	67.83%	79.31%
GAT	83.00%	70.36%	81.50%
ADSF	84.00%	73.50%	81.20%
SiCAT-Jac	84.20%	**74.0%**	82.10%
SiCAT-AA	**85.70%**	74.30%	**84.10%**
SiCAT-CN	84.90%	74.30%	82.60%
SiCAT-HDI	83.80%	72.20%	81.10%

根据表 4-3 可见，SiCAT-Jaccard、SiCAT-AA、SiCAT-CN 三种算法在三个数据集中的表现均优于所有基线方法，其中 SiCAT-AA 算法综合结果最优，与原始 GAT 相比分别提高了 2.70%、3.94%和 2.60%，因此在后续的分析研究中均以 SiCAT-AA 为例进行研究分析。

本章所提算法对节点分类的提升效果较为显著，通过分析数据集节点平均度的变化可以得到解释，原始网络与相似网络节点平均度对比如图 4-2 所示。

Cora、Citeseer 和 Pubmed 三个数据集原始网络中节点的平均度分别为 3.9、2.8 和 4.5。数据集中的节点的平均度较低，即每个节点连接的邻居节点数量较少，从而导致在特征聚合过程中每个节点可利用的邻居节点特征信息较少。引入相似网络后三个数据集中节点平均度分别增至 4.4、3.4 和 5.9，有效提高了节点的平均度。每个节点的一阶邻居节点数量增多，使模型可以充分地利用更多的节点特征信息。

4.3.3 可视化

以 SiCAT-AA 算法为例，Cora、Citeseer 和 Pubmed 三个数据集上的节点利用

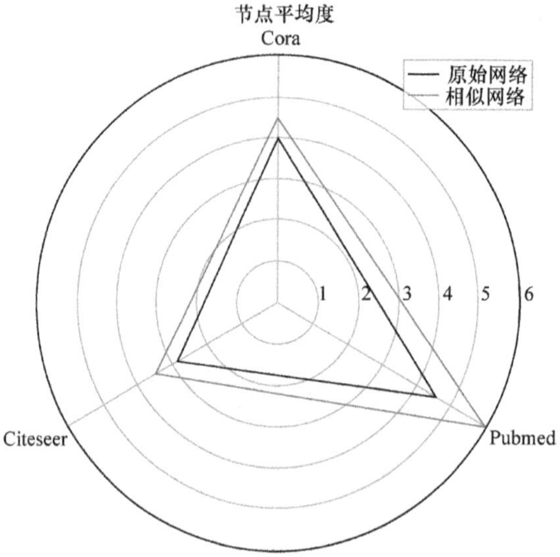

图 4-2 原始网络与相似网络中节点平均度对比图

本算法得到节点嵌入向量，将嵌入向量作为 TSNE(T-distributed stochastic neighbor embedding)的输入，进行降维转化为二维向量表示。同一类节点用相同的颜色进行表示，可视化结果如图 4-3 表示。可见在三个数据集中属于同一类的节点大多能分配到一个簇中，体现了本章所提算法的有效性。

图 4-3 本章算法在节点分类任务上的结果可视化展示图

4.3.4 对比实验

为了进一步验证所提模型的有效性，设置本章所提算法与 GAT 对照实验。对比实验结果选用分类准确率、损失函数与准确率收敛趋势演变进行对比。将本章算法与原始 GAT 在三个数据集上进行节点分类任务，实验结果如图 4-4 所示。从图 4-4 可见，本章所提算法的四种变体的节点准确率均高于原始图注意力网络，验证了 SiCAT 模型在节点分类任务中的有效性。在图 4-5 中绘制了 GAT 和 SiCAT 的节点分类准确率和损失函数的演变，可以看出随着 epoch 的增加，SiCAT 的准确率(acc)和损失函数(loss)都逐渐收敛到稳定的区域并达到更优值，且与 GAT 相比收敛速度更快且收敛效果更好。

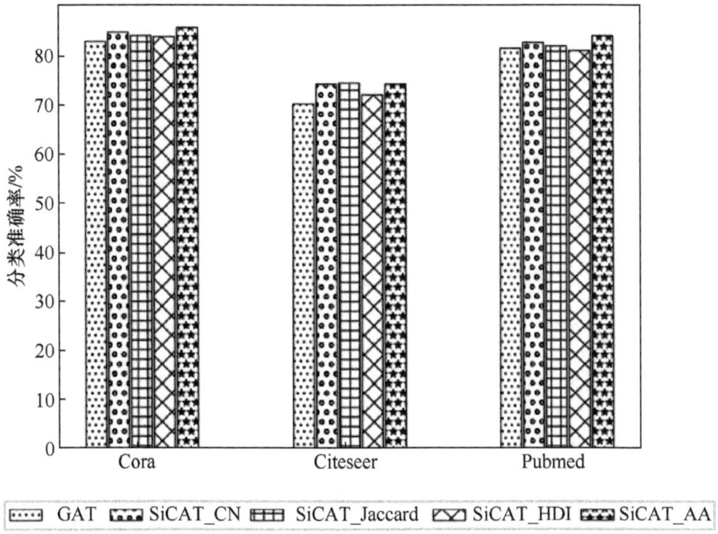

图 4-4　使用不同相似性计算方法与 GAT 节点分类结果

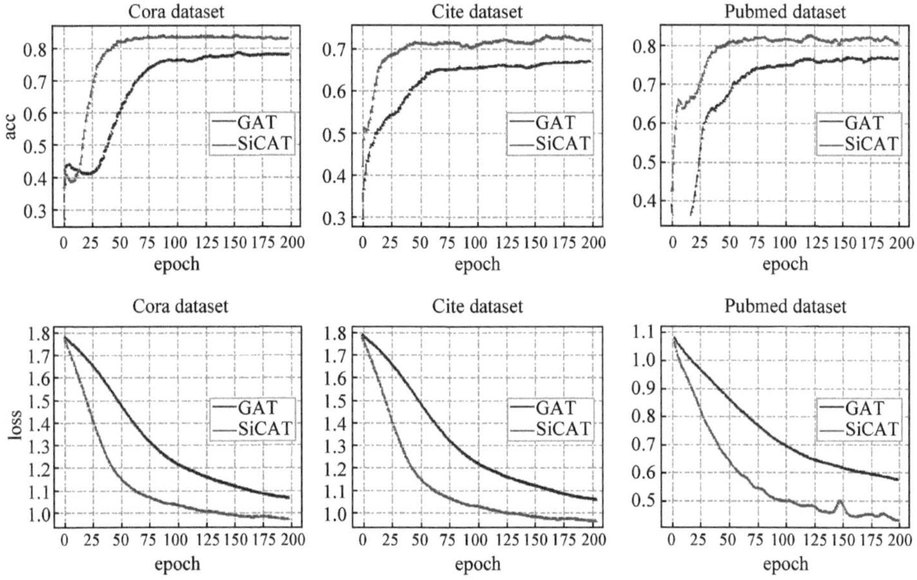

(a) Cora数据集　(b) Citeseer数据集　(c) Pubmed数据集

图 4-5　本章所提算法和 GAT 方法准确率和损失函数的收敛情况

4.3.5　超参数分析

本节研究超参数相似度阈值 α 对实验结果的影响，引入相似度阈值 α 旨在过滤掉相似度值较低的节点对。在图注意力网络中，增加邻居节点的数量不一定能够有效提取节点的结构特征，反而可能会产生噪声节点，因此对于相似节点边的构建需要进行一定的限制。使用相似度阈值解决这一问题，设置初值为 0，不断增加其值，观察分析实验结果。在 Citeseer、Pubmed 两个数据集上节点分类准确率跟随相似度阈值的变化趋势分别如图 4-6、图 4-7 所示。

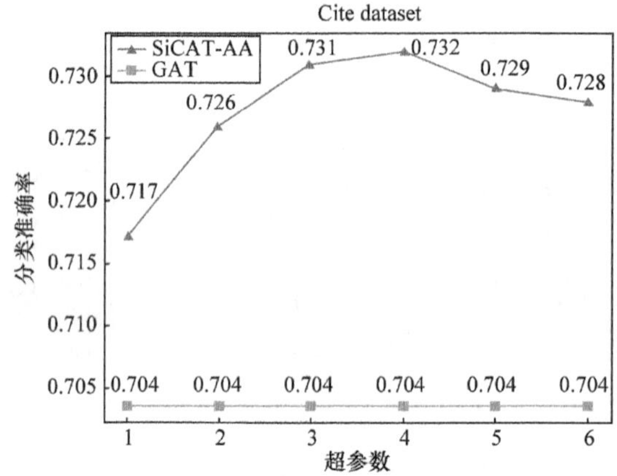

图 4-6　Citeseer 数据集在不同超参数下的分类准确率

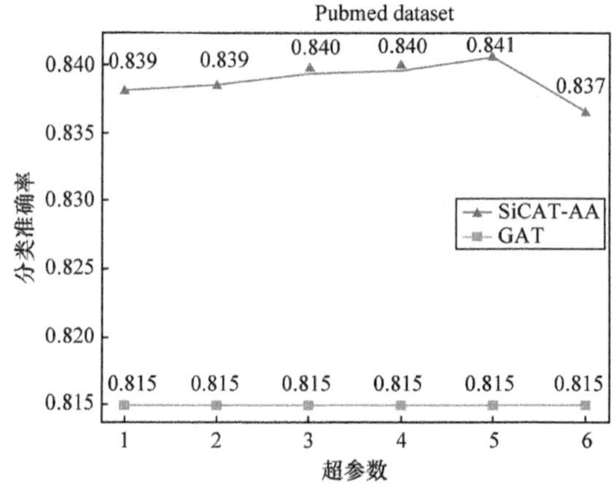

图 4-7　Pubmed 数据集在不同超参数下的分类准确率

对于 Cora 和 Citeseer 数据集，当相似度阈值为 4 时，节点分类准确率达到最高；对于 Pubmed 数据集，当相似度阈值为 5 时，节点分类准确率达到最高。可以看出，对于不同的数据集，相似度阈值的选取一般也不同。对于出现此结果的原因，我们认为 Pubmed 数据集节点数远远大于 Cora 和 Citeseer 数据集，且原始网络节点的平均度也是最大，因此原始网络上的节点拥有更多的一阶邻居节点可以参与到特征聚合的过程中，对构建新的一阶邻居节点的需求较小。

第5章 基于自编码器与双曲几何的网络表示学习方法

5.1 属性网络的基础理论

属性网络一般表示为无向图$G=(V,E,\boldsymbol{A},\boldsymbol{M})$，其中，$V=\{v_1,v_2,v_3,\cdots,v_n\}$表示图节点集合，$v$表示图节点，用$n=|V|$表示图中的节点数量；$E=\{e_{12},e_{13},\cdots,e_{ij}\}$是图中节点之间连接的边集合，$e_{ij}\in E$表示节点$v_i\in V$与$v_j\in V$之间的连边；$\boldsymbol{A}(a_{ij})^{n\times n}$表示图的邻接矩阵，是表示图中顶点之间相邻关系的矩阵，若节点$v_i\in V$与节点$v_j\in V$之间存在直接相连的边，则$a_{ij}=1$，否则$a_{ij}=0$；图中节点$v\in V$所包含的描述节点特征信息的向量组成图的属性矩阵$\boldsymbol{M}^{n\times d}$，$d$表示每个节点包含的属性数。

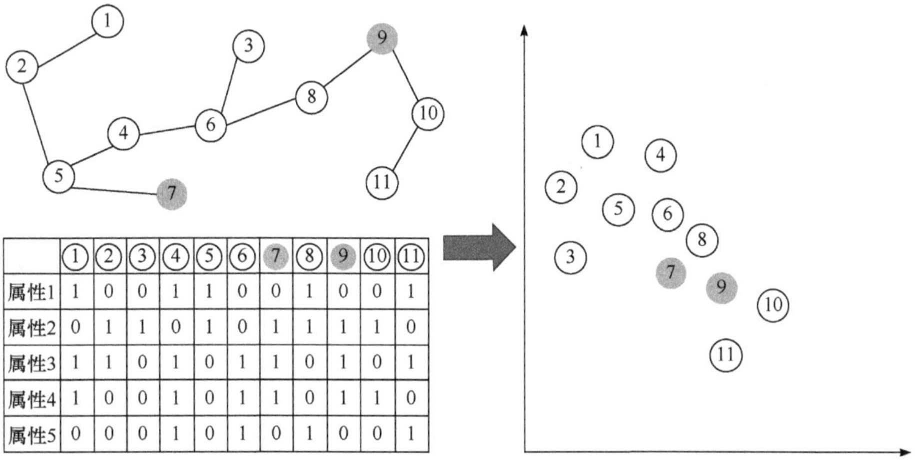

	①	②	③	④	⑤	⑥	⑦	⑧	⑨	⑩	⑪
属性1	1	0	0	1	1	0	0	1	0	0	1
属性2	0	1	1	0	1	0	1	1	1	1	0
属性3	1	1	0	1	0	1	1	0	1	0	1
属性4	1	0	0	1	0	1	1	0	1	1	0
属性5	0	0	0	1	0	1	0	1	0	0	1

图 5-1 属性网络表示解释

现实生活中的各个领域，如社交、交通、购物等，均会产生复杂的网络结构，这些网络由大量数据节点和数据之间的关系构成，称之为复杂网络。属性网络是一种特殊的复杂网络，属性网络包含更为复杂的网络结构关系，通常还含有潜在的几何层级结构信息，除此之外，网络中包含丰富的属性信息，有效地利用这些潜在几何层次结构及属性信息，可以缓解网络稀疏性问题，也有助于网络分析及数据挖掘任务的高效完成。例如，图 5-1 中节点 7 和节点 9，虽然在拓扑结构中不具有相似性，但是具有相似的属性，因此在最后的嵌入空间中，两个节点也应该相似。生活中常见的属性网络有引文网络、社交网络等。引文网络除了含有复杂拓扑结构还有潜在几何结构，节点含有(如主题)更好的表示网络的丰富属性信息；社交网络中的节点还包含用户的住址、性别等个人资料作为其属性信息，对网络进行更详细的说明。

5.2 自编码器理论

自编码器(Auto-Encoder)是一种无监督的学习算法，不需要数据的标签信息，可以从直接输入的数据中自动学习数据的本质特征。

自 2006 年 Hinton 提出自动编码器这一方法以来，自编码器在机器学习领域受到关注，并被成功应用在数据降维、自然图像特征提取等领域，取得了很好的效果。在表示学习领域，它以大量的输入数据作为参考，以重构数据作为“监督”，来学习数据的低维表征向量。图 5-2 是自编码器的发展线。

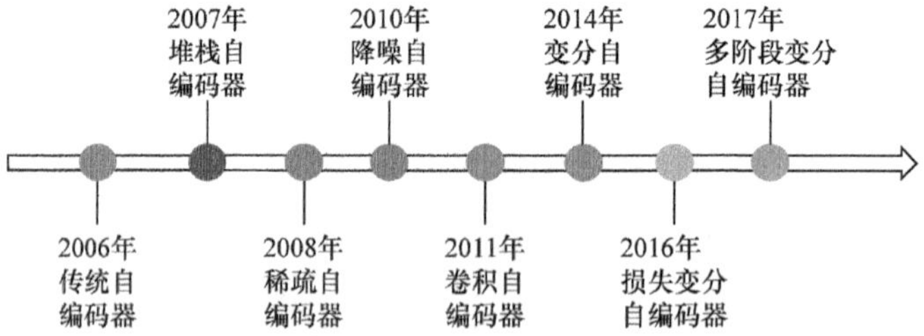

图 5-2 自编码器发展线

自编码器是通过堆叠神经网络层来实现的，从整体结构看，自编码器由两大部分构成：编码器和解码器。编码器将输入数据映射到低维空间，获取数据的低维表示，解码器将提取的特征映射回输入空间，重构数据。如图 5-3 所示，是一个三层的全连接神经网络构成的标准自编码器，包含输入层、隐藏层、输出层。其中，输入层和隐藏层构成编码器，隐藏层和输出层构成解码器，隐藏层的神经元数目要比输入层和输出层的神经元数目少。自编码器的编码和解码过程如下：

$$h = f(x) = \sigma(\boldsymbol{W}_e \boldsymbol{x} + \boldsymbol{b}_e) \tag{5.1}$$

$$y = g(h) = \sigma(\boldsymbol{W}_d \boldsymbol{x} + \boldsymbol{b}_d) \tag{5.2}$$

其中，$\boldsymbol{x} = \{\boldsymbol{x}_1, \boldsymbol{x}_2, \cdots, \boldsymbol{x}_n\} \in \boldsymbol{R}^{n\times 1}$ 代表网络的输入值，$\boldsymbol{h} = \{\boldsymbol{h}_1, \boldsymbol{h}_2, \cdots, \boldsymbol{h}_m\} \in \boldsymbol{R}^{m\times 1}$ 代表隐藏值，$\boldsymbol{y} = \{y_1, y_2, \cdots, y_n\} \in \boldsymbol{R}^{n\times 1}$ 代表输出值，$\sigma(\cdot)$ 是激活函数。激活函数通常采用 S 型函数，如下所示：

$$\sigma(z) = \frac{1}{1 + \mathrm{e}^{-z}} \tag{5.3}$$

对于编码器而言，$\boldsymbol{z}=\boldsymbol{W}_e\boldsymbol{x}+\boldsymbol{b}_e$，$\boldsymbol{W}_e\in\boldsymbol{R}^{m\times n}$ 为编码器的连接权重矩阵，$\boldsymbol{b}_e\in\boldsymbol{R}^{m\times 1}$ 为编码器的偏执项。对于解码器而言，$\boldsymbol{z}=\boldsymbol{W}_d\boldsymbol{x}+\boldsymbol{b}_d$。$\boldsymbol{W}_d\in\boldsymbol{R}^{n\times m}$ 为解码器的连接权重矩阵，$\boldsymbol{b}_d\in\boldsymbol{R}^{n\times 1}$ 为解码器的偏执项。

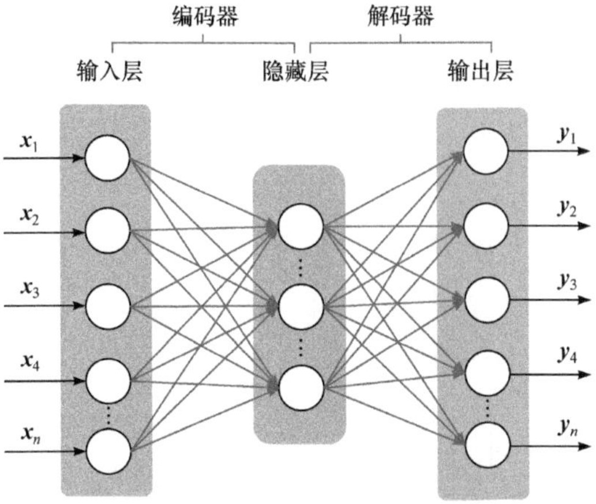

图 5-3　标准自编码器

自编码器进行训练时，使得输入数据和重构数据尽可能相近，从而表明隐含层学习到了原始输入数据的一种有效的低维向量表示形式。因此，自编码器通过最小化输入与输出的重构误差来优化模型参数，误差函数定义如下：

$$L(\boldsymbol{x}_i,\boldsymbol{y}_i)=\frac{1}{2N}\sum_{i=1}^{N}\left\|\boldsymbol{x}_i-\boldsymbol{y}_i\right\|_2^2 \tag{5.4}$$

其中，N 代表训练样本的数量，$\|\cdot\|_2$ 是二范数。

本质上，自编码器的学习过程是一个无约束的最小化问题，同时，$\boldsymbol{x}$ 的取值范围为实数域，由式(5.5)可以知道自编码器的目标函数是一个凸二次优化问题：

$$T(\theta)=\frac{1}{2N}\sum_{i=1}^{N}L(\boldsymbol{x}_i,\boldsymbol{y}_i)+\lambda D(\theta) \tag{5.5}$$

其中，本小节中使用 θ 来代表模型的所有参数，即 $\theta=\{\boldsymbol{W}_e,b_e,\boldsymbol{W}_d,b_d\}$，$D(\theta)$ 是一个正则项，λ 是正则项系数。添加正则项的作用是提升网络的泛化能力，通过增大训练误差来减小测试误差，避免模型过拟合。

5.3　基于双路自编码器的网络表示学习方法

5.3.1　双路自编码器的网络表示学习模型

本节提出的 DENRL 模型框架如图 5-4 所示。模型以图结构数据作为输入，结构自编码器一路基于多跳注意力机制处理图的邻接矩阵，捕获网络局部、全局拓扑结构，扩大感受野，对邻居节点分配权重并提取图中节点的特征信息，构成注意力权重矩阵，经过编码过程得到网络结构嵌入表示；属性自编码器一路设计低通的拉普拉斯滤波器处理图的属性矩阵，将高频噪声过滤，得到平滑的属性矩阵，结合网络邻接矩阵来聚合邻居节点的属性信息，得到网络的属性嵌入表示；最后，将两路自编码器得到的结构表示向量和属性表示向量融合，经过自适应学习，监督双自编码器的联合损失函数来优化模型。将学习到的节点表征向量用在节点聚类和链路预测任务上，经过对比试验，验证本章方法的性能。

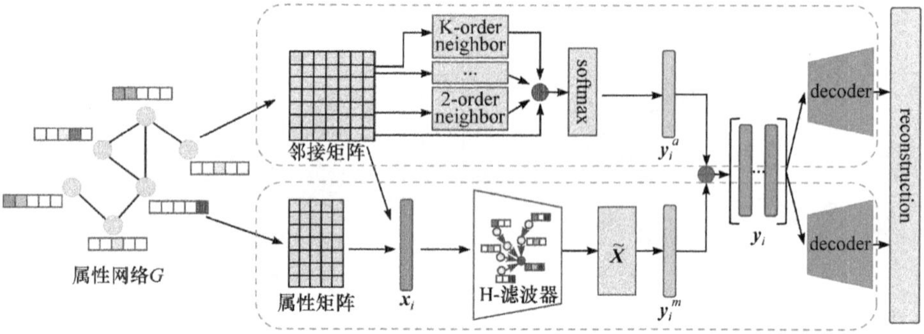

图 5-4　DENRL 模型框架

1. 数据预处理

由于节点属性信息涉及数据类型较多，且这些数据在大小或顺序上没有显著的区别，各个属性之间也没有必然的联系，因此，对网络中节点的属性信息进行独热(one-hot)编码，再将每个节点的属性编码表示拼接成为节点的属性向量表示。

如对于任意一个节点 v_i ，假设其属性表示向量为 $\boldsymbol{m}_i$ ， $\boldsymbol{m}_{ij}$ 代表节点 v_i 对应的属性编码向量，$\|$ 表示拼接，d 表示属性数，则：

$$\boldsymbol{m}_i = \boldsymbol{m}_{i1} \| \boldsymbol{m}_{i2} \| \boldsymbol{m}_{i3} \| \cdots \| \boldsymbol{m}_{id} \tag{5.6}$$

考虑到网络中节点属性信息缺失或不完整问题，传统的方法有利用统计学原理对缺失数据用平均数或众数来填补，或加入随机扰动机制，以概率 ε 对输入的样本添加扰动，随机将这些节点的属性信息置为零，作为输入向量。这些方法简单直观，但是本章研究同时注重网络拓扑结构和节点属性信息两者在进行表示学习时的作用，因此，本章将节点结构的一阶邻近性和节点属性矩阵结合，将缺失属性信息的节点按照目标节点的一阶邻居节点属性信息进行填充。

2. 结构自编码器

结构自编码器是基于重构邻接矩阵任务设计的一种无监督的网络表示学习模块。保证了网络局部和全局拓扑结构的学习。利用多跳注意力机制来捕获网络局部和全局拓扑结构，扩大感受野，增加对高度非线性的网络结构信息的捕获，同时利用注意力机制学习网络中的每个节点邻居的重要性权重，并将邻居节点聚合为目标节点的表示向量。

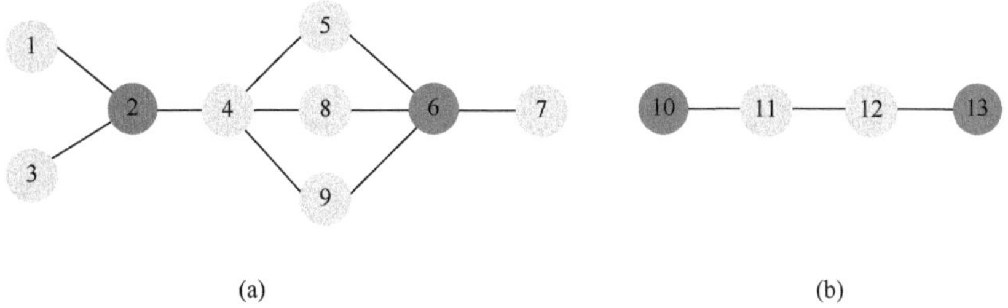

图 5-5　节点间跳跃结构捕捉解释

网络低阶相似性体现网络的局部结构信息，利用多跳注意力机制可以对网络中低阶结构相似性进行补充，从而捕获网络的全局结构。图 5-5 是一个 3 跳关系保留节点全局结构相似性的示例，其中边的粗细代表的是节点之间相似关系的强弱。在图 5-5(a)中，节点 2 和节点 4 之间具有高相似性，并且节点 2 和节点 6 有很多共同邻居，节点 6 是节点 2 的 3 跳邻居，因此，在考虑到网络全局结构上，节点 2 和节点 6 有一定的相似性，但相似性大小还受到其属性影响。而图 5-5(b)中，节点 10 和节点 11 的相似性很高，但是节点 11、12、13 之间却没有明确的结构信息，因此作为节点 10 的 3 跳邻居的节点 13 与 10 之间就没有那么高的相似性。

本节利用多跳注意力机制来学习节点局部和全局结构信息，计算权重信息衡量节点之间的重要性。结构自编码器详细过程如图 5-6 所示。

首先，利用图注意力机制计算邻居节点的重要性权重：

$$e_{ij} = \text{attn}(\boldsymbol{y}_i^a, \boldsymbol{y}_j^a) = \sigma\left(\mu \cdot \left[\boldsymbol{W}^{(1)}\boldsymbol{x}_i^a \middle\| \boldsymbol{W}^{(1)}\boldsymbol{x}_j^a\right]\right) \tag{5.7}$$

其中，$\text{attn}(\cdot)$ 是一个深度神经网络，表示注意力层，μ 和 W 是要学习的参数，$\|$ 表示向量之间的拼接，e_{ij} 表示节点 v_j 对于节点 v_i 的重要性。$\boldsymbol{x}_i^a$ 和 $\boldsymbol{y}_i^a$ 中的上标 a 是为了指出 $\boldsymbol{x}_i$ 和 $\boldsymbol{y}_i$ 是结构自编码器这一路的数据。同理，在下文的公式中，$\boldsymbol{x}_i^m$ 和 $\boldsymbol{y}_i^m$ 中的上标 m 是为了指出 $\boldsymbol{x}_i$ 和 $\boldsymbol{y}_i$ 是属性自编码器这一路的数据。为使得重要性权重系数在不同的节点之间容易比较，用 softmax 函数对 e_{ij} 进行归一化：

$$\begin{aligned}\gamma_{ij} &= \text{softmax}(e_{ij}) = \frac{\exp(e_{ij})}{\sum_{k\in N_i}\exp(e_{ik})} \\ &= \frac{\exp\left(\text{ReLU}\left(\mu \cdot \left[\boldsymbol{W}^{(1)}\boldsymbol{x}_i^m \middle\| \boldsymbol{W}^{(1)}\boldsymbol{x}_j^m\right]\right)\right)}{\sum_{k\in N_i}\exp\left(\text{ReLU}\left(\mu \cdot \left[\boldsymbol{W}^{(1)}\boldsymbol{x}_i^m \middle\| \boldsymbol{W}^{(1)}\boldsymbol{x}_k^m\right]\right)\right)}\end{aligned} \tag{5.8}$$

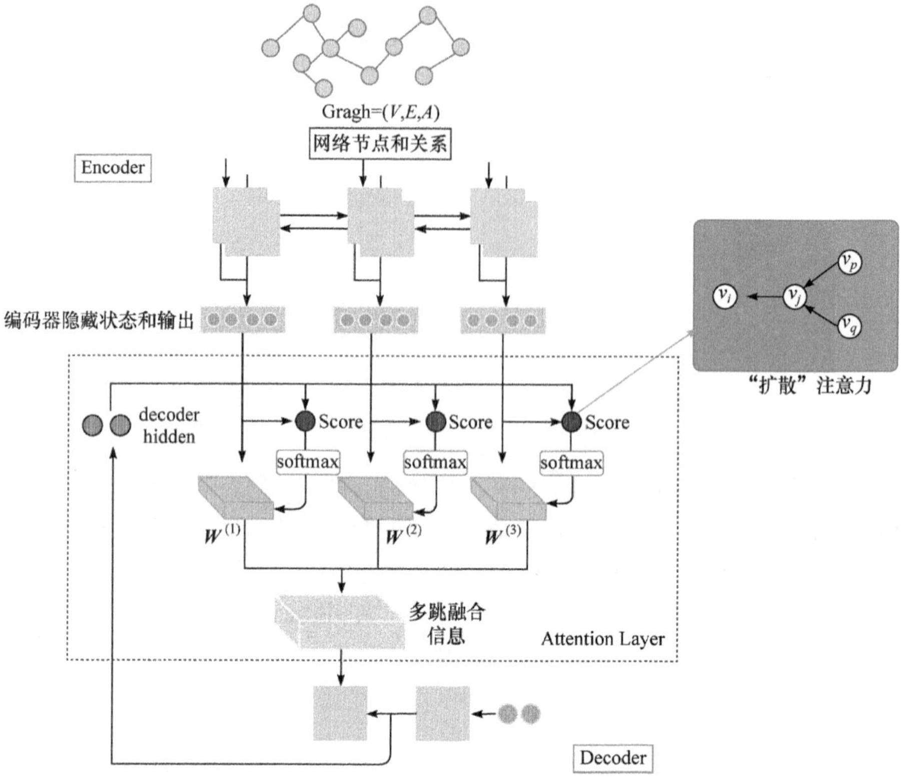

图 5-6　基于多跳注意力的结构自编码器

除了捕获目标节点的邻居节点信息，为捕获没有直接连边的节点的信息，使用多跳注意力机制扩散图，该过程基于网络的原始邻接矩阵来计算多跳邻居的矩阵：

$$\boldsymbol{A}=\sum_{i=0}^{k}\theta_i A^i,\quad \sum_{i=0}^{k}\theta_i=1,\quad \theta_i>0 \tag{5.9}$$

其中，θ_i 是注意权重衰减因子，A^i 表示的是一个节点到另一个节点的路径长度。

3. 属性自编码器

属性自编码器用来捕获网络中的节点属性信息，基于低通的拉普拉斯平滑滤波器处理节点属性信息，缓解节点属性中的高频噪声，在结合网络结构信息的基础上，经过深度自编码过程，得到节点的属性嵌入表示向量。

在图表示学习中假设是图上附近的节点应该是相似的，因此节点属性特征在图的流行角度讲应该是平滑的，首先从图信号平滑的角度展开分析。将 $\boldsymbol{x}$ 作为图形信号，其中每一个节点都分配一个标量。为了度量 $\boldsymbol{x}$ 的平滑度，计算拉普拉斯矩阵 $\boldsymbol{L}(\boldsymbol{L}=\boldsymbol{D}-\boldsymbol{M})$ 和 $\boldsymbol{x}$ 的瑞利熵，计算方式如下：

$$R(\boldsymbol{L},\boldsymbol{x})=\frac{\boldsymbol{x}^{\top}\boldsymbol{L}\boldsymbol{x}}{\boldsymbol{x}^{\top}\boldsymbol{x}} \tag{5.10}$$

然而 $\boldsymbol{x}^{\top}\boldsymbol{L}\boldsymbol{x}$ 又如式(5.11)所示：

$$\begin{aligned}\boldsymbol{x}^{\top}\boldsymbol{L}\boldsymbol{x}&=\boldsymbol{x}^{\top}\boldsymbol{D}\boldsymbol{x}-\boldsymbol{x}^{\top}\boldsymbol{M}\boldsymbol{x}\\&=\sum_{i}\boldsymbol{x}^{2}(v_i)d_i-\sum_{i}\sum_{j}\boldsymbol{M}_{ij}\boldsymbol{x}(v_i)\boldsymbol{x}(v_j)\\&=\frac{1}{2}\left(\sum_{i}\boldsymbol{x}^{2}(v_i)d_i-2\sum_{i}\sum_{j}\boldsymbol{M}_{ij}\boldsymbol{x}(v_i)\boldsymbol{x}(v_j)+\sum_{j}\boldsymbol{x}^{2}(v_j)d_j\right)\\&=\frac{1}{2}\sum_{i}\sum_{j}\boldsymbol{M}_{ij}(\boldsymbol{x}_i-\boldsymbol{x}_j)^2\end{aligned} \tag{5.11}$$

综上所述，瑞利熵的结果就是 $\boldsymbol{L}$ 的特征值，平滑信号应该在相邻的节点上分配相似的值，因此，认为瑞利熵越低的信号越平滑。由于图的拉普拉斯特征分解 $\boldsymbol{L}=\boldsymbol{U}\boldsymbol{\Lambda}\boldsymbol{U}^{-1}$，其中 $\boldsymbol{U}\in R^{n\times n}$ 为特征向量，$\boldsymbol{\Lambda}=\mathrm{diag}(\lambda_1,\lambda_2,\cdots,\lambda_n)$ 是由特征值组成的对角矩阵，因此平滑的特征向量计算如下：

$$R(\boldsymbol{L},\boldsymbol{u}_i)=\frac{\boldsymbol{u}_i^{\top}\boldsymbol{L}\boldsymbol{u}_i}{\boldsymbol{u}_i^{\top}\boldsymbol{u}_i}=\lambda_i \tag{5.12}$$

由此可见，更平滑的特征向量对应着更小的特征值，即更低的频率。在此基础上，得到信号 $\boldsymbol{x}$ 的分解如下：

$$\boldsymbol{x}=\boldsymbol{U}p=\sum_{i=1}^{n}p_i\boldsymbol{u}_i \tag{5.13}$$

其中，p_i 是特征向量 $\boldsymbol{u}_i$ 的系数，则 $\boldsymbol{x}$ 的平滑度为：

$$R(\boldsymbol{L},\boldsymbol{x})=\frac{\boldsymbol{x}^{\top}\boldsymbol{L}\boldsymbol{x}}{\boldsymbol{x}^{\top}\boldsymbol{x}}=\frac{\sum_{i=1}^{n}p_i^2\lambda_i}{\sum_{i=1}^{n}p_i^2} \tag{5.14}$$

因此，为了获得平滑的信号，本章设计的滤波器是低通滤波器，过滤高频的噪声，保留低频信号，将更为相似的节点信息聚合到目标节点。

传统的拉普拉斯平滑滤波器定义为：$\boldsymbol{H}=I-k\boldsymbol{L}$，其中，$k$ 是一个实数值，$\boldsymbol{H}$ 表示的是滤波器矩阵，过滤后的信号 $\tilde{\boldsymbol{x}}$ 计算方式如下：

$$\begin{aligned}\tilde{\boldsymbol{x}}&=\boldsymbol{H}\boldsymbol{x}\\&=(\boldsymbol{I}-k\boldsymbol{L})\boldsymbol{U}p\\&=(\boldsymbol{I}-k\boldsymbol{U}\boldsymbol{\Lambda}\boldsymbol{U}^{-1})\boldsymbol{U}p\\&=\boldsymbol{U}(\boldsymbol{I}-k\boldsymbol{\Lambda})\boldsymbol{U}^{-1}\boldsymbol{U}p\\&=\sum_{i=1}^{n}(1-k\lambda_i)p_i\boldsymbol{u}_i=\sum_{i=1}^{n}p_i'\boldsymbol{u}_i\end{aligned} \tag{5.15}$$

其中，$\boldsymbol{u}_i$ 是 $\boldsymbol{L}$ 的特征向量，p_i 是特征向量的系数。为实现低通滤波，频率函数必须是一个递减且非负的函数，经过 t 层的拉普拉斯平滑滤波器过滤后，将过滤后的属性矩阵表示如下：

$$\tilde{\boldsymbol{X}} = \boldsymbol{H}^t \boldsymbol{X} \tag{5.16}$$

在实际的网络分析任务中，通常采用对称归一化的图拉普拉斯矩阵，其中 $\boldsymbol{D}$ 和 $\boldsymbol{L}$ 是相对于矩阵 $\boldsymbol{M}$ 的度矩阵和拉普拉斯矩阵，对称归一化的矩阵如下：

$$\boldsymbol{L}_{\text{nor}} = \boldsymbol{D}^{-\frac{1}{2}} \boldsymbol{L} \boldsymbol{D}^{-\frac{1}{2}} \tag{5.17}$$

此时，滤波器矩阵为 $\boldsymbol{H} = \boldsymbol{I} - k\boldsymbol{L}_{\text{nor}}$。当 $k=1$ 时，这个滤波器就是通常说的图卷积神经网络(GCN)。因此，在 k 值的选择上，本章选择特征值分布矩阵中最大特征值的倒数，设最大特征值为 $\lambda_{\max}$。在理论上，若 k 大于 $1/\lambda_{\max}$，则不满足低通的特性，若 k 小于 $1/\lambda_{\max}$，滤波器不能过滤掉网络中的高频噪声。

通过余弦相似度来计算经过滤波器过滤后的属性矩阵中每一对节点之间的相似性，然后将节点之间的相似性信息存储：

$$S_{ij}^{X} = \text{CosSim}(\boldsymbol{X}) = \frac{\boldsymbol{x}_i \boldsymbol{x}_j^{\top}}{|\boldsymbol{x}_i||\boldsymbol{x}_j|} \tag{5.18}$$

根据原始网络获得的邻接矩阵判断节点对之间是否有之间相连的边，将属性矩阵中对应的属性编码向量相乘来判断节点之间的共有属性信息。

4. 自适应融合

经过两路自编码器生成两个节点表征向量：结构表征向量 $\boldsymbol{y}_i^a$ 和属性表征向量 $\boldsymbol{y}_i^m$。在结构自编码器一路，利用多跳注意力捕获了网络全局和局部结构，同时保留了网络属性信息；属性自编码器一路，借助网络邻接矩阵，学习了网络的属性信息，同时保留了网络拓扑结构。为了使学习到的节点表征同时满足网络拓扑结构和属性信息的学习，本小节将两路自编码器学习的结构表征向量和属性表征向量进行拼接融合，得到网络节点最终的表示向量，具体形式如下：

$$\boldsymbol{y}_i = (1-\beta_i)\boldsymbol{y}_i^a + \beta_j \boldsymbol{y}_i^m \tag{5.19}$$

其中，β_i 是衡量结构表征向量和属性表征向量对网络节点表征的重要性权重系数。

5. 模型优化

考虑到结构和属性信息的融合及交互学习，本节将模型的优化目标函数定义为结构自编码器和属性自编码器的重构误差的联合优化，损失函数如下：

$$
\begin{aligned}
F_{\text{loss}} &= (1-\alpha)F_{\text{str}} + \alpha F_{\text{attr}} \\
&= \min\left((1-\alpha)\sum_{i=1}^{n} \left\| \boldsymbol{y}_i^a - \boldsymbol{y}_i \right\|_2^2 + \alpha \sum_{i=1}^{b} \left\| \boldsymbol{y}_i^m - \boldsymbol{y}_i \right\|_2^2 \right)
\end{aligned} \tag{5.20}
$$

其中，α 表示的是结构编码器和属性编码器中信息的相对重要性超参数，F_{str} 表示结构自编码器的重构损失，F_{attr} 表示属性自编码器的重构损失。

5.3.2　实验分析

1. 实验过程

实验中将基于双路自编码器的属性网络表示学习算法运用在节点聚类和链路预测网络分析任务中，详细阐述了实验数据、评价指标及基准算法，并对所有实验结果进行分析。

2. 实验数据集

本方法基于四个公开数据集进行实验，包含三个引文网络数据集 Core、Citeseer、Pubmed[88]，和一个网页链接网络数据集 Wiki①，数据集的详细信息如表 5-1 所示。

表 5-1　数据集信息

数据集	节点数	边数	属性数	标签
Citeseer	3312	4714	3703	6
Pubmed	19717	44338	500	3
Cora	2708	5429	1433	7
Wiki	2405	17981	4973	17

引文网络 Cora、Citeseer 和 Pubmed 中，节点代表文献，边代表文献间的引用关系，节点标签指文献的研究主题，节点属性表示的是每篇文献的属性特征，如关键字、发表年份、研究关键词等。Cora 数据集包含 2708 篇科学出版物和 5429 条引用关系，共 7 个类别；Citeseer 数据集包含 6 个研究领域的 3312 篇论文，4732 条引用关系，其中一个节点代表一篇论文，6 个研究领域分别是 Agents、AI、IR、ML、DB、HCI；Pubmed 数据集包括 19717 篇关于糖尿病的科学出版物，分为 3 类，共 44338 条引用关系。Wiki 数据集中节点表示网页，不同节点之间的连接代表网页中的超链接，包含 2405 个网页，分为 17 个类别。

3. 实验评价指标

本节采用聚类准确率(Cluster Accuracy，ACC)，也叫聚类纯度(Purity)和归一

① https://snap.stanford.edu/data/。

化互信息(NMI)指标来评估节点聚类任务，ACC 值和 NMI 值越大表示聚类效果越好，同时，还对比了部分算法与本节算法在节点聚类任务中的运行时间，运行时间越少，说明算法越好。采用 ROC 曲线下面积(Area Under Curve，AUC)和预测分数的平均精确率(Average Precision，AP)来评估链路预测任务。聚类准确率 ACC 定义如下：

$$\mathrm{ACC}=\frac{\sum_{i=1}^{n}\delta(s_i,\mathrm{map}(r_i))}{n} \tag{5.21}$$

以获得标签的结果和真实标签的比较来计算节点聚类的精度。其中，r_i 为聚类之后的标签，s_i 为数据的真实标签，n 为数据总数，δ 为比较指示函数：

$$\delta(x,y)=\begin{cases}1, & \text{if } x=y\\ 0, & \text{otherwise}\end{cases} \tag{5.22}$$

标准化互信息用于度量聚类结果的相似程度，是社区检测的重要指标之一，其取值范围在[0,1]之间，值越大表示聚类结果越相近，定义如下：

$$\mathrm{NMI}(X,Y)=-2\times\frac{\sum_x\sum_y p(x,y)\log\dfrac{p(x,y)}{p(x)p(y)}}{\sum_i p(x_i)\log p(x_i)+\sum_j p(x_j)\log p(x_j)} \tag{5.23}$$

其中，X 表示数据的真实标签，Y 表示聚类算法之后的标签，$\mathrm{NMI}(X,Y)$ 表示计算结果和实际的标签之间的相似度；$p(x,y)$ 表示 X 和 Y 之间的联合概率分布，$p(x)$ 和 $p(y)$ 表示的是边缘分布。

AUC 值目前被广泛用于从整体上评估链路预测任务的指标，定义如下[15]：

$$\mathrm{AUC}=\frac{n'+0.5n''}{n} \tag{5.24}$$

其中，$n=n'+n''$，指的是边数，AUC 值的取值范围为[0,1]。算法 AUC 值多大程度上优于随机生成的 AUC 值，代表了算法的优秀程度，即算法 AUC 值越接近 1 越精确。平均精确率 AP 指标主要考察算法是否正确地预测了前 L 条边，定义如下：

$$\mathrm{AP}=\frac{\left|\{(i,j)\mid(i,j)\in E\cap E_k\}\right|}{|E_k|} \tag{5.25}$$

其中，E 代表的是图 $G=(V,E,\boldsymbol{A},\boldsymbol{M})$ 中边的集合，E_k 表示的是预测的前 top-k 的边的集合。

4. 基准算法

为了验证 DENRL 方法的有效性，本章采用了 9 个基准算法进行对比分析，包括 3 个传统的只考虑网络拓扑结构的算法(DeepWalk、Node2vec、LINE)和 6 个结合了属性信息的算法(TADW、DANE、AANE、VAE、VGAE、ANRL)。具体描述如下：

1) DeepWalk[89]：通过对图中每个节点执行均匀的随机游走生成节点序列来看作句子，再将节点序列输入 skip-gram 模型中生成节点的嵌入表示。设置游走次数 10，窗口大小 10，游走序列长度 100。

2) Node2vec[90]：在 DeepWalk 的基础上做了相应的改进，同样采用随机游走生成节点序列，再输入 skip-gram 模型生成节点的嵌入表示。不同的是，Node2vec 中设计了两个超参数 p 和 q 进行有偏的随机游走，即深度优先策略和广度优先策略，从而生成节点序列。

3) LINE[91]：采用广度优先策略，保留网络的一阶近似性和二阶近似性，来学习节点嵌入。

4) TADW[92]：将文本信息作为属性信息加入到矩阵分解框架下，同时分解网络结构和属性矩阵，生成节点的嵌入表示。

5) DANE[88]：该算法同时捕获网络的结构信息和属性信息，保留网络的语义相似度和节点的一阶相似性特征。

6) AANE[93]：相比于 TADW 算法，该算法采用另一种矩阵分解形式，分别分解属性信息和拓扑结构信息，使得结构上相近的节点表示向量接近，属性上相似的节点表示向量也相近。

7) VAE[94]：将自编码器与图卷积神经网络(GCN)结合，生成无监督的一种网络表示学习方法，直接使用 GCN 编码获得每个节点的嵌入表示。

8) VGAE[95]：在 VAE 的基础上做改进，结合变分自编码器和 GCN，同样生成无监督的一种方法，不同的是，在隐层学习分布，基于两个 GCN 的编码，然后从分布中随机采样获得隐层的节点向量作为节点最终的嵌入表示。

9) ANRL[96]：采用单个的编码器编码节点的属性信息，同时利用多个解码器重构网络的局部结构信息，使得隐层向量保留一定的属性信息，生成节点嵌入表示。

5. 实验设置

本实验环境：Intel(R)Core(TM)i7-7700 CPU @3.60 GHz 3.60GH，GeForce GTX 1060Ti；Python 3.7.3，PyTorch 1.3.1。

为验证本章方法的有效性，将数据集进行分割，取数据集的 10%作为测试集，10%作为验证集，剩余的 80%作为训练集，超参数 $\alpha = 0.5$ ，epoch=400。针对不同数据集设置不同的滤波器层数(t)和学习率(lr)。具体设置如表 5-2 所示。

表 5-2　不同数据集的参数设置

数据集	t	lr
Cora	8	1×10^{-3}
Citeseer	3	3×10^{-3}
Pubmed	35	1×10^{-4}
Wiki	1	1×10^{-3}

6. 实验结果及分析

如前面章节所述，学习到的网络表示结果能够用于下游的网络分析任务中，本章方法在 Cora 等四个数据集下执行节点聚类和链路预测任务，从聚类 ACC 值、归一化互信息 NMI、算法运行时间和预测精确率等几方面对本章方法进行分析。

(1) 节点聚类

DENRL 算法与其他算法在 Cora、Citeseer、Pubmed 和 Wiki 数据集上的聚类准确率(ACC)如表 5-3 所示。其中表中用加粗字体代表最优结果，下画线数值是次优结果。通过表 5-3 结果展示，可以得到以下结论：首先，DENRL 算法在四个数据集上的聚类 ACC 分别为 0.775、0.705、0.709、0.468，相比其他算法均实现了显著的性能提升，表明 DENRL 相比其他基线算法在节点聚类任务上能生成更加有效的节点表征。其次，在 Cora、Citeseer 和 Pubmed 引文网络下，DENRL 算法的聚类 ACC 比次优算法的结果分别高 0.073、0.183、0.015，表明在引文网络中本算法节点聚类准确率高。最后，在 Wiki 数据集中，最优结果为 0.472，本章算法结果为次优 0.468，表明本章算法在引文网络类的属性网络上有较好的性能，在其他属性网络上的性能还有待提高。

表 5-3　不同算法在四个数据集上聚类 ACC

算法	Cora	Citeseer	Pubmed	Wiki
DeepWalk[89]	0.482	0.326	0.543	0.388
Node2vec[90]	0.647	0.451	0.664	0.379
LINE[91]	0.479	0.391	0.661	0.409
TADW[92]	0.599	0.455	0.511	0.311
DANE[88]	<u>0.702</u>	0.479	<u>0.694</u>	**0.472**
AANE[93]	0.445	0.447	0.451	0.432
VAE[94]	0.616	0.367	0.631	0.377
VGAE[95]	0.554	0.377	0.627	0.444
ANRL[96]	0.597	<u>0.522</u>	0.469	0.426
DENRL	**0.775**	**0.705**	**0.709**	<u>0.468</u>

表 5-4　不同算法在四个数据集上聚类 NMI

算法	Cora	Citeseer	Pubmed	Wiki
DeepWalk[89]	0.328	0.088	0.105	0.223
Node2vec[90]	0.356	0.101	0.127	0.232
LINE[91]	0.433	0.225	0.287	0.127
TADW[92]	0.443	0.290	0.244	0.118
DANE[88]	<u>0.630</u>	<u>0.422</u>	0.308	<u>0.497</u>
AANE[93]	0.161	0.143	0.112	0.207
VAE[94]	0.490	0.223	0.248	0.374
VGAE[95]	0.407	0.281	<u>0.333</u>	0.299
ANRL[96]	0.431	0.399	0.305	0.344
DENRL	**0.695**	**0.458**	**0.326**	**0.497**

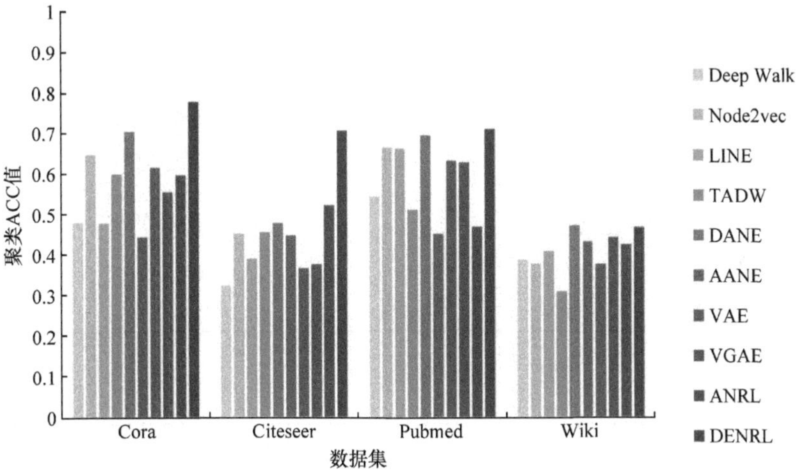

图 5-7　DENRL 算法与其他算法的聚类 ACC 对比图

表 5-4 给出的是 DENRL 算法与其他基准算法在节点聚类任务中的聚类 NMI 值结果，其中加粗的是最优结果，加下画线的是次优结果。根据表 5-4 的展示，可以得到结论：首先，DENRL 算法在四个数据集上的聚类 NMI 分别为：0.695、0.458、0.326、0.497，均取得了最优结果，在所有数据集上都实现了显著的性能提升，表明了其在节点聚类任务上能生成更为优质的节点表征。其次，在 Wiki 数据集上，DANE 算法与 DENRL 算法的 NMI 值均为 0.497，但在 Cora 和 Citeseer 网络上，DENRL 的结果比其分别高 0.065、0.036。

柱状图可以更为直观地观察算法之间的聚类准确率差异，由此，图 5-7 给出了表 5-3 中聚类准确率数据的柱状图。横坐标轴是数据集，纵坐标轴是聚类 ACC 结果，DENRL 算法与其他九种算法在数据集上的聚类准确率由浅色向深色来表示，可以看出，颜色最深的柱状最高，说明了本算法在节点聚类任务中具有较好的效果。

表 5-5 给出了在节点聚类任务中，DENRL 算法与其他部分基准算法在所有数据集上的平均运行时间(单位是秒)。在 Node2vec 算法、LINE 算法的运行时间和 DeepWalk 算法的相差不大，在结合属性信息的算法中，舍去了运行时间相差较大的算法，所以，在表 5-5 中是四个基准算法和 DENRL 在所有数据集上的平均运行时间。

从表 5-5 的结果可以看出，本章的 DENRL 算法在引文网络上的平均运行时间均最短，由于 DeepWalk 算法只考虑网络结构，而 Wiki 数据集含有较多不在考虑范围的节点属性，所以运行时间较短。总体来看，算法的平均运行时间由短到长依次是：DENRL 算法、VGAE 算法、VAE 算法、DeepWalk 算法、TADW 算法。局部讲，DeepWalk 算法与 DENRL 算法的运行时间差值较大。以上结果表明，DENRL 算法在运行时间上也具有较大的优势。

表 5-5 DENRL 算法与其他算法平均运行时间对比(s)

算法	Cora	Citeseer	Pubmed	Wiki
DeepWalk[89]	0.6298	1.2638	32.7469	1.4997
TADW[92]	0.8546	1.6376	30.5875	53.3486
VAE[94]	0.5554	0.9978	22.9045	17.2567
VGAE[95]	0.5063	0.9056	20.0006	16.4976
DENRL	**0.4602**	**0.8547**	**17.4906**	**18.6905**

(2) 链路预测

链路预测是评估网络表示学习方法性能的一个任务，主要任务是预测网络中节点之间是否存在连接关系以及未来可能产生的连接关系。在本节中，评估链路预测任务中节点质量，选用了两个引文网络数据集 Cora 和 Citeseer，去掉 5%的边进行验证，去掉 10%的边进行测试，其他参数设置不变。

表 5-6 DENRL 与其他算法的链路预测 AUC 及 AP

算法	Cora		Citeseer	
	AUC	AP	AUC	AP
DeepWalk[89]	0.803	0.817	0.732	0.761
TADW[92]	0.931	0.939	0.945	0.957
DANE[88]	0.882	0.895	0.848	0.846
VAE[94]	0.910	0.921	0.892	0.898
VGAE[95]	0.914	0.926	0.909	0.901
DENRL	**0.955**	**0.961**	**0.968**	**0.970**

表 5-6 给出了 DENRL 算法与其他算法在 Cora 和 Citeseer 数据集上的 AUC 和 AP 结果。可以看出，与其他最先进的无监督图表示学习方法相比，DENRL 在 AUC 和 AP 上都优于它们，本章提出的 DENRL 算法在链接预测任务上实现了较好的实验结果，表明该方法学习到的节点向量能够很好地维持原始网络的信息，并推断节点之间的连接关系。

图 5-8 给出了在 Cora 和 Citeseer 数据集上 DENRL 算法与其他算法链路预测任务的 AUC 及 AP 结果。其中，紫色的代表本章的 DENRL 算法结果。由于 AUC 值及 AP 值均是越大越好，且为凸显 DENRL 在评价指标上展示出的优势，因此在文章中将两个数据集的评价指标呈现在一张图中。横坐标是 Cora 数据集上的 AUC、AP 和 Citeseer 数据集上的 AUC、AP，纵坐标是评价指标的值。从柱状高低可以看出，在两个数据集上，无论是 AUC 指标还是 AP 指标，本章的 DENRL 算法均取得最高的结果。并且相比次高的 TADW 算法，由于其经历两层的矩阵分解，运行时间长，而本章算法在运行时间方面优于 TADW。

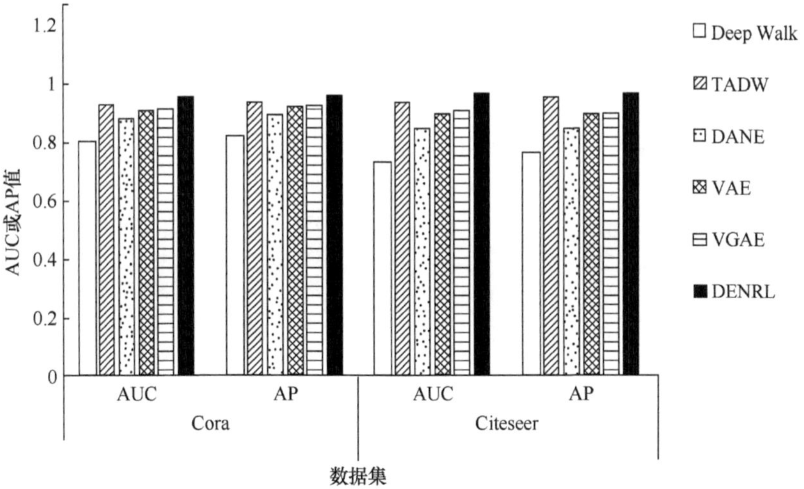

图 5-8　Cora 和 Citeseer 数据集上不同算法链路预测 AUC 及 AP

(3) k 值选择

图 5-9 给出了在节点聚类任务中，不同的 k 值在四个数据集上的 NMI 结果，纵轴为聚类 NMI 值，横轴为不同的 k 值，(a)(b)(c)(d)依次是 Cora、Citeseer、Wiki 和 Pubmed 数据集上的实验结果。从图中可以看出，相比 $k=1$ 和 $k=4/5$，在 $k=2/3$ 处，柱状图都是最高的，表明本章设计的低通平滑滤波器相比传统的卷积操作在网络表示学习方面有一定的提高，经过处理的节点属性信息是有助于学习更好的节点表示向量的，同时，DENRL 算法能学习到性能更高的节点表征向量。

7. 模型变体

为验证网络结构信息和节点属性信息的交互融合对节点表征向量质量的影响，本章进一步在引文网络的三个数据集上对变体模型进行节点聚类实验。首先比较了节点聚类任务中 DENRL 的两种变体模型和本章模型的 ACC 结果，表 5-7 给出了模型变体在引文网络上的聚类 ACC 实验结果。其中，Structure-only(M)代表的是仅关注保留网络拓扑结构的自编码器模型，Attribute-only(X)代表的是关注属性信息且集群节点使用的是经滤波器平滑后的节点特征的自编码器模型，Structure+Attribute(M+X)代表的是本章的双路自编码器模型，即“结构+平滑属性”的模型。

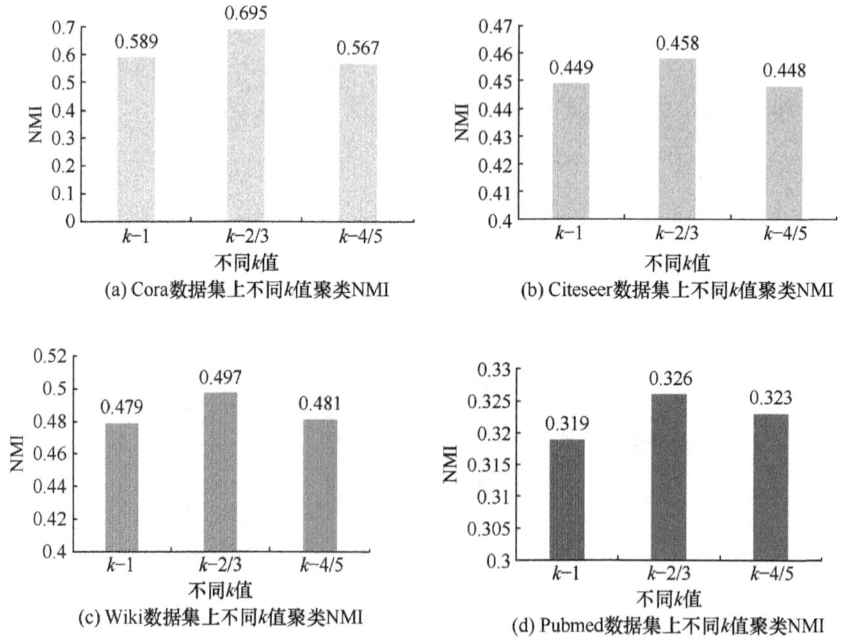

图 5-9　不同 k 值下的聚类 NMI 对比

表 5-7　模型变体在引文网络上的 ACC 值

模型变体	ACC 值		
	Cora	Citeseer	Pubmed
Structure-only(M)	0.666	0.699	0.506
Attribute-only(X)	0.753	0.692	0.673
Structure+Attribute(M+X)	**0.775**	**0.705**	**0.709**

从表 5-7 可以看出，本章的模型对节点最终的表征性能是有贡献的，在引文

网络 Cora、Citeseer 和 Pubmed 上的聚类 ACC 分别为 0.775、0.705、0.709，相比 Structure-only(M)分别提高了 0.109、0.006、0.203，相比 Attribute-only(X)分别提高了 0.022、0.013、0.036，表明了结合多跳注意力的结构自编码器和平滑滤波器的属性自编码器的双路自编码器的有效性。

5.4　基于双曲几何的网络表示学习方法

本节提出了双曲几何的网络表示方法(hyperbolic network embedding，HNE)，利用双曲空间的几何特性，在双曲空间学习节点的潜在层次结构信息和特征信息，得到节点的嵌入表示，融合欧几里得空间拓扑结构和属性信息，做到双空间交互学习，降低传统欧氏空间嵌入造成的嵌入扭曲和维度爆炸的问题，同时融合了网络潜在的几何层次信息。HNE 模型框架如图 5-10 所示。主要工作集中在利用双曲几何学习网络的双曲嵌入表示。网络中除了复杂的结构和丰富的属性信息，还存在潜在的几何层次结构信息，由于传统表示方法忽略了网络的几何层次结构信息，并且表征空间存在自身局限，使得向量质量不是很高。双曲空间学习可以提升网络表示的可解释性和鲁棒性，具体来讲，主要过程为：

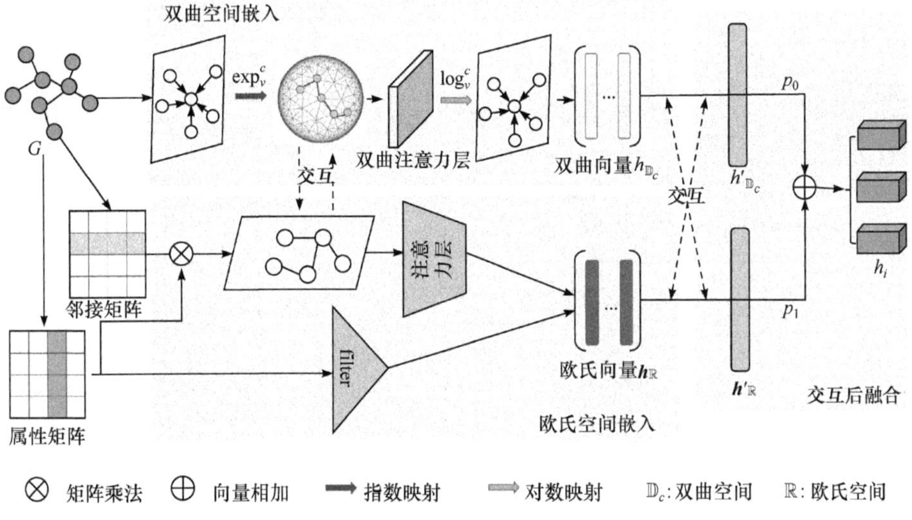

图 5-10　HNE 模型框架

第一，双曲空间嵌入。利用指数、对数映射将双曲空间的操作转移到对应的切空间，利用基于双曲距离的注意力机制聚合邻居节点信息。

第二，双空间特征交互学习。通过距离感知注意在欧几里得空间和双曲空间中同时传播邻居信息，节点特征基于距离相似性的双特征空间中自适应调整。

第三，信息融合。将欧几里得空间中保留了网络拓扑结构和属性信息的表示向量与双曲空间学习的表示向量融合，得到节点的最终表征向量。

5.4.1 双曲几何的网络表示学习模型

1. 双曲表征映射

首先，给定的网络属性矩阵和网络链接关系图G，双曲表征映射基于庞加莱球模型，将所有的链接关系及节点属性信息从欧氏空间投影到双曲空间，从而保证原始网络数据中的潜在几何层次结构信息，同时节点的属性信息得到保留。具体来讲，将网络数据及数据间的连接关系投影到欧氏空间中，利用矩阵表示，如表达节点链接关系的矩阵$\boldsymbol{A}\in\boldsymbol{R}^{n\times n}$和节点属性表征矩阵$\boldsymbol{X}\in\boldsymbol{R}^{n\times m}$，其中$n$表示节点数目，$m$表示节点属性数目。在所有的网络结构信息和属性信息初始化之后，将这些欧氏空间的信息转化到双曲空间$\mathbb{D}_c^n$对应的切空间$T_x\mathbb{D}_c^n$中，具体来讲，对一个欧氏空间的表征向量$\boldsymbol{x}^{\mathbb{R}}$，对应的操作可以表示为：

$$F_{T_x\mathbb{D}_c^n}(\boldsymbol{x}^{\mathbb{R}})=(0,\boldsymbol{x}^{\mathbb{R}}) \tag{5.26}$$

本节在向量中增加的0值是作为一个维度，来获得在双曲空间原点o切空间的投影向量。然后，利用指数映射将这个切空间的表征向量信息转化到双曲空间中，公式如下：

$$\exp_v^c(\boldsymbol{x})=\boldsymbol{v}\oplus_c\left(\tanh\left(\sqrt{c}\frac{\lambda_v^c\|\boldsymbol{x}\|}{2}\right)\frac{\boldsymbol{x}}{\sqrt{c}\|\boldsymbol{x}\|}\right) \tag{5.27}$$

其中，$\boldsymbol{x}\in T_x\mathbb{D}_c^n$，$\boldsymbol{v}\in\mathbb{D}_c^n$，$\oplus_c$表示的是莫比乌斯加法。经过双曲表征映射，可以获得对应在双曲空间的节点向量表示。

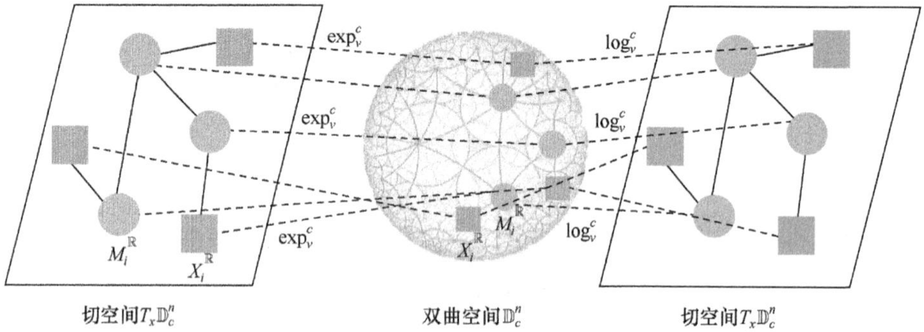

图 5-11　表征映射

最后，在双曲空间经过基于双曲“距离”注意力机制的学习，捕获网络的几何层次结构信息，同时保留对应节点的属性信息，再利用对数映射将双曲空间的表征向量转化到对应的切空间，公式如下：

$$\log_v^c(\boldsymbol{w}) = \frac{2}{\sqrt{c}\lambda_v^c}\tanh^{-1}\left(\sqrt{c} - \boldsymbol{v} \oplus_c \boldsymbol{w}\right)\frac{-\boldsymbol{v} \oplus_c \boldsymbol{w}}{-\boldsymbol{v} \oplus_c \boldsymbol{w}} \tag{5.28}$$

其中，$\boldsymbol{w} \in \mathbb{D}_c^n$，经过变换后可进行后续双空间表征向量的融合，对应的映射操作如图 5-11 所示。

2. 双曲注意力学习

本节利用注意力机制在双曲空间学习节点表征，对网络中节点分配权重，进行消息传播。由于直接在双曲空间进行运算不能保证网络排列的不变性，因为在双曲空间采用的是莫比乌斯运算，而莫比乌斯运算不满足欧氏空间中部分运算法则，如莫比乌斯加法不能保持交换律和结合律，如 $\boldsymbol{x} \oplus_c \boldsymbol{y} \neq \boldsymbol{y} \oplus_c \boldsymbol{x}$，所以将基本操作转移到切空间进行。

基于上述设置，本节设计了双曲空间的注意力消息传递机制，利用双曲“距离”自注意力机制为切空间上的图卷积逼近方法带来的信息丢失问题提供了一种方案，如潜在几何层次结构及对应的节点属性信息。对于给定的网络数据和节点属性矩阵，在进行双曲表征映射后，即首先利用指数映射 $\exp_0^c(\cdot)$ 将欧氏空间的网络特征映射到双曲空间，然后初始化 $\boldsymbol{h}^0$。对双曲空间的节点特征进行线性变化后，利用对数映射 $\log_0^c(\cdot)$ 将其映射到切空间，为消息传播做准备。需要注意，首先指数映射是为将网络数据在欧氏空间的表征向量保留在双曲空间 $\mathbb{D}_c^{d_{l-1}}$，然后经过对数映射操作将双曲表征投影到对应的切向量空间 $T_h\mathbb{D}_c^{d_{l-1}}$，在切空间中进行矩阵乘法等系列操作，最后利用指数映射将学习的表征映射回双曲空间得到的是一个新的双曲表征 $\mathbb{D}_c^{d_l}$。

为保留更多的双曲几何层次结构信息，通过节点间的双曲距离引导进行自注意力来聚合邻居节点的信息，然后经过非线性函数 $\sigma(\cdot)$ 处理，通常是 ReLU。具体来讲，对于每个传播层 $l \in \{0,1,\cdots,l-1\}$，操作如下：

$$\boldsymbol{m}_i^{l+1} = \sum_{j \in \{i\} \cup N_i} \alpha_{ij}^{(l)} \log_0^c\left(\boldsymbol{W}^{(l)} \otimes_c \boldsymbol{h}_j^{(l)} \oplus_c b^{(l)}\right) \tag{5.29}$$

$$\boldsymbol{h}_i^{(l+1)} = \exp_0^c\left(\sigma\left(\boldsymbol{m}_i^{l+1}\right)\right) \tag{5.30}$$

其中，$\boldsymbol{h}_j^{(l)} \in \mathbb{D}_c^{X(l)}$ 表示的是节点 j 的隐藏层特征向量，$\otimes_c$ 表示的是莫比乌斯矩阵乘法，$\otimes_c$ 表示莫比乌斯加法，$\boldsymbol{W}^{(l)}$ 代表的是一个可训练的权重矩阵，$b^{(l)}$ 表示的是偏差，$\alpha_{ij}^{(l)}$ 表示节点 j 对节点 i 的特征权重。

将信息映射到对应的切空间后，对 $\alpha_{ij}^{(l)}$ 进行归一化处理，为方便表示，后面

将上标 (l) 省略，即 $\alpha_{ij}^{(l)}$ 表示为 α_{ij}，计算过程如下：

$$e_{ij} = \text{LeakyReLU}\left(\boldsymbol{c}^{\top}\left[\hat{\boldsymbol{h}}_i \| \hat{\boldsymbol{h}}_j\right] \times d_{\mathbb{D}_c}(\boldsymbol{h}_i, \boldsymbol{h}_j)\right) \tag{5.31}$$

$$\alpha_{ij} = \text{softmax}_j(e_{ij}) = \frac{\exp(e_{ij})}{\sum_{l \in N_i} e_{ij}} \tag{5.32}$$

其中，$\hat{\boldsymbol{h}}_i \log_0^c(\boldsymbol{W} \otimes_c \boldsymbol{h}_j)$ 表示的是在切空间中的节点属性特征，e_{ij} 表示的是在切空间中节点 j 对节点 i 的重要性。

为使得在不同节点处易于比较，使用 softmax 函数进行归一化，在两个节点之间采用的是双曲距离的注意力机制，距离计算如下：

$$d_{\mathbb{D}_c}(\boldsymbol{h}_i, \boldsymbol{h}_j) = \text{arcosh}\left(1 + \frac{2\left\|\boldsymbol{h}_i - \boldsymbol{h}_j\right\|^2}{\left(1 - \left\|\boldsymbol{h}_i\right\|^2\right)\left(1 - \left\|\boldsymbol{h}_j\right\|^2\right)}\right) \tag{5.33}$$

其中，arcosh 指反双曲函数，$d_{\mathbb{D}_c}$ 表示的是双曲空间中两节点的距离。

3. 特征交互

在双曲空间中，经过图结构传播信息后，设置节点嵌入将从双空间进行自适应调整，以促进不同空间的交互学习，同时，为欧氏空间嵌入对网络潜在几何层次结构信息的丢失问题及维度爆炸问题提供了一种方案，提高网络表示学习可解释性及鲁棒性的同时，使得节点表示向量性能更好。

具体来讲，双曲空间嵌入 $\boldsymbol{h}_{\mathbb{D}_c} \in \mathbb{D}_c^{n \times m}$ 及欧氏空间嵌入 $\boldsymbol{h}_{\mathbb{R}} \in \boldsymbol{R}^{n \times m}$ 根据嵌入相似度进行调整。在欧氏空间与双曲空间不同特征进行交互时，采用的是指数映射和对数映射来进行两空间的信息变换，利用指数映射 $\exp_0^c(\cdot)$ 将欧氏空间信息转换到双曲空间，对数映射 $\log_0^c(\cdot)$ 将双曲空间信息转换到欧氏空间，具体操作如下：

$$\boldsymbol{h}'_{\mathbb{D}_c} = \boldsymbol{h}_{\mathbb{D}_c} \oplus_c \left(\beta d_{\mathbb{D}_c}\left(\boldsymbol{h}_{\mathbb{D}_c}, \exp_0^c(\boldsymbol{h}_{\mathbb{R}})\right) \otimes_c \exp_0^c(\boldsymbol{h}_{\mathbb{R}})\right) \tag{5.34}$$

$$\boldsymbol{h}'_{\mathbb{R}} = \boldsymbol{h}_{\mathbb{R}} + \left(\beta' d_{\mathbb{R}}\left(\boldsymbol{h}_{\mathbb{R}}, \log_0^c\left(h_{\mathbb{D}_c}\right)\right) \times \log_0^c\left(\boldsymbol{h}_{\mathbb{D}_c}\right)\right) \tag{5.35}$$

$$d_{\mathbb{R}} = \sqrt{\sum_{i=1}^{n}(x_i - y_i)^2} \tag{5.36}$$

其中，$d_{\mathbb{D}_c}$ 表示的是双曲距离度量，$d_{\mathbb{R}}$ 表示的是欧氏距离度量，$\boldsymbol{h}'_{\mathbb{D}_c}$ 表示经过欧氏空间几何结构交互后的双曲表征向量，$\boldsymbol{h}'_{\mathbb{R}}$ 表示经过双曲几何结构交互的欧氏空间表征向量，距离计算由两个可训练的参数 $\beta \in \boldsymbol{R}$ 和 $\beta' \in \boldsymbol{R}$ 优化。

HNE 算法过程如算法 5-1 所示。

算法 5-1：HNE 算法过程

Input：网络 $G=(V,E,\boldsymbol{A},\boldsymbol{M})$

Output：双曲嵌入表示 $\boldsymbol{h}_{\mathbb{D}_c}$

根据式(5.27)，将欧氏空间的网络映射到双曲空间

for $l=0:l-1$ **do**

$\quad \boldsymbol{m}_i^{l+1}=\sum\limits_{j\in\{i\}\cup N_i}\alpha_{ij}^{(l)}\log_0^c\left(\boldsymbol{W}^{(l)}\otimes_c\boldsymbol{h}_j^{(l)}\oplus_c b^{(l)}\right)$

$\quad \boldsymbol{h}_i^{(l+1)}=\exp_0^c\left(\sigma\left(\boldsymbol{m}_i^{l+1}\right)\right)$

end for

对数映射表示切空间的节点属性特征 $\hat{\boldsymbol{h}}_i=\log_0^c(\boldsymbol{W}\otimes_c\boldsymbol{h}_j)$

根据式(5.33)计算双曲距离 $d_{\mathbb{D}_c}(\boldsymbol{h}_i,\boldsymbol{h}_j)$

根据式(5.31)计算权重 e_{ij}

$\alpha_{ij}=\text{softmax}_j(e_{ij})$

根据式(5.34)映射回欧氏空间，输出 $\boldsymbol{h}_{\mathbb{D}_c}$

---

4. 双空间信息融合

将网络双曲空间学习的表征向量 $\boldsymbol{h}'_{\mathbb{D}_c}$，欧氏空间中的表征向量 $\boldsymbol{h}'_{\mathbb{R}}$ 及节点属性信息进行融合，生成网络的一个全局信息，经过两层全连接的神经网络得到节点的最终嵌入表示。直观地来讲，可以直接将双空间的几何特征连接起来，然后将学习的节点表征输入到分类器中，进行节点分类实验。但是由于双曲空间和欧氏空间的几何运算不同，那么就只能保留一个保形不变性，如下公式：

$$P_0=\text{softmax}\left(f\left(\log_0^c\left(\boldsymbol{h}'_{\mathbb{D}_c}\right)\|\boldsymbol{h}'_{\mathbb{R}}\right)\right) \tag{5.37}$$

$$P_1=\text{softmax}\left(g\left(\boldsymbol{h}'_{\mathbb{D}_c}\|\exp_0^c(\boldsymbol{h}'_{\mathbb{R}})\right)\right) \tag{5.38}$$

其中，f 和 g 分别表示的是欧氏空间和双曲空间的两个线性映射函数。

为同时保留网络几何空间的特征，尽可能地保留双空间的结构及属性信息，找出哪个空间的几何结构对节点嵌入有更大影响，设计了相应的概率分配权重，概率设计如下：

$$P=\mu_0P_{\mathbb{D}_c}+\mu_1P_{\mathbb{R}},\ \text{s.t.}\ \mu_0+\mu_1=1 \tag{5.39}$$

其中，$P_{\mathbb{D}_c},P_{\mathbb{R}}\in\boldsymbol{R}$，分别代表双曲空间的概率和欧氏空间的概率，$\mu_0,\mu_1\in\boldsymbol{R}$ 表示不同几何概率的节点级权值。

为满足归一化条件，将$[\mu_0,\mu_1]$进行 L2 归一化操作，计算如下：

$$\mu_0=\text{sigmoid}\left(\boldsymbol{M}C_0\left(\log_0^c\left(\boldsymbol{h}_{\mathbb{D}_c}'^{\top}\right)\right)\right) \tag{5.40}$$

$$\mu_1=\text{sigmoid}(\boldsymbol{M}C_1\left(\left(\boldsymbol{h}_{\mathbb{R}}'^{\top}\right)\right) \tag{5.41}$$

$$[\mu_0,\mu_1]=\frac{[\mu_0,\mu_1]}{\max\left\{\|\mu_0,\mu_1\|_2,\varepsilon\right\}} \tag{5.42}$$

其中，ε表示是一个极小的数，目的是防止除数为零，$\boldsymbol{M}$表示对应空间的节点属性表征向量矩阵，$[\cdot,\cdot]$表示串联操作，$\boldsymbol{h}_{\mathbb{D}_c}'\in\mathbb{D}_c$和$\boldsymbol{h}_{\mathbb{R}}'\in\boldsymbol{R}$分别代表最后的双曲空间节点嵌入表示向量和欧氏空间节点嵌入表示向量。

由此可见，两个空间对最终的节点嵌入贡献概率与对应空间的节点属性特征有很大关系。最后，将欧氏空间表征和双曲空间表征结果进行拼接，$\|$表示向量之间的拼接，得到节点嵌入表示向量：

$$\boldsymbol{h}_i=P_{\mathbb{D}_c}\boldsymbol{h}_{\mathbb{D}_c}'\|P_{\mathbb{R}}\boldsymbol{h}_{\mathbb{R}}' \tag{5.43}$$

5. 模型学习

学习双曲嵌入表示经过黎曼梯度优化后，将双曲空间与欧氏空间进行特征交互，在双空间中同时聚合邻居信息，其中包含了网络结构对应的属性信息。

HNE 的表示向量和距离定义都是非欧空间，欧氏空间中的梯度优化算法不适用，采用黎曼随机梯度下降进行优化。首先计算随机欧几里得梯度，对于任意的节点三元组$(v_i,v_j,v_k)\in V$，节点v_j的随机欧几里得梯度为：

$$\nabla^E=\frac{\partial L}{\partial d(v_i,v_j)}\cdot\frac{\partial d(v_i,v_j)}{\partial v_j} \tag{5.44}$$

其中$L=\max\left\{0,d_{\mathbb{D}_c}(v_i,v_j)-d_{\mathbb{D}_c}(v_j,v_k)\right\}$。庞加莱球上的距离计算为式(5.27)。接着计算黎曼梯度，由于双空间是保持共形的，因此庞加莱度量中的张量满足$g_x^c=\lambda_x^2g^E$，其中$\boldsymbol{x}$代表的是空间$\mathbb{D}_c$中的向量，$\lambda_x=\left(\frac{2}{1-x^2}\right)^2$为共形系数，$g^{\mathrm{E}}$是欧氏空间的度量张量。因此，黎曼梯度如下：

$$\nabla_x^{\mathrm{H}}=\frac{\left(1-\|x\|^2\right)^2}{4}\nabla^{\mathrm{E}} \tag{5.45}$$

最后更新节点向量：

$$\boldsymbol{x}_{e+1}=-\eta_t\nabla_{x_e}^{\mathrm{H}} \tag{5.46}$$

5.4.2　实验分析

本节在具有几何层次结构且包含丰富属性信息的三个数据集上进行实验验证。介绍了实验数据及设置、评价指标、基准算法等，对算法进行消融实验分析，在节点分类、链路预测任务上对 HNE 进行性能评估。

1. 实验数据和设置

本实验针对具有潜在几何层次结构的引文网络数据集，且引文网络属于属性网络，在捕获结构信息的同时保留了网络节点的属性信息。数据集①的一个统计信息描述见表 5-8。本数据集来自文献[88]，但由于网页地址更新，因此本节给出新的数据集地址。

在实验中，数据集上使用 10%-10%-80%分割进行训练、验证和测试，欧氏空间嵌入的学习参数保持第 3 章的设置不变，学习率为$\{1\times10^{-3}, 1\times10^{-4}, 3\times10^{-3}\}$，epoch 为 400。

表 5-8　数据集信息

数据集	节点数	边数	属性数	标签
Citeseer	3312	4714	3703	6
Pubmed	19717	44338	500	3
Cora	2708	5429	1433	7

2. 实验评价指标

本章中采用节点分类和链路预测任务进行实验性能评估，节点分类是网络表示学习中经典的应用之一，标签信息有助于指示节点特征、类别等，如引文网络中的著作分类，社交网络中的推荐任务等。链路预测可以对网络中节点可能产生的联系进行预测。

本章 HNE 算法在链路预测任务中的评价指标是 AUC 及 AP。在节点分类任务中采用分类精度作为评价指标，即分类准确率(Accuracy)的度量，通常用分类正确的样本数量比所有样本数量的形式来表示，比值结果越大，即分类准确率越高，节点分类任务越好。计算过程如下：

$$\text{Accuracy} = \frac{\text{TP+TN}}{\text{TP+TN+FP+FN}} \tag{5.47}$$

其中，T/F 代表的是模型预测的正确/错误，P/N 代表标签预测的正样本/负样本。TP 表示真正类，即预测正确的正样本数目，FN 表示假负类，即预测错误的负样

① https://linqs.org/datasets/。

本数目，TN 表示真负类，即预测正确的负样本数目，FP 表示假正类，即预测错误的正样本数目。

3. 基准算法

本章中选取 7 个基准算法进行对比实验，包括仅考虑网络拓扑结构信息的欧氏空间嵌入算法 DeepWalk[90]，同时关注网络拓扑结构信息和节点属性信息的欧氏空间嵌入算法 ANRL，传统的欧氏空间嵌入算法 EUC 及双曲空间嵌入算法 HGNN[97]、HGCN[98]、HGAT[99]、HNN[100]，介绍如下：

1) EUC[101]：是传统的欧氏空间嵌入算法，利用辗转相除法，将数据降维到欧氏空间，再进行预测，在实际应用中适用性较低。

2) HGNN[97]：是双曲图神经网络算法，以非卷积的形式对图结构进行建模，深层次网络嵌入，在双曲空间中利用深度神经网络更好地学习长尾数据表征。

3) HGCN[98]：将图卷积神经网络扩展到双曲空间，增加曲率参数，学习节点双曲空间的嵌入表示。

4) HGAT[99]：可以看作是图注意力网络在双曲空间的版本，通过注意力机制对节点向量降维，聚合邻居节点属性，学习表征向量。

5) HNN[100]：是 MLP 算法在双曲空间的变体，通过基于特征的深度神经网络来学习节点表示。

4. 消融分析

从表 5-9 可以看出，在 Citeseer 数据集上，当学习率为 3×10^{-3}、滤波器层数为 3，双曲距离的邻居阶数为一阶时，分类精度达到最高。从表 5-10 可以看出，在 Cora 数据集上，当学习率为 1×10^{-3}、滤波器层数为 8，双曲距离的邻居阶数为一阶时，分类精度达到最高。从表 5-11 可以看出，在 Pubmed 数据集上，当学习率为 1×10^{-4}、滤波器层数为 35，双曲距离的邻居阶数为二阶时，分类精度达到最高。

由于网络原始结构及属性信息的影响，不同数据集的双曲度不同，因此，通过本章消融实验分析可知，在较大数据集 Pubmed 上，需要的双曲迭代邻居为二阶，能捕获网络的几何层次结构。

表 5-9　Citeseer 数据集上 HNE 算法节点分类精度(%)

数据集	学习率	滤波器层数	双曲距离的邻居阶数	
			一阶	二阶
Citeseer	1×10^{-3}	3	75.30	73.05
		8	72.99	71.53
		35	73.09	73.22

续表

数据集	学习率	滤波器层数	双曲距离的邻居阶数	
			一阶	二阶
Citeseer	1×10^{-4}	3	72.94	71.67
		8	71.24	70.99
		35	71.42	71.02
	3×10^{-3}	3	**75.80**	72.55
		8	73.09	72.77
		35	73.21	71.66

表 5-10　Cora 数据集上 HNE 算法节点分类精度(%)

数据集	学习率	滤波器层数	双曲距离的邻居阶数	
			一阶	二阶
Cora	1×10^{-3}	3	83.56	82.05
		8	**85.62**	83.12
		35	80.35	80.09
	1×10^{-4}	3	83.02	81.45
		8	85.32	80.86
		35	79.56	77.58
	3×10^{-3}	3	82.13	83.43
		8	83.74	82.89
		35	77.65	78.89

表 5-11　Pubmed 数据集上 HNE 算法节点分类精度(%)

数据集	学习率	滤波器层数	双曲距离的邻居阶数	
			一阶	二阶
Pubmed	1×10^{-3}	3	79.99	80.35
		8	80.75	79.82
		35	81.22	80.75
	1×10^{-4}	3	80.98	79.47
		8	81.20	80.96
		35	81.67	**83.24**
	3×10^{-3}	3	80.23	78.78
		8	80.14	79.77
		35	80.53	80.89

综上所述，在 Cora 和 Citeseer 数据集上双曲阶数为一阶邻居，在 Pubmed 数据集上，双曲阶数为二阶邻居，主要原因是相比 Cora 和 Citeseer 数据集，Pubmed 数据集节点数和边数更多，具有更加深的网络几何层次结构，因此，在欧氏嵌入中丢失了很多网络的原始几何结构信息，双曲嵌入需要比另外两个数据集更深的邻居信息。

5. 实验结果及分析

本章方法在 Cora、Citeseer、Pubmed 三个数据集上执行节点分类和链路预测任务，以分类精度、ROC 曲线下面积(Area Under Curve，AUC)和预测分数的平均精确率(Average Precision，AP)等评价指标对其进行验证。

(1) 节点分类

本小节在引文网络的三个数据集 Cora、Citeseer、Pubmed 上，对比 HNE 算法与其他基准算法在节点分类任务上的精度结果。

HNE 算法的结果取值是第 5.3.2 节消融分析中各个数据集对应的不同条件下的精度最优值，对比结果如表 5-12 所示，其中加粗的表示最优结果，标下画线的是次优结果。为清晰表现本章算法的优势，利用图 5-12 展示 HNE 算法与其他算法在三个数据集上的分类精度，其中，最上方条形图是本章算法 HNE 的结果。

表 5-12　HNE 算法与其他算法在三个数据集上的分类精度对比(%)

算法	Cora	Citeseer	Pubmed
DeepWalk[89]	71.82	49.32	73.09
HGNN[97]	78.31	<u>70.69</u>	77.15
HGCN[98]	78.99	69.04	76.58
HGAT[99]	<u>79.32</u>	69.84	77.90
ANRL[96]	76.23	53.67	<u>78.30</u>
EUC[101]	24.46	62.66	49.67
HNN[100]	55.32	59.80	69.89
HNE(our)	**85.62**	**75.80**	**83.24**

从表 5-12 的对比结果可以得出结论：首先，在 Cora 和 Pubmed 数据集上的分类精度分别为 85.62%、83.24%高于 Citeseer 数据集的精度 75.80%，说明在不同的数据集中由于原始网络的几何层次结构的不同，分类精度会有所不同；其次，本节算法在三个数据集上都取得了最高的精度值，说明本章算法在节点分类任务上具有一定的有效性，在 Cora 数据集上，相比次优值 79.32%，HNE 算法提高 6 个百分点左右，在 Citeseer 数据集上，相比次优值 70.69%，HNE 算法提高 5 个百分点，在 Pubmed 数据集上，相比次优值 78.30%，HNE 算法提高近 5 个百分点；最后，可以发现基准算法中的双曲嵌入算法分类精度均不高，说明只是考虑双曲

空间的嵌入没有双空间融合的效果好，并且在将神经网络扩展到双曲嵌入方面还需要进一步研究。

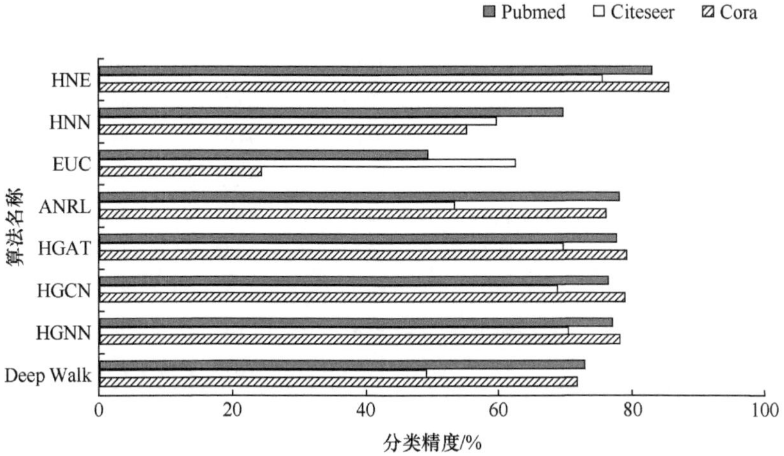

图 5-12　HNE 算法与其他算法分类精度对比

图 5-12 是 HNE 算法与其他算法分类精度对比。最上方的 HNE 是本章的算法结果，从条状长短可以明显地看出，相比基线算法，HNE 算法在所有数据集上的分类精度都是最高的，表明本章方法学习的表征向量在节点分类任务中具有相对较好的性能。

(2) 链路预测

表 5-13 给出的是本章 HNE 算法与其他基准算法在 Cora、Citeseer、Pubmed 数据集上的链路预测结果，分别列出了在每个数据集上的 AUC 值及 AP 值。其中加粗的表示最优结果，加下画线的表示次优结果。

通过表 5-13 可以得到结论：首先，本章 HNE 算法除在 Pubmed 数据集上的 AUC 结果为次优外，在其他数据集上均取得了最优值的结果，说明在具有潜在几何层次结构的网络中，本章算法面对链路预测任务具有较好的性能。其次，相比将图神经网络适配到双曲空间的嵌入方法 HGAT 算法取得的次优结果，HNE 算法在 Cora 数据集的 AUC 高 3.97 个百分点，AP 高 4 个百分点，具有明显的提高，说明了在节点表征学习中进行双空间融合学习，同时保留各自空间特性学得的结构信息和属性信息，可以得到质量更高的节点表征向量，从而提高链路预测任务的效果。最后，相比传统的欧氏空间嵌入，通过双曲空间特性将网络的潜在几何层次结构加入到节点表示学习过程中，得到的节点表示向量质量高，如在 Cora 数据集上，ANRL 算法的 AUC 值为 88.72%，HNE 算法结果为 96.33%，相比之下，HNE 提高了 7.61 个百分点。下游任务的结果显示出本章算法具有较好的性能，同时，由于双曲特性，是常负曲率空间，因此，面向双曲空间的学习提高了网络表示学习研究的可解释性。

表 5-13 HNE 算法与其他算法在三个数据集上的链路预测结果(%)

算法	Cora		Citeseer		Pubmed	
	AUC	AP	AUC	AP	AUC	AP
DeepWalk[89]	82.75	83.49	79.99	80.75	81.39	83.06
HGNN[98]	91.87	92.54	93.88	94.63	93.01	93.95
HGCN[99]	93.85	94.38	<u>96.63</u>	<u>97.03</u>	**95.37**	<u>96.04</u>
HGAT[100]	<u>94.36</u>	<u>94.79</u>	95.91	96.81	94.20	94.79
ANRL[96]	88.72	89.53	90.12	91.07	89.74	90.36
EUC[101]	86.02	88.24	80.91	83.67	82.62	85.12
HNN[97]	94.69	94.68	93.82	94.85	91.12	92.56
HNE(our)	**96.33**	**97.59**	**97.86**	**97.95**	<u>95.21</u>	**96.75**

6. 嵌入空间维度分析

本小节实验以节点分类任务的分类精度结果，分析欧氏嵌入和双曲嵌入在嵌入维度发生变化时，节点分类任务上的表现。通过前两节可以知道，双曲空间嵌入可以捕获网络潜在的几何层次结构信息，HNE 算法在利用双曲空间学习节点表示后，在节点分类和链路预测任务上都表现出较好的结果，在双曲空间的学习至关重要，并且双曲嵌入的优势在具有层次结构的属性网络中更为明显。因此，本小节在改变实验中嵌入维度下，通过观察在 Cora、Citeseer、Pubmed 数据集上的进行节点分类任务的结果，来说明双曲嵌入相比欧氏嵌入的必要性及优势。

图 5-13～图 5-15 分别展示的是在 Cora、Citeseer 和 Pubmed 数据集上双空间维度变化下的分类精度，其中"euc-数字"表示的是"欧氏空间-维度"，"hyp-"表示的是"双曲空间-维度"，纵坐标轴是分类精度值，主横坐标轴代表双曲嵌入维度变化，次横坐标轴代表欧氏嵌入维度变化。欧氏嵌入维度选择{8，16，32，64，128}，双曲嵌入维度选择{4，8，16，32，64}。

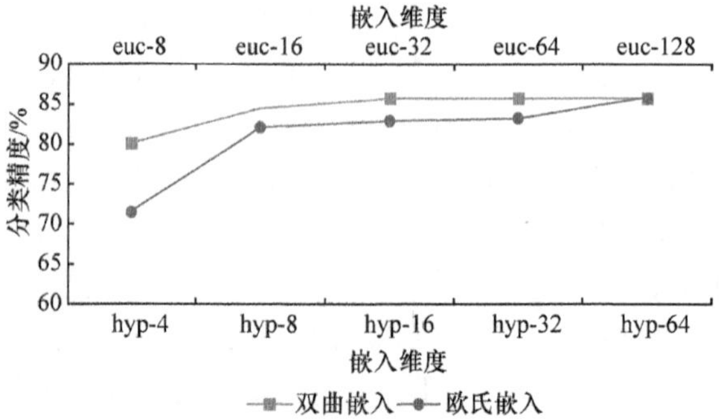

图 5-13 Cora 数据集上双空间嵌入维度变化下的节点分类精度

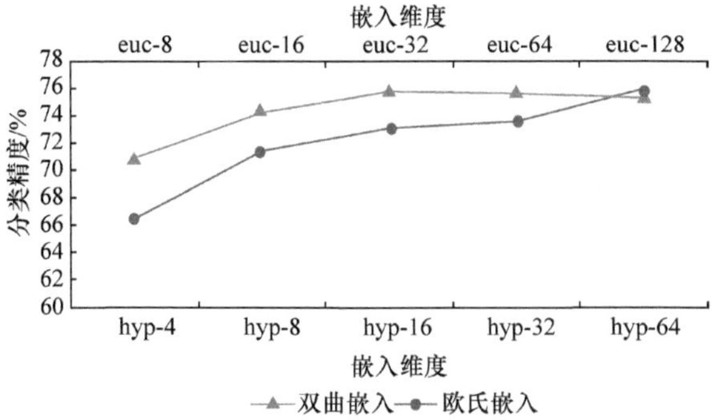

图 5-14　Citeseer 数据集上双空间嵌入维度变化下的节点分类精度

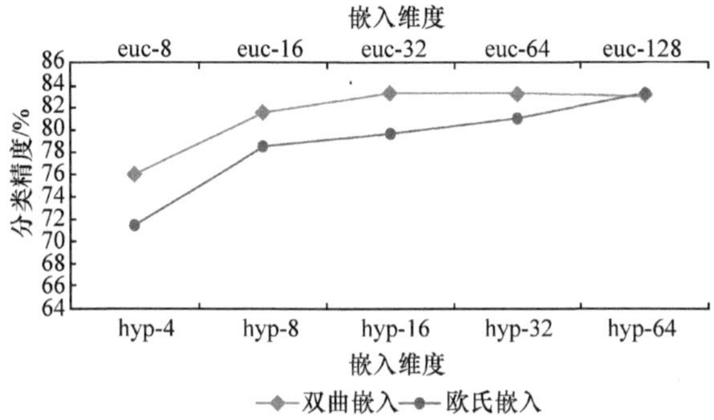

图 5-15　Pubmed 数据集上双空间嵌入维度变化下的节点分类精度

通过图 5-13～图 5-15 的实验结果展示，可以发现以下两点：①当欧氏嵌入维度为 8，双曲嵌入维度为 4 时，两者分类精度最低，相差也最大；随后随着嵌入维度的增加，精度逐渐升高，走势趋于平缓；当欧氏嵌入维度为 128，双曲嵌入维度为 64 时，两者结果才达到近乎一样。因此可以得出结论，在嵌入维度较小时，双曲嵌入优于欧氏嵌入，但是随着嵌入维度的增加，在欧氏空间和双曲空间的表现差距逐渐缩小，最终会在某一维度趋于近似。②在双曲嵌入维度为 16 时结果是最高的，随后随着维度增加，精度逐渐开始缓慢降低，而欧氏嵌入维度为 128 时，结果才和双曲嵌入维度为 16 时接近。因此可以得出结论，相比欧氏嵌入，双曲嵌入确实能够以更小的嵌入维度保留更多的节点信息，学习到高质量的节点表示向量，这得益于双曲空间的特性。维度的增加，却使得结果呈现出缓慢降低的态势。这种情况相较于过高的维度而言有其优势所在，因为过高的维度往往会出现过拟合的现象。

第6章　基于元路径和图卷积的异质网络表示学习方法

6.1　异质网络的概念

信息世界是一个相互连接、相互影响的巨大数据网，大量的数据或信息化对象、个体组成了复杂且庞大的信息网络。这种信息网络是对现实数据的一种抽象，当这种网络中个体、对象类型不唯一或者连接类型不唯一时，这样的网络就可以称为异质信息网络，否则为同质信息网络。于是有如下定义：

异质信息网络[102]为$G=\{V,E\}$，其中V代表节点集，E代表边集。由于网络异质性，还存在着映射关系$\Phi:V\to A$，表示节点类型映射函数，$\Psi:E\to R$表示边类型映射函数，其中$|A|+|R|>2$。对于异质信息网络中所有的节点V和边E存在类型映射关系，$v\in V$，$\Phi(v)\in A$表示每个节点属于对应的节点类型，$\Psi(e)\in R$表示每条边属于对应的边类型。

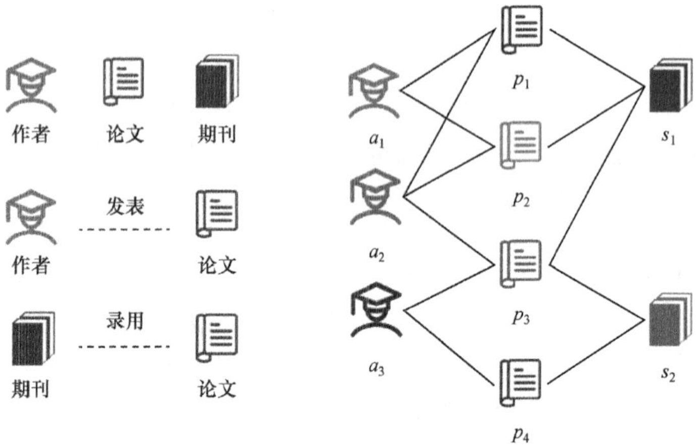

图 6-1　学术异质信息网络示例

如图 6-1 所示，学术异质网络模型是一种包含三种类型节点(作者、论文、期刊)和定义它们之前关系的边类型(例如作者-论文、论文-期刊)的异质信息网络。在异质网络中不同类型节点之间可能会有不同的连接关系也就是不同的语义信息，同一类型节点之间没有边连接但也会存在着潜在的影响关系(比如同一研究领域的两位作者发表的论文可能会在同一期刊)。异质网络可以带来比同质网络更丰富的语义信息和结构信息，同时具有表达和存储现实世界本质信息的强大能力。

6.1.1　元路径

元路径作为解决异质网络分析任务的有效工具，提供了一种选择相似性语义的有效机制。它是一种节点类型序列，包含从开始节点类型到结束节点类型的复合关系序列。下面是元路径相关详细内容：

1. 元路径

元路径表示网络结构中连接节点的一种路径形式，可以表示为：$\pi: A_1 \xrightarrow{R_1} A_2 \xrightarrow{R_2} \cdots \xrightarrow{R_l} A_{l+1}$，简写为$(A_1, A_2, \cdots, A_{l+1})$，其中边类型$R = R_1 \circ R_2 \circ \cdots \circ R_l$，$\circ$表示连接关系上的复合运算。元路径分为对称元路径和非对称元路径[102]，若元路径 p 与反向元路径 p^{-1} 相同，则该元路径为对称元路径。如果$\forall i = 1, \cdots, n$，$A_i = \Phi(v_i)$，$R_i = \Psi(v_i, v_{i+1})$，路径p经过节点$v_1, v_2, \cdots, v_n$，则表示路径p是在元路径π上的一个实例。一条元路径包含着丰富节点信息和边信息，对解决信息网络表示提供有益帮助，我们将元路径中的起始节点统一为目标节点。

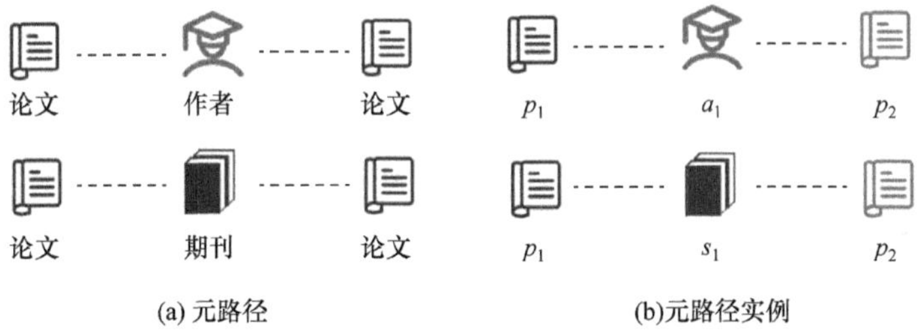

图 6-2　元路径和元路径实例

如图 6-2 是学术网络中的元路径与元路径实例。在学术网络模型中，基于论文-作者-论文(PAP)元路径下得到 p_1-a_1-p_2 是一条基于元路径(PAP)的路径实例，同样 p_1-s_1-p_2 是基于元路径(PSP)的路径实例。

2. 基于元路径的邻居

在给定目标节点 V 和元路径 P，基于元路径 P 得到包含类型与目标节点相同的节点 N_V^P 被定义为目标节点 V 基于元路径 P 的邻居节点集合。

如图 6-3 中，基于元路径 PAP，关于节点 p_2 的邻居节点有 p_1，p_2，p_3，包含目标节点本身。关于节点 p_3 的邻居节点有 p_1，p_2，p_3，p_4。

6.1.2　基于元路径的子图

基于元路径 P 在异质信息网络 G 上构成的只有一种类型的节点集的同质图

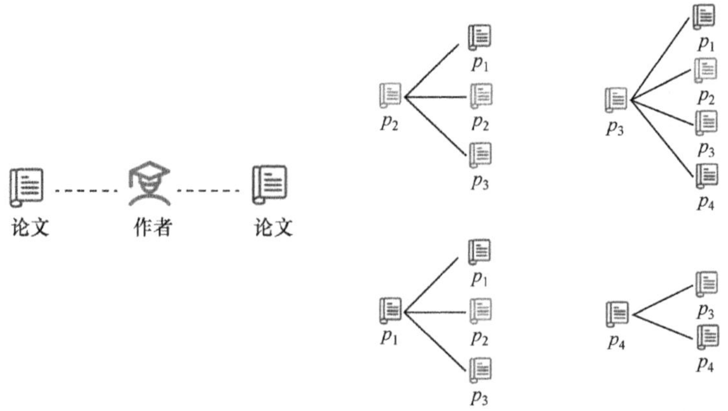

图 6-3　基于元路径 PAP 节点的邻居节点

G^P 。在该同质图中，邻居节点是根据元路径上对称位置的节点集合，具有同种类型的信息和属性。那么基于元路径 PAP 可以得到的子图如图 6-4 所示。

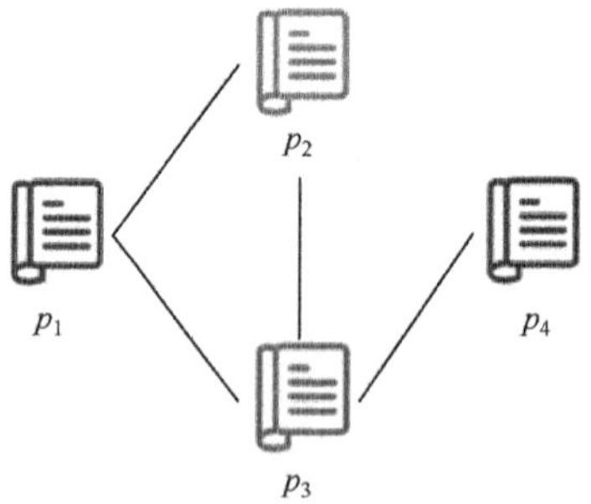

图 6-4　基于 PAP 元路径得到的子图

6.1.3　基于元路径的相似性度量

在同质网络中，利用链接信息对节点进行相似性搜索可以找到与节点类似的其他节点信息，比如在节点分类、聚类等任务中都发挥着重要的作用。但是此类的算法如 PageRank[103]和 SimRank[104] 等都侧重于同质网络或者二分网络，在异质网络中的应用会出现明显问题。目前利用元路径分析异质网络任务是主流的研究方向，下面是几种基于元路径的相似性度量方法。

1. 基于对称元路径的相似性度量

Sun[105]等人提出了一种基于对称元路径的相似性度量方式(PathSim)，它通过给定一对称元路径 $\mathcal{P}$ ，可以得到同类型节点 x 和 y 之间的相似定度量 PathSim 的定义为：

$$s(x,y)=\frac{2\times\left|\left\{p_{x\rightsquigarrow x}:p_{x\rightsquigarrow y}\in\mathcal{P}\right\}\right|}{\left|\left\{p_{x\rightsquigarrow x}:p_{x\rightsquigarrow x}\in\mathcal{P}\right\}\right|+\left|\left\{p_{y\rightsquigarrow y}:p_{y\rightsquigarrow y}\in\mathcal{P}\right\}\right|} \tag{6.1}$$

其中，$p_{x\rightsquigarrow x}$，$p_{x\rightsquigarrow y}$，$p_{y\rightsquigarrow y}$表示异质网络中从节点x到x，x到y，y到y的一条路径实例。从式中可以看出，节点之间的相似性与两方面有关：第一方面为基于对称元路径$\mathcal{P}$，节点x到节点y之间的路径条数越多，两节点之间的相似度越高。第二方面为相似性度量的平衡性约束，与这里的基于对称元路径$\mathcal{P}$节点到自身的总路径数量有关。如果涉及到矩阵的算法中可以使用如下方法：给定一个异质网络$G=\{V,E\}$，将其中的元路径$\mathcal{P}=(A_1A_2\cdots A_l)$的邻接矩阵作为关系矩阵$\boldsymbol{M}=\boldsymbol{W}_{A_1A_2}\boldsymbol{W}_{A_2A_3}\cdots\boldsymbol{W}_{A_{l-1}A_l}$，其中$\boldsymbol{W}_{A_iA_j}$表示节点类型为$A_i$和$A_j$之间的邻接矩阵，$M_{ij}$表示元路径$\mathcal{P}$下$A_1$类型里第$i$个节点到$A_l$类型里第$j$个节点之间的总路径数。那么相似性计算公式如下：

$$s(x_i,x_j)=\frac{2M_{ij}}{M_{ii}+M_{jj}} \tag{6.2}$$

这里仅考虑了$\mathcal{P}=\left(\mathcal{P}_l,\mathcal{P}_l^{-1}\right)$的往返元路径，也就是遵循在对称元路径$\mathcal{P}$上对节点的相似性度量的计算。

2. 基于非对称元路径的相似性度量

针对于上一小节中PathSim方法只能应用于对称元路径的缺陷，Sun[105]等人提出了HeteSim将节点之间的相似性度量推广到非对称元路径上来计算不同类型节点之间的相似性，提高了计算的应用场景，可以通过任意的搜索路径来度量异质节点之间的相关性。

HeteSim的定义是，给定一元路径$\mathcal{P}=R_1\circ R_2\circ\cdots\circ R_l$，则两类型节点$s$和$t(s\in R_1.S且t\in R_1.T)$的HeteSim值为：

$$\begin{aligned}&\text{HeteSim}\left(s,t\mid R_1\circ R_2\circ\cdots\circ R_l\right)\\&=\frac{1}{\left|O(s\mid R_1)\right|\left|I(t\mid R_l)\right|}\sum_{i=1}^{|O(s|R_1)|}\sum_{j=1}^{|I(t|R_l)|}\text{HeteSim}\left(\left|O(s\mid R_1)\right|,I(t\mid R_l)\right|R_1\circ R_2\circ\cdots\circ R_l\right)\end{aligned} \tag{6.3}$$

其中，$O(s\mid R_1)$表示节点s沿着类型为R_1边的邻接点，这里称为出邻接点，$I(t\mid R_l)$则是从节点t沿着路径反方向到达的邻接点，这里称为入邻接点。要计算HeteSim的值，需要迭代计算沿路径的所有(s,t)的邻接点对$O_i(s\mid R_1),I_j(t\mid R_l)$之间的相关联程度，并把这些相加。然后将节点$s$的出邻接点和节点$t$的入邻接点个数进行合并标准化。式(6.3)表明，两节点之间的相关性程度是节点之间出邻接点和入邻接点相关性程度的平均值。

通过转移矩阵计算 HeteSim 的方法是给定一个关系 $A \xrightarrow{R} B$，设定它的邻接矩阵为 $\boldsymbol{W}_{AB}$，定义转移概率矩阵为 $\boldsymbol{U}_{AB}$，它是 $\boldsymbol{W}_{AB}$ 沿着行方向的归一化矩阵。同样，定义 $\boldsymbol{W}_{AB}$ 沿着行方向的归一化矩阵为 $\boldsymbol{V}_{AB}$，它定义为 $B \to A$ 在 R^{-1} 关系下的转移矩阵。其中满足关系：$\boldsymbol{U}_{AB} = \boldsymbol{V}'_{BA}$ 且 $\boldsymbol{V}_{AB} = \boldsymbol{U}'_{BA}$，这里 $\boldsymbol{V}'_{BA}$ 是 $\boldsymbol{V}_{BA}$ 的转置。于是在有元路径 $\mathcal{P} = A_1A_2\cdots A_{l+1}$，对象 A_1 和 A_{l+1} 之间的相关性程度为：

$$
\begin{aligned}
&\text{HeteSim}(A_1,A_{l+1}|\mathcal{P})=\text{HeteSim}(A_1,A_{l+1}|\mathcal{P}_L\mathcal{P}_R)\\
&=\boldsymbol{U}_{A_1A_2}\cdots\boldsymbol{U}_{A_{\text{mid}-1}M}\boldsymbol{V}_{MA_{\text{mid}+1}}\cdots\boldsymbol{V}_{A_lA_{l+1}}\\
&=\boldsymbol{U}_{A_1A_2}\cdots\boldsymbol{U}_{A_{\text{mid}-1}M}\boldsymbol{U}'_{A_{\text{mid}+1}M}\cdots\boldsymbol{U}'_{A_{l+1}A_l}\\
&=\boldsymbol{U}_{A_1A_2}\cdots\boldsymbol{U}_{A_{\text{mid}-1}M}\left(\boldsymbol{U}_{A_{l+1}A_l}\cdots\boldsymbol{U}_{A_{\text{mid}+1}M}\right)'\\
&=\mathbf{PM}_{\mathcal{P}_L}\mathbf{PM}'_{\mathcal{P}_R^{-1}}
\end{aligned}
\tag{6.4}
$$

其中，mid 表示源节点和目标节点的中间位置标识，**PM** 为可达概率矩阵 $\mathbf{PM}_{\mathcal{P}} = \boldsymbol{U}_{A_1A_2}\boldsymbol{U}_{A_2A_3}\cdots\boldsymbol{U}_{A_lA_{l+1}}$。通过式(6.3)和式(6.4))也可以推导元路径实例中的节点 a 和 b 之间的相关性为：

$$
\text{HeteSim}(a,b\,|\,\mathcal{P}) = \mathbf{PM}_{\mathcal{P}_L}(a,:)\mathbf{PM}'_{\mathcal{P}_R^{-1}}(b,:)
\tag{6.5}
$$

继续考虑 HeteSim 的归一化方式有如下公式：

$$
\text{HeteSim}(a,b\,|\,\mathcal{P}) = \frac{\mathbf{PM}_{\mathcal{P}_L}(a,:)\mathbf{PM}'_{\mathcal{P}_R^{-1}}(b,:)}{\sqrt{\mathbf{PM}_{\mathcal{P}_L}(a,:)\mathbf{PM}'_{\mathcal{P}_R^{-1}}(b,:)}}
\tag{6.6}
$$

在式(6.6)中，标准化的 HeteSim 也表示源节点 a 和目标节点 b 到达中间节点获得的两个概率分布的余弦值。

6.1.4 平均相似度量

Song[106]等人对计算非对称元路径的相似性度量进行了扩展，通过获取元路径 $\mathcal{P}$ 下的可达矩阵概率和反路径 $\mathcal{P}^{-1}$ 的可达矩阵概率计算平均值得到，如下公式所示：

$$
\begin{aligned}
\text{AvgSim}(A_1,A_{l+1}|\mathcal{P})&=\frac{1}{2}\left[\mathbf{PM}(A_1,A_{l+1}|\mathcal{P})+\mathbf{PM}(A_1,A_{l+1}|\mathcal{P}^{-1})\right]\\
&=\frac{1}{2}\left[\mathbf{PM}_{\mathcal{P}}+\mathbf{PM}'_{\mathcal{P}^{-1}}\right]\\
&=\frac{1}{2}\left[\boldsymbol{U}_{A_1A_2}\boldsymbol{U}_{A_2A_3}\cdots\boldsymbol{U}_{A_lA_{l+1}}+\left(\boldsymbol{U}_{A_{l+1}A_l}\boldsymbol{U}_{A_lA_{l-1}}\cdots\boldsymbol{U}_{A_2A_1}\right)'\right]\\
&=\frac{1}{2}\left[\boldsymbol{U}_{A_1A_2}\boldsymbol{U}_{A_2A_3}\cdots\boldsymbol{U}_{A_lA_{l+1}}+\boldsymbol{V}_{A_1A_2}\boldsymbol{V}_{A_2A_3}\cdots\boldsymbol{V}_{A_lA_{l+1}}\right]
\end{aligned}
\tag{6.7}
$$

在计算两节点之间的相似性关系时，通常使用最具有意义的元路径，使用网络中的邻接矩阵计算时，如果矩阵维度过大，也会考虑稀疏矩阵相关的优化工作，将常规的特征矩阵转化为稀疏矩阵的方式来进行计算。

6.2　异质网络相关理论

1. 元路径上的随机游走

随机游走(Random Walk)是一种经典的图分析模型，它在网络中不断重复地随机选择游走路径并对节点进行采样，并描述节点之间的接近程度。随着网络中局部点和边的演化，随机游走得到的序列不仅能很好地描述局部结构信息，并且可以适应网络中局部的变化，通过更新游走序列来提高学习效率，因此在网络分析任务中被广泛使用。在网络中，随机游走从指定的节点开始，以相同的概率游走到相邻的节点，最后得到包含所有遍历过的节点序列信息。DeepWalk 算法利用了图上的随机游走得到节点序列，并借鉴了词嵌入的思想，将词向量分析的单词序列对应于网络中的节点序列，解决了嵌入向量稀疏问题和缺乏关联性的缺点。

skip-gram 模型是词嵌入用于预测上下文单词序列的一种语言模型，按照词向量的方法，DeepWalk 将得到的节点序列使用 skip-gram 模型进行训练，如图 6-5 为 skip-gram 的模型结构。

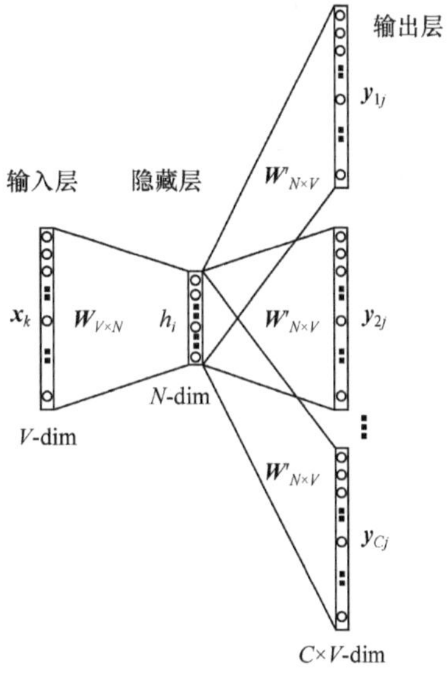

图 6-5　skip-gram 模型结构

首先，skip-gram 在输入层接收一个 ont-hot 编码的向量 $\boldsymbol{x}_k \in \boldsymbol{R}^{1\times V}$，用来存储当前句子的中心词，隐藏层中的参数向量 $\boldsymbol{W} \in \boldsymbol{R}^{V\times N}$ 乘以向量 $\boldsymbol{x}_k$ 得到隐藏层的输出结果 $\boldsymbol{h}_i$，最后在输出层中将 $\boldsymbol{h}_i$ 乘以参数向量 $\boldsymbol{W}' \in \boldsymbol{R}^{N\times V}$ 后再经过 softmax 变换得到了最后的上下文预测结果 $\boldsymbol{y} \in \boldsymbol{R}^{1\times V}$。

与同质网络上的随机游走不同的是，异质网络中包含不同类型的节点和边从而在游走过程中不能按照相同的概率来进行移动，通常采用基于元路径的游走方式来获取网络中的节点序列。Metapath2vec 是经典的异质网络基于元路径随机游走的表示学习方法，它基于元路径的随机游走生成节点序列然后使用 skip-gram 模型完成节点嵌入。Metapath2vec 不仅可以捕获不同类型数据的潜在信息和复杂关系，同样针对复杂网络模型的表示学习也有较好的效果。在异质网络 $G=(V,E)$ 中，Metapath2vec

在元路径上的随机游走可以表示为：指定元路径模式 $P = V_1 \xrightarrow{R_1} V_2 \xrightarrow{R_2} \cdots V_t \xrightarrow{R_t} V_{t+1} \cdots \xrightarrow{R_l} V_{l+1}$，每一步的游走概率为：

$$p\left(v^{i+1} \mid v_t^i, P\right) = \begin{cases} \dfrac{1}{\left|N_{t+1}\left(v_t^i\right)\right|}, & \left(v^{i+1}, v_t^i\right) \in E, \phi(v^{i+1}) = t+1 \\ 0, & \left(v^{i+1}, v_t^i\right) \in E, \phi(v^{i+1}) \neq t+1 \\ 0, & \left(v^{i+1}, v_t^i\right) \in E \end{cases} \tag{6.8}$$

其中，$v_t^i \in V_t$ 表示在第 i 步类型为 t 的节点，$N_{t+1}(v_t^i)$ 表示节点 v_t^i 的 V_{t+1} 类型的邻居节点，而转移概率则为该种类型节点数量的倒数。节点要进行随机游走只向类型相同的下一个节点进行移动，且这样的移动概率为该类型节点数量的倒数。最后，如果在对称元路径上进行随机游走，即节点 V_1 的类型和 V_l 的类型相同，存在如下性质：

$$p\left(v^{i+1} \mid v_t^i\right) = p, \text{if } \mathrm{t} = l \tag{6.9}$$

Metapath2vec 在为每个顶点构建领域时，通过 meta-path 来指导随机游走过程向指定类型的顶点进行有偏游走。但是在 softmax 环节中，并没有顶点的类型，而是将所有的顶点认为是同一种类型的顶点。于是在 Metapath2vec++中，softmax 函数根据不同类型的节点上下文 c_t 进行归一化，也就是说，$p(c_t \mid v;\theta)$ 根据固定类型的定点进行调整。即：

$$p(c_t \mid v;\theta) = \frac{e^{X_{c_t} \cdot X_v}}{\sum_{u_t \in V_t} e^{X_{c_t} \cdot X_v}} \tag{6.10}$$

其中，V_t 表示 t 类型节点的集合。在这种情况下 Metapath2vec++为 skip-gram 模型的输出层中的每种类型的领域指定了一个多项式分布的集合。而 DeepWalk，Metapath2vec 和 node2vec 中，skip-gram 输出多项式分布的维度等于整个网络中顶点的数目，然而对于 Metapath2vec++的 skip-gram，其针对特定类型的输出多项式的维度取决于网络中当前类型顶点的数目。其优化目标函数为：

$$O(X) = \log\sigma\left(X_{c_t} \cdot X_v\right) + \sum_{m=1}^{M} \mathbb{E}_{u_t^m \sim P_t(u_t)}\left[\log\sigma\left(-X_{u_t^m} \cdot X_v\right)\right] \tag{6.11}$$

最后通过随机梯度下降算法进行反向传播优化参数，更新 skip-gram 中的参数。

2. 图神经网络

深度学习作为当前模式识别和数据挖掘等任务应用最广泛的模型之一，它对数据的特征提取[106]和建模分析都有着较好的性能。最近几年受到卷积神经网络、循环神经网络和自编码码器[107]等深度神经网络的影响与启发，越来越多的学者开始关注如何将深度神经网络模型引入到图这样的数据结构的分析任务中。图神经网络的理论最早是由 Scarselli[108]等人提出的，为了像神经网络一样解决图这种非线性结构的数据，早期的应用场景主要关注于分子结构这样的图论问题。但实际上诸如图像、词向量序列和信号等常见场景都可以转化成图结构，然后通过图神经网络来处理其中的数据分析任务。如图 6-6 为常见的分子结构以及将分子结构用图数据表示的结果[109]。

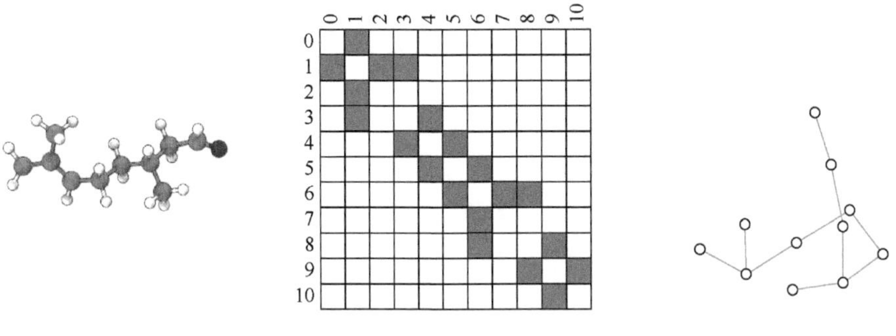

(a) 分子结构图　(b) 分子中键的邻接矩阵　(c) 分子的图形表示

图 6-6　将分子结构用图数据表示

传统的卷积神经网络在提取图像上的特征和信息时，需要用到卷积核将中心像素和周围像素特征的加权平均和来更新中心像素特征，然后平滑过每个卷积核窗口更新整个图像的特征，得到的最后特征图大小正好为卷积核窗口大小。最后对卷积核的参数进行优化学习，得到最优的卷积核参数，经过这样操作之后再通过全连接层对图像进行分类识别任务或者图像分割任务。图神经网络经过类比，将中心节点以及周围邻居节点特征经过加权平均或者其他池化操作来聚合周围邻居信息，这就是一般意义上的图卷积操作，类似于图 6-7 将图像的卷积操作引申到图结构的卷积操作。

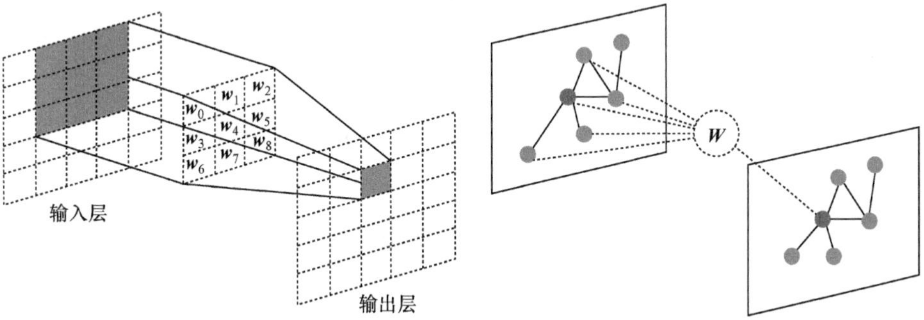

图 6-7　图像和图的卷积操作

于是 Kipf 等人在 2017 年提出了图卷积神经网络，解决了卷积操作在图数据上的应用问题。首先 GCN 直接在图上操作的神经网络模型引入了一种简单且性能良好的分层传播规则，并展示了如何从谱图卷积的一阶近似中优化该规则。其次它基于这种形式，对图神经网络模型应用于图中节点的快速且可扩展的半监督分类任务，定义公式如下所示：

$$\boldsymbol{H}^{(l+1)}=\sigma\left(\tilde{\boldsymbol{D}}^{-\frac{1}{2}}\tilde{\boldsymbol{A}}\tilde{\boldsymbol{D}}^{-\frac{1}{2}}\boldsymbol{H}^{(l)}\boldsymbol{W}^{(l)}\right) \tag{6.12}$$

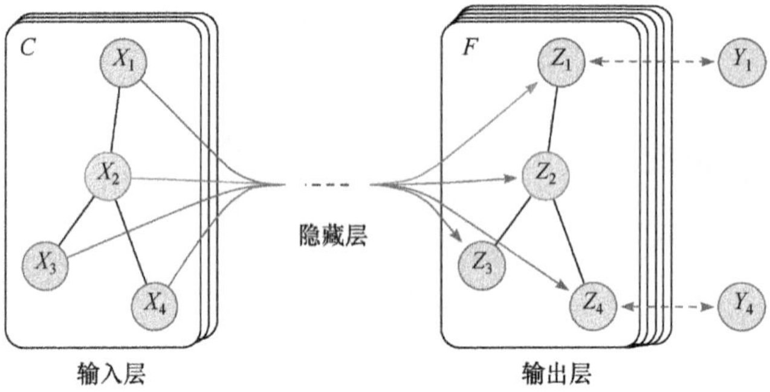

图 6-8　图卷积神经网络结构图

其中，$\tilde{\boldsymbol{A}}=\boldsymbol{A}+\boldsymbol{I}_N$ 表示带有自连接的无向图 G 的邻接矩阵，$\boldsymbol{I}_N$ 表示单位矩阵，σ 表示一种激活函数，$\boldsymbol{W}$ 表示可学习的参数矩阵。层与层之间通过这样的加权平均来进行传递，每一层经过激活函数得到的输出作为下一层网络的输入。类似于神经网络中的卷积核，这里的卷积传播规则可以类似于信号处理中的滤波器(Filter)[110]组件。一个图卷积神经网络包含输入层、隐藏层和输出层，输入层中有 C 个输入通道，输出层中有 F 个特征图。也就是说，将节点特征 X 输入到图卷积神经网络中经过隐藏层之后得到节点特征为 Z 的输出。如图 6-8 所示。

式(6.12)是表示双层图卷积神经网络，然后使用 ReLU 函数和 softmax 函数作为两层神经网络的激活函数。由于神经网络的输入是节点的邻接矩阵 A，对于每一层的计算邻接矩阵的维度是不变的，于是每一层网络可以共享参数 A。双层图卷积神经网络对节点的特征计算公式为：

$$\boldsymbol{Z}=f(\boldsymbol{X},\boldsymbol{A})=\mathrm{softmax}(\tilde{\boldsymbol{A}}\mathrm{ReLU}(\tilde{\boldsymbol{A}}\boldsymbol{X}\boldsymbol{W}^{(0)})\boldsymbol{W}^{(1)}) \tag{6.13}$$

其中 softmax 函数定义为：

$$\mathrm{softmax}(x_i)=\frac{\exp(x_i)}{\sum_i \exp(x_i)} \tag{6.14}$$

ReLU 函数定义为：

$$\mathrm{ReLU}(x)=\max[0, x] \tag{6.15}$$

对于半监督多分类任务中，使用梯度下降训练神经网络更新网络层中 $\boldsymbol{W}^{(0)}$ 和 $\boldsymbol{W}^{(1)}$ 参数，其使用的损失函数为：

$$L=-\sum_{l\in\mathcal{Y}_L}\sum_{f=1}^{F}Y_{\mathrm{lf}}\ln Z_{\mathrm{lf}} \tag{6.16}$$

图 6-9 为 Karate 网络数据的可视化结果，并且经过随机初始化的 GCN 进行特征提取得到的节点表示结果。

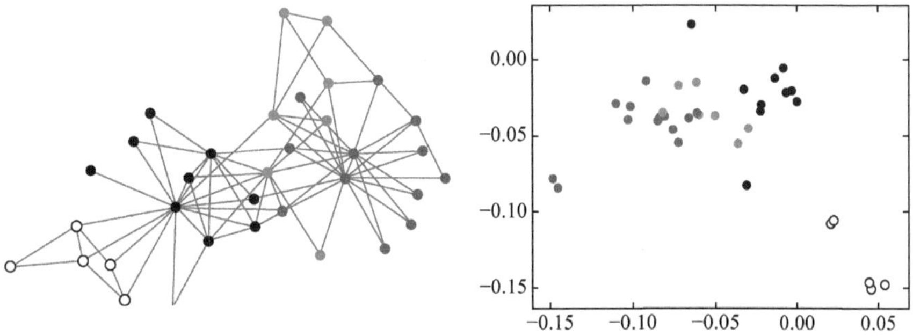

图 6-9　Karate 数据集的可视化和节点表示结果

上述的卷积是基于谱域的拉普拉斯矩阵和傅里叶变换的操作，并且相对于传统的图嵌入方法具有更好的准确性和效率。图卷积网络是神经网络在图结构数据上的一个重要应用，也为处理大型图结构数据提供了一种有效工具。Pater 基于空间域的图卷积网络提出了图注意力网络(GAT)，它是在图卷积网络的基础上引入了注意力机制[111]。图注意力机制的核心思想在于对不同邻居节点分配不同的权重并进行邻居聚合，被分配权重较大的节点在聚合操作上会保留更多的信息，分配权重较小的节点说明它的影响力更小。同时，GAT 不仅对邻居噪声具有更好的鲁棒性，而且也对模型提供了较好的可解释性。

首先，GAT 对于节点对 (i, j) 之间的注意力系数 e_{ij} 有如下计算公式：

$$e_{ij}=a(\boldsymbol{W}\vec{\boldsymbol{h}}_i,\boldsymbol{W}\vec{\boldsymbol{h}}_j) \tag{6.17}$$

其中，$\vec{\boldsymbol{h}}_i$ 和 $\vec{\boldsymbol{h}}_j$ 分别是节点 i 和 j 的特征向量，$\boldsymbol{W}$ 是一个可学习的参数矩阵用于节点进行线性变换，它代表了输入特征和输出特征之间的维度关系。注意力系数表示不同的邻居节点对中心节点的影响程度，通过计算每个邻居节点对中心节点的影响，得到的注意力系数使用 softmax 函数进行归一化得到最终的注意力系数的表示：

$$\alpha_{ij}=\mathrm{softmax}_{\mathrm{j}}(e_{ij})=\frac{\exp(e_{ij})}{\sum_{k\in N_i}\exp(e_{ij})} \tag{6.18}$$

α_{ij} 为邻居节点 j 对中心节点 i 的注意力系数,其计算过程可以用图 6-10 来表示。

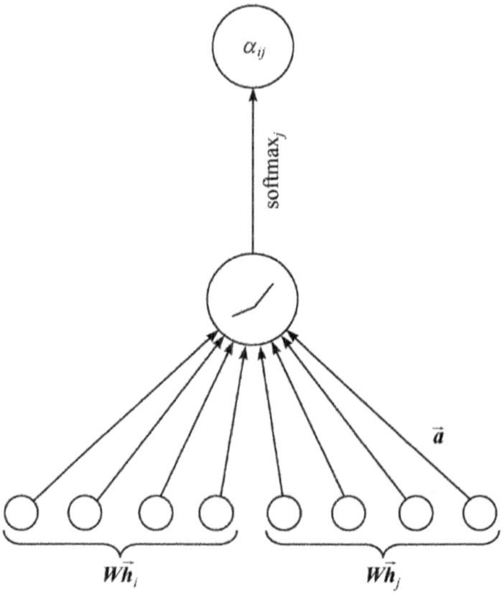

图 6-10　注意力系数计算过程

最后 GAT 在计算注意力系数的过程中，将节点 i 和 j 的向量进行了拼接，并通过 LeakyReLU 函数映射为标量，其计算公式如下所示：

$$\alpha_{ij}=\frac{\exp(\text{LeakyReLU}(\vec{\boldsymbol{a}}^{\top}[\boldsymbol{W}\vec{\boldsymbol{h}}_i \,\|\, \boldsymbol{W}\vec{\boldsymbol{h}}_j]))}{\sum_{k\in N_i}\exp(\text{LeakyReLU}(\vec{\boldsymbol{a}}^{\top}[\boldsymbol{W}\vec{\boldsymbol{h}}_i \,\|\, \boldsymbol{W}\vec{\boldsymbol{h}}_j]))} \tag{6.19}$$

其中，$\vec{\boldsymbol{a}}^{\top}$ 用于注意力权重的计算，$\|$表示拼接操作。得到节点之间的注意力系数之后，将邻居节点特征进行聚合得到更新后的中心节点特征向量，输出的特征结果为：

$$\vec{\boldsymbol{h}}_i'=\sigma\left(\frac{1}{K}\sum_{k=1}^{K}\sum_{j\in N_i}\alpha_{ij}^{k}\boldsymbol{W}^{k}\vec{\boldsymbol{h}}_j\right) \tag{6.20}$$

其中，$\sigma(\cdot)$ 表示激活函数，$\vec{\boldsymbol{h}}_i'$ 表示经过 GAT 输出的每个节点 i 的新特征(融合了邻居节点信息)，$\boldsymbol{W}$ 为可学习的参数矩阵用于矩阵维度变换，N_i 是节点 i 的邻居节点聚合。

在图注意力网络中，为了增加网络模型的健壮性，进一步提出了多头注意力机制，如图 6-11 所示，使用多层传播得到节点的最终更新结果。

3. 异质网络表示学习

异质网络中不同类型的节点和链接带来了不同的图形结构和丰富的属性(即异构性)，为了使网络表示学习捕获异质结构和丰富属性，需要考虑其中的不同方面的信息，包括网络结构、属性和特定的应用标签等[112,113]。首先要考虑的是网

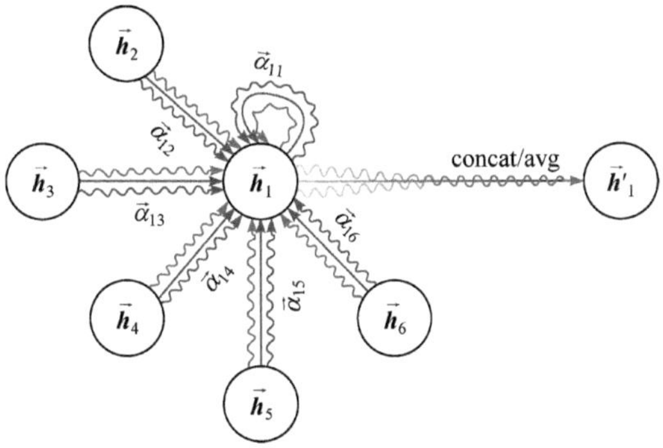

图 6-11　多头图注意力机制的计算过程

络结构中的元结构，这一范畴的方法主要关注于捕获和保存异构结构和语义。其次基于辅助信息的异质网络表示学习可将更多结构以外的信息(如节点和连接边属性)融入全局信息或节点信息中，可以更好地利用节点邻域信息。最后，表示学习在动态图中的应用，即动态异质网络的表示学习，其目的是捕获异质网络的演化，并在节点中保留时间信息。

(1) 保留结构信息的异质网络表示学习

网络表示学习的一个基本要求是正确地保存网络结构，例如二阶结构、高阶结构和社区结构等，而异质网络表示学习不仅要考虑到网络的结构信息，同时也要考虑网络的异质性，从网络的结构学习语义信息。通常元结构可以很好地描述复杂的语义信息和高阶关系，基于元路径引导的随机游走方式生成节点序列可以获取丰富语义信息，保留节点序列信息来获取一阶和高阶相似度。HIN2vec 通过联合多个关系预测任务，学习节点和元路径的嵌入情况，它通过指定元路径形式对整个网络结构中丰富的信息进行编码，区分节点之间的不同关系，保留了更多的上下文信息，如图 6-12 所示。

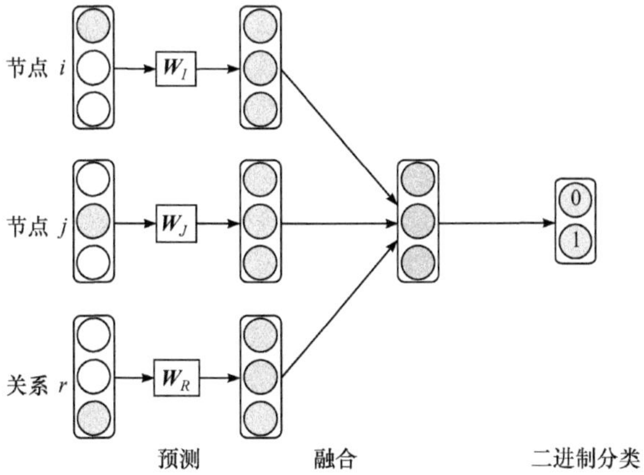

图 6-12　HIN2vec 模型框架

HIN2vec 是通过参数矩阵 $\boldsymbol{W}_I$，$\boldsymbol{W}_J$ 和 $\boldsymbol{W}_R$ 将节点 i，j 和关系向量 r 的 one-hot 编码的向量投影为稠密向量，然后将这三个向量用神经网络进行融合，预测节点 i 和 j 是否通过关系 r 连接。HIN2vec 的目的是预测两个节点是否通过元路径连接，可以将其视为一个多标签分类任务。在给定两个节点 i 和 j 时，可以使用如下函数计算它们在关系 r 下的相似度：

$$S_r(v_i,v_j)=\sigma(\Sigma \boldsymbol{W}_I\vec{i}\odot \boldsymbol{W}_J\vec{j}\odot f_{01}(\boldsymbol{W}_R\vec{r})) \tag{6.21}$$

其中，$\vec{i}$，$\vec{j}$，$\vec{r}\in\mathbb{R}^{N\times 1}$ 分别表示节点和关系的 ont-hot 编码向量，$\boldsymbol{W}_I$，$\boldsymbol{W}_J$，$\boldsymbol{W}_R\in \boldsymbol{R}^{d\times N}$ 为映射参数矩阵，$f_{01}(\cdot)$ 表示正则化函数，将嵌入向量限制在 0～1 之间。损失函数为二元交叉熵函数：

$$E_{ij}^r\log S_r(v_i,v_j)+[1-E_{ij}^r]\log[1-S_r(v_i,v_j)] \tag{6.22}$$

其中，E_{ij}^r 表示节点 i 和 j 在关系 r 上正向连接的集合。在通过损失函数优化参数后，HIN2vec 可以学习节点和关系(元路径)的嵌入。此外，在关系集 $\boldsymbol{R}$ 中，不仅包含一阶结构，还包含高阶结构从而可以获取不同的语义信息。HIN2vec 在元路径基础上进行随机游走，同时获取节点的高阶关系和不同的语义信息，增强了节点嵌入的表达能力。

元图[114]比元路径有更好的连通性，可以更好地获取复杂的结构信息和语义信息，从而提升链路预测能力。元图可以定义为一个有向无环图，只包含一个起始节点和一个终止节点，起始节点的入度为 0，终止节点的出度为 0。具体的，$M=(V_M,E_M)$，其中 V_M 为元图中的节点集合，E_M 表示元图中的边集合。存在映射关系对于节点 $v\in V_M$，有 $\phi(v)=A$，对于边 $e\in E_M$，有 $\varphi(e)=\boldsymbol{R}$。如图 6-13 和图 6-14 为计算机类英文文献数据(DBLP)中的两种元路径和元路径组成的元图。

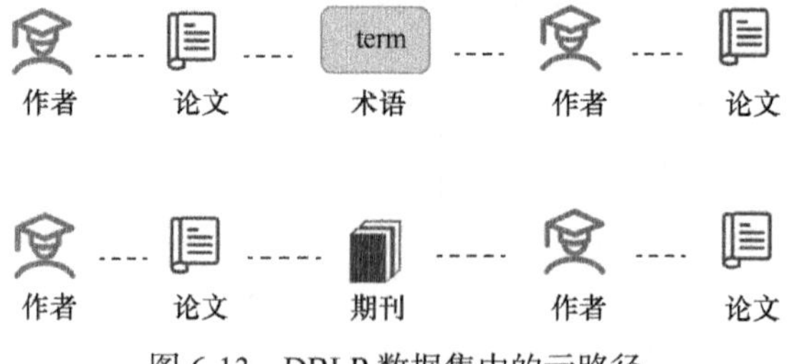

图 6-13　DBLP 数据集中的元路径

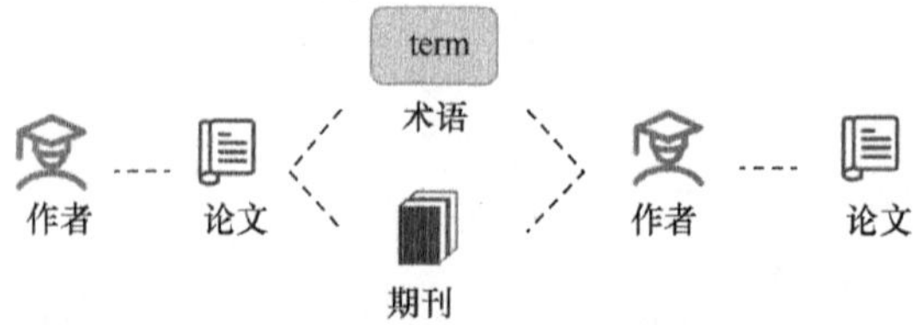

图 6-14　DBLP 中由元路径组成的元图

由此可见，相比于元路径，元图包含了起始节点和终止节点之间丰富的信息，同时元路径也可以看作元图的一种特殊情况。

Zhang [115]使用元图来指导随机游走生成异质节点序列，可以捕获节点间丰富的结构信息和高阶相似性。mg2vec 通过枚举元图，然后保留节点和元图之间的邻近关系，其相似度可以计算为：

$$P(M_i \mid v) = \frac{\exp(\boldsymbol{M}_i \cdot \boldsymbol{h}_v)}{\sum_{M_j \in \mathcal{M}} \exp(\boldsymbol{M}_i \cdot \boldsymbol{h}_v)} \tag{6.23}$$

其中，$\boldsymbol{M}_i$ 表示元图 i 的嵌入向量，$\mathcal{M}$ 表示元图集合。$P(\boldsymbol{M}_i \mid v)$ 表示节点与元图之间一阶关系，计算二阶关系如下：

$$P(\boldsymbol{M}_i \mid u,v) \frac{\exp(\boldsymbol{M}_i \cdot f(\boldsymbol{h}_u,\boldsymbol{h}_v))}{\sum_{M_j \in \mathcal{M}} \exp(\boldsymbol{M}_i \cdot f(\boldsymbol{h}_u,\boldsymbol{h}_v))} \tag{6.24}$$

通常保留结构的异质网络表示学习方法主要使用的是浅层模型，虽然具有很好的并行性且可以通过负采样[116]提升训练速度，但是随着元结构越来越复杂，伴随的计算量也越来越大，同样浅层模型为了保存大量的参数会更加消耗内存。

(2) 深层模型的异质网络表示学习

基于深层模型的异质网络大多采用搭建深度神经网络的方式，从端到端对异质网络中的节点和边信息进行表示学习，同时也为下游任务如节点分类、聚类、社区划分，链路预测等任务提供更精确、更高效的向量输入。在深层网络模型中可以将异质网络中的节点信息和语义信息分层学习，同时学习到节点级别的注意值和语义级别的注意值。HAN 模型受到了图注意力机制的启发，使用层次注意力机制来获取异质网络中的节点和语义信息。HAN 模型分为三个部分：节点级注意力层，用来学习目标节点的邻居特征的重要性；语义级注意力层，用来学习不同元路径之间的重要性；预测层，用来反向传播减小损失，优化权重参数。其模型框架图如图 6-15 所示。

在节点级注意力中，HAN 首先将异质网络中不同特征维度的节点向量投影到相同空间中，利用投影关系 $\boldsymbol{h}_i' = M_{\phi_i} \cdot \boldsymbol{h}_i$ 转化后，节点级注意力可以处理不同类型的节点。然后在给定元路径Φ连接的节点对 (i, j) 基于节点间注意力计算邻居的重要信系数 $e_{i,j}^{\Phi}$ 为：

$$e_{i,j}^{\Phi} = \text{att}_{\text{node}}(\boldsymbol{h}_i', \boldsymbol{h}_j'; \Phi) \tag{6.25}$$

其中，att_{node} 表示深层网络模型的节点级注意力，与图注意力机制相同归一化之后的目标节点邻居的重要性系数为：

$$\alpha_{ij}^{\Phi} = \text{softmax}_j(e_{ij}^{\Phi}) \frac{\exp(\sigma(\boldsymbol{\alpha}_{\Phi}^{\top} \cdot [\boldsymbol{h}_i' \parallel \boldsymbol{h}_j']))}{\sum_{k \in \mathcal{N}_i^{\Phi}} \exp(\sigma(\boldsymbol{\alpha}_{\Phi}^{\top} \cdot [\boldsymbol{h}_i' \parallel \boldsymbol{h}_k']))} \tag{6.26}$$

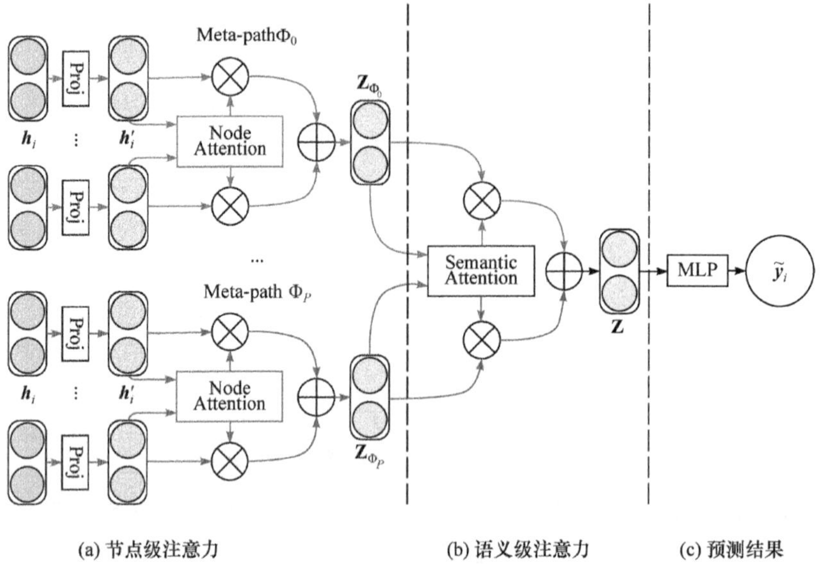

图 6-15 HAN 模型框架示意图

其中，$\mathcal{N}_i^{\Phi}$ 表示节点 i 在元路径Φ的邻居集合，α_{ij}^{Φ} 表示邻居节点对 i 的权重值，$\boldsymbol{\alpha}_{\Phi}^{\top}$ 表示可学习的参数。最后节点层聚合邻居信息后的节点向量可以通过如下公式更新：

$$\mathbf{z}_i^{\Phi} = \sigma\left(\sum_{j \in \mathcal{N}_i^{\Phi}} \alpha_{ij}^{\Phi} \cdot \boldsymbol{h}'_j\right) \tag{6.27}$$

节点级注意力层将异质网络输入节点向量更新后，根据不同元路径设计语义级注意力层来获取不同语义信息。由于不同元路径可以获取异质网络中的不同语义信息，在语义级注意力层来计算不同元路径的重要性系数。在异质网络中的一组元路径 $\{\Phi_1, \Phi_2, \cdots, \Phi_P\}$ 以及节点级注意力层中的嵌入向量 $\{Z_{\Phi_1}, Z_{\Phi_2}, \cdots, Z_{\Phi_P}\}$，HAN 计算语义级注意力系数为：

$$w_{\Phi_p} = \frac{1}{|\mathcal{V}|}\sum_{i \in \mathcal{V}} \boldsymbol{q}^{\top} \cdot \tanh\left(\boldsymbol{W} \cdot \mathbf{z}_i^{\Phi_p} + \boldsymbol{b}\right) \tag{6.28}$$

其中，$\boldsymbol{W} \in \boldsymbol{R}^{d' \times d}$，$\boldsymbol{b} \in \boldsymbol{R}^{d' \times 1}$ 表示语义级注意力层中的参数矩阵和偏置量，可通过反向传播优化算法学习。$\boldsymbol{q} \in \boldsymbol{R}^{d' \times 1}$ 表示语义层注意力向量。最后使用 softmax 函数对所有元路径的重要性进行归一化并融合节点向量得到最终的节点嵌入为：

$$Z = \sum_{p=1}^{P} \beta_{\Phi_p} \cdot \mathbf{Z}_{\Phi_p} \tag{6.29}$$

其中，β_{Φ_p} 表示归一化的 w_{Φ_p}，表示不同元路径的重要性。$\mathbf{Z} \in \boldsymbol{R}^{N \times d}$ 表示最终的

节点嵌入向量。HAN 模型设计了节点级和语义级注意力的深层异质网络模型，可以同时充分考虑到异质网络中的节点信息和语义信息，对学习节点间潜在的关系具有很好的解释性。

为了获取元路径之间的节点的信息，MAGNN 获取元路径的语义信息时，同时考虑了路径两端信息和路径间节点信息，它包含了元路径内聚合层和元路径间聚合层两部分，在元路径内聚合使用注意力层来学习不同节点之间的重要性，如下所示：

$$\boldsymbol{h}_{P(v,u)} = f_\theta(P(v,u)) = f_\theta(\boldsymbol{h}'_v, \boldsymbol{h}'_u\{\boldsymbol{h}'_t, \forall t \in \{m^{P(v,u)}\}\}) \tag{6.30}$$

元路径内聚合层使用特殊的编码器将路径上的所有节点向量转换为单个向量，从而学习目标节点中的结构信息和语义信息、基于元路径的邻居以及它们之间的上下文。其中 $f_\theta(\cdot)$ 表示节点特征编码器，对于编码器的选择有如下几种：

1) 均值编码器，计算沿着元路径的节点特征向量的均值。

$$\boldsymbol{h}_{P(v,u)} = \mathrm{MEAN}(\boldsymbol{h}'_t, \forall t \in \{m^{P(v,u)}\}) \tag{6.31}$$

2) 线性编码器，在均值编码器的基础上增加了一个线性变换。

$$\boldsymbol{h}_{P(v,u)} = \boldsymbol{W}_P \mathrm{MEAN}(\boldsymbol{h}'_t, \forall t \in \{m^{P(v,u)}\}) \tag{6.32}$$

3) 关系旋转编码器。该方法是由 Hamilton 等人[117]提出，保留了元路径的顺序结构信息。给定两节点 v 和 u 之间的一条路径 $P(v,u) = (t_0, t_1, \cdots, t_n)$ 时，$t_0 = v$，$t_n = u$，设 R_i 为节点 t_{i-1} 与节点 t_t 之间的关系，r_i 为 R_i 的关系向量，关系旋转编码器可以表示为：

$$\begin{aligned} \mathbf{o}_0 &= \boldsymbol{h}'_{t_0} = \boldsymbol{h}'_u, \\ \mathbf{o}_i &= \boldsymbol{h}'_{t_i} + \mathbf{o}_{i-1} \odot \boldsymbol{r}_i, \\ \boldsymbol{h}_{P(v,u)} &= \frac{\mathbf{o}_n}{n+1} \end{aligned} \tag{6.33}$$

其中，$\boldsymbol{h}'_{t_0}$ 和 $\boldsymbol{r}_i$ 为复杂向量，$\odot$ 为逐元素相乘。最终可将 d' 维的真实向量 $\left(\boldsymbol{h}_{P(v,u)}\right)$ 表示为一个复杂向量，其中前 $\frac{d'}{2}$ 维为真实部分，后 $\frac{d'}{2}$ 维为虚构部分。MAGNN 从两个相邻节点和它们之间的元路径上下文捕获异质网络中结构信息和语义信息，然后在元路径间使用注意力机制聚合潜在向量得到最终的节点嵌入。

4. 动态异质网络的表示学习

之前提到的异质网络大多都是静态网络，但是由于真实世界中的网络是随着时间不断变化的，这对于同时进行异质网络信息和动态信息的演化具有较大的挑战。动态网络通常可以用静态网络中的快照有序列表来描述，由于网络结构随着时间推移而演化，处于快照序列中的节点和边可能发生了变化，在动态异质网络中不仅要获取静态网络中的快照序列，同时也要学习快照序列之间的演化模式。DyHATR 引入分层注意机制通过不同时间戳中的节点变化来获取时间信息，它包含节点级注意力和边缘级注意力捕获静态网络中的快照序列信息。图 6-16 为 DyHATR 的模型图，该方法由两部分组成：首先，通过融合相邻节点的属性，设计层次注意机制来学习节点嵌入；然后，利用一种具有自注意机制的 RNN 来捕获时间信息。

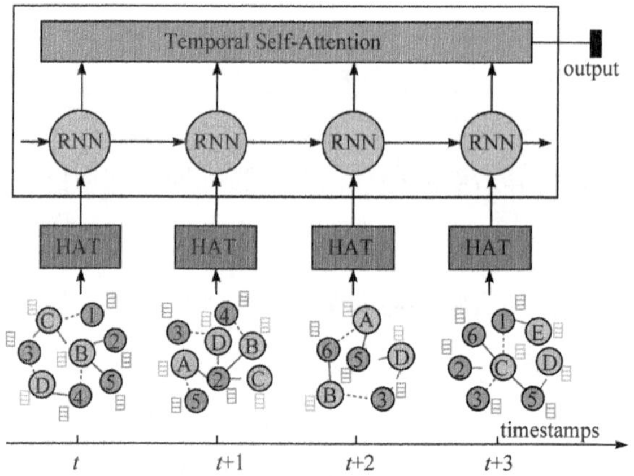

图 6-16　DyHATR 模型图

6.3　元路径与属性融合的异质信息网络表示学习方法

6.3.1　元路径与属性融合的异质信息网络表示学习模型

1. 节点特征转换

在处理与节点属性相关的异质信息网络时，面对不同类型的节点特征向量需要将其转换为相同维度的特征向量,从而便于不同类型节点之间的属性融合操作，获取更丰富的语义信息。例如在引文网络中的论文节点和作者节点，它们分别具有不同维度的特征向量，需要用不同的特征空间表示。为了便于后续不同类型节点间的操作，首先需要将节点特征向量投射到相同的潜向量空间。

在 HMAF 模型中输入的是节点特征信息和异质信息网络邻接矩阵信息。节点特征向量可以表示为 $\boldsymbol{h}=\{\boldsymbol{h}_1,\boldsymbol{h}_2,\cdots,\boldsymbol{h}_N\},\boldsymbol{h}_i\in R_{N\times M}$ 。其中不同类型节点有着不同的特征维度数 M 和节点个数 N。然后，通过设计节点特征维度转换层，可以将不同维度的特征向量经过特定类型的线性变化投影到相同维度的潜向量空间，对于节

点类型为 $a \in A$ 的节点 $v \in V_A$ 有：

$$\boldsymbol{h}'_v = \boldsymbol{W}_A \cdot \boldsymbol{h}_v^A \tag{6.34}$$

其中，$\boldsymbol{h}_v^A$ 是节点的原始特征向量，$\boldsymbol{W}_A$ 是特定线性转换的参数权重矩阵，$\boldsymbol{h}'_v$ 是经过线性投影得到的节点特征向量。输出结果为 $\boldsymbol{h}'_v = \{\boldsymbol{h}'_1, \boldsymbol{h}'_2, \cdots, \boldsymbol{h}'_N\}$。

不同维度的节点向量经过 HMAF 中的节点特征转换层之后可以转换到相同维度的潜向量空间，具有相同维度的节点特征向量可以在后续节点属性聚合上进行更方便的操作。

2. 目标节点和邻居节点的属性融合

由前文所述节点特征转换得到了不同类型节点的相同维度的节点向量，可以将目标节点和异质信息网络中的邻居节点进行属性融合得到新的节点向量表示，属性融合过程可以获取到异质信息网络中潜在的语义信息和结构信息。我们只选取目标节点的一阶近邻来作为邻居节点，其中目标节点 v 和邻居节点集 $u \in U$，需要使用一种注意机制来计算目标节点和邻居节点的注意力系数从而来进行属性融合过程。定义 $(\boldsymbol{h}'_v, \boldsymbol{h}'_u)$ 为目标节点和邻居节点的节点对，定义 $e_{v,u}$ 为目标节点和一阶近邻的邻居节点之间的权重系数，有：

$$e_{v,u} = \boldsymbol{a}(\boldsymbol{W}\boldsymbol{h}'_v, \boldsymbol{W}\boldsymbol{h}'_u) \tag{6.35}$$

其中，$\boldsymbol{h}'_v$ 和 $\boldsymbol{h}'_u$ 表示经过节点特征转换后的目标节点和邻居节点特征向量，$\boldsymbol{W}$ 表示为可学习的权重矩阵参数，用于学习特征的线性变换。$\boldsymbol{a}$ 为可学习的线性权重向量参数，权重向量和权重矩阵乘积可以得到实数，即为目标节点和邻居节点间的权重系数。然后设计了 softmax 归一化函数对所有权重系数进行归一化计算：

$$a_{v,u} = \mathrm{softmax}(e_{v,u}) = \frac{\exp(\sigma(\boldsymbol{\alpha}^\top [\boldsymbol{W}\boldsymbol{h}'_v \,\|\, \boldsymbol{W}\boldsymbol{h}'_u]))}{\sum_{k \in U} \exp(\sigma(\boldsymbol{\alpha}^\top [\boldsymbol{W}\boldsymbol{h}'_v \,\|\, \boldsymbol{W}\boldsymbol{h}'_u]))} \tag{6.36}$$

$a_{v,u}$ 为归一化后的权重系数，其中 σ 表示激活函数，在所做的实验中此处激活函数设计为 ELU 非线性函数，参数(负输入斜率)设置为 0.2，用于前馈神经网络的传播。$\|$表示串联操作，$\boldsymbol{\alpha}^\top$ 为元路径下注意力系数，可通过前馈传播学习得到。在设计中，目标节点的邻居信息包含本身节点，这意味着在对目标节点和邻居节点的属性融合包含本身因素的影响，并且也体现出可以更好地获取目标节点在异质信息网络中的结构信息和语义信息。

最后经过相应的权重系数对目标节点特征向量进行聚合得到如下输出：$\hat{\boldsymbol{h}} = a_{v,u}\boldsymbol{h}'_v = a_{v,u}\{h'_1, h'_2, \cdots, h'_N\}$。

3. 元路径上的属性融合

根据异质信息网络的拓扑结构给定一组元路径 $\{P_1, P_2, \cdots, P_N\}$ 来提取语义信息

(n 为指定元路径数量)，基于元路径 P 进行随机游走得到同类型节点集作为该元路径下的同质网络 G^P，这意味着目标节点通过元路径 P 与其邻居相连，邻居节点都是同种类型的节点，最后给出同质网络中节点和其邻居的邻接矩阵 $\boldsymbol{M}^P$。元路径就是连接两个实体的一条特定的路径，对称元路径就是第一个节点和最后一个节点类型相同的路径。具体来说，基于元路径得到同质网络的方式是指定一组元路径来提取异质网络中不同的语义信息，在该条元路径下通过间接连接的节点即为同质网络中的邻居。如图 6-17 所示：在引文网络中，由于节点的异质性，可以通过节点类型来区分元路径类型，当元路径类型为(作者-论文-作者)时，对应元路径实例节点类型只能为作者类型、论文类型、作者类型的节点连接得到的路径实例。然后将路径实例两端类型相同的节点作为该目标节点的邻居节点从而构成类型相同的同质图网络。

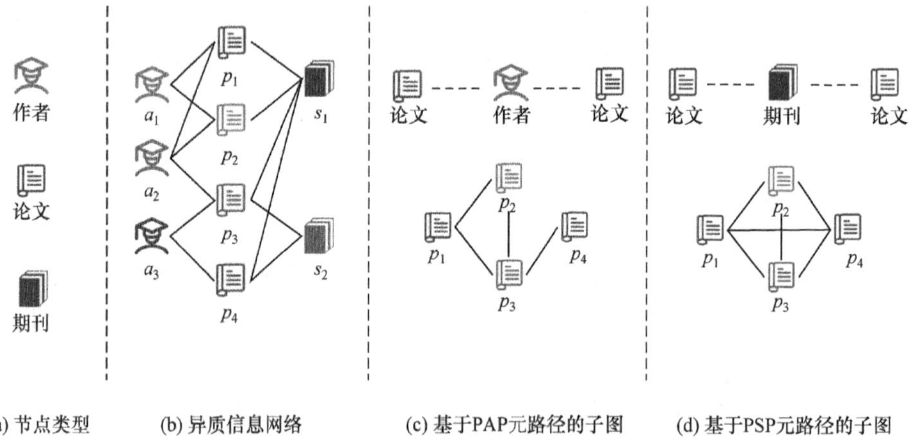

图 6-17　基于不同的元路径得到的网络结构

基于上述中的目标节点在异质网络拓扑结构中的位置和同质图 G^P，使用基于元路径的节点级注意力，在给定元路径 P 的情况下，对基于元路径 P 目标节点和邻居节点的节点对 $\left(\widehat{h_i},\widehat{h_j}\right)$ 设计了邻居节点 $\widehat{h_j}$ 对目标节点 $\widehat{h_i}$ 的重要程度。图 6-18 为基于不同元路径目标节点的邻居节点，基于元路径邻居节点对目标节点的重要性可以表示为：

$$\Phi_{i,j}^P = \mathrm{att}_{\mathrm{node}}^P\left(\widehat{h_i},\widehat{h_j}\right) \tag{6.37}$$

其中，$\mathrm{att}_{\mathrm{node}}^P$ 表示基于元路径 P 的节点级重要性系数，然后将节点本身也作为目标节点的邻居节点，$\left(\widehat{h_i},\widehat{h_j}\right)$ 为 6.2.2 节属性融合后的节点向量。在相同元路径下，所有节点共享 $\mathrm{att}_{\mathrm{node}}^P$ 重要性系数。获得了基于元路径的目标节点和邻居节点的重要性系数之后，目标节点基于元路径的节点嵌入可以表示为：

$$h_{\text{node}}^{P} = \sum_{j \in J} \text{softmax}\left(\Phi_{i,j}^{P}\right) \cdot \widehat{h_j} \tag{6.38}$$

$$\text{softmax}\left(\Phi_{i,j}^{P}\right) = \frac{\exp\left(\delta\left(\Phi_{i,j}^{P}\right)\right)}{\sum_{k \in J} \exp\left(\delta\left(\Phi_{i,j}^{P}\right)\right)} = \frac{\exp\left(\delta\left(\text{att}_{\text{node}}^{P}\left(\widehat{h_i}, \widehat{h_j}\right)\right)\right)}{\sum_{k \in J} \exp\left(\delta\left(\text{att}_{\text{node}}^{P}\left(\widehat{h_i}, \widehat{h_j}\right)\right)\right)} \tag{6.39}$$

其中，softmax 为归一化函数，基于元路径目标节点的节点嵌入为重要性系数乘以目标节点特征向量，δ 为激活函数，J 为目标节点的邻居节点，在式(6.6)中重要性系数都取决于节点的特征向量。经过如上计算可以得到基于一组元路径 $\{P_1, P_2, \cdots, P_N\}$ 的节点级节点嵌入 $\{h_{\text{node}}^{P_1}, h_{\text{node}}^{P_2}, \cdots, h_{\text{node}}^{P_N}\}$。这里的节点级嵌入使用自注意力方式，将注意力头数设置为 K，当注意力头数 K>1 时，有如下嵌入方式：

$$h_{\text{node}}^{P} = \overset{\ddot{K}}{\underset{k=1}{\|}} \sum_{j \in J} \text{softmax}\left(\Phi_{i,j}^{P}\right) \cdot \widehat{h_j} \tag{6.40}$$

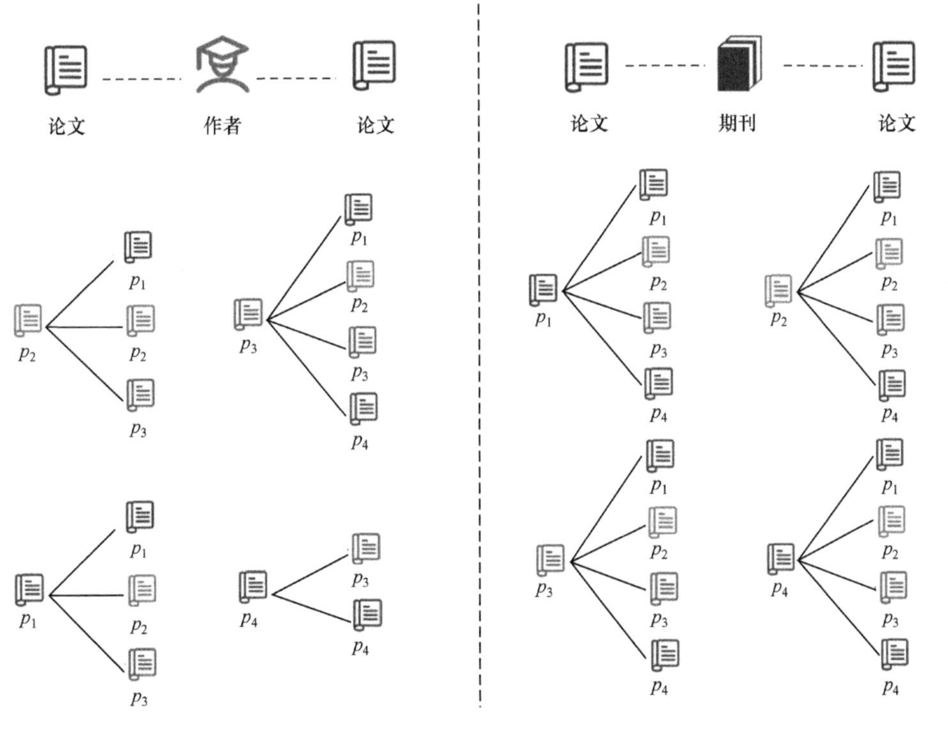

(a) 基于PAP元路径的邻居节点　　(b) 基于PSP元路径的邻居节点

图 6-18　基于不同元路径目标节点的邻居节点

最后根据不同的元路径去了解它们之间的重要性，设计了双层非线性变换(MLP)来进行不同语义的嵌入。设计双层非线性变换的目的是提高网络模型的复杂度，使模型的收敛速度更加稳定。基于元路径与属性融合的异质网络表示学习如算法 6-1 所示。

算法 6-1：基于元路径与属性融合的异质网络表示学习

输入：异质信息网络 $G\{V,E\}$，节点特征 $\boldsymbol{h}=\{\boldsymbol{h}_1,\boldsymbol{h}_2,\cdots,\boldsymbol{h}_N\}$，元路径集合 $\{P_1,P_2,\cdots,P_n\}$，节点类型 $A=\{A_1,A_2,\cdots,A_{|\lambda|}\}$。

输出：节点表最终表示 $\boldsymbol{Z}$。

1. **for** v in V **do** //对所有目标节点进行操作
2. 经过式(6.34)将目标节点和目标节点的邻居节点进行特征维度转换得到转换后的向量表示 $\boldsymbol{h}'_v,\boldsymbol{h}'_u$；
3. 经过式(6.35)、式(6.36)计算转换后的目标节点和邻居节点之间的权重系数并得到输出结果下输出：$\hat{\boldsymbol{h}}=a_{v,u}\boldsymbol{h}'_v=a_{v,u}\{\boldsymbol{h}'_1,\boldsymbol{h}'_2,\cdots,\boldsymbol{h}'_N\}$；
4. **end for**//终止循环
5. **for** $\{P_1,P_2,\cdots,P_n\}$ in P **do**
6.   **for** v in V **do**
7.   经过式(6.37)计算基于元路径 P_i 的邻居节点重要性 $\Phi_{i,j}^P$；
8.   经过式(6.38)目标节点基于元路径的节点嵌入 h_{node}^P；
9.   **if** 注意力头数 $K>1$ **do**
10.   式(6.40)计算嵌入方式
11.   **end for**//终止循环
12. **end for**//终止循环
13. 经过式(6.8)得到每一条元路径的重要性 Ψ_P；
14. 经过式(6.9)得到最终的目标节点表示向量 $\boldsymbol{Z}_v$；
15. **return** $\boldsymbol{Z}_v$，$v\in V$ //返回目标节点向量

在每一个元路径上的所有目标节点的语义级重要性做均值处理，因为在指定元路径下目标节点对不同元路径的语义信息不存在影响因素。首先第一层使用 tanh 函数，第二层使用了 LeakyReLU 函数，增设了不同的权重矩阵 $\boldsymbol{W}_1,\boldsymbol{W}_2$ 和同一个偏移量 b，于是就有每个元路径的重要性表达，如下所示：

$$\Psi_P=\frac{1}{|V|}\sum_{(v\in V)}\boldsymbol{q}^{\top}\cdot\text{LeakyReLU}(\boldsymbol{W}_1\cdot\tanh(\boldsymbol{W}_2h_{\text{node}}^P)+b) \tag{6.41}$$

其中，$\boldsymbol{q}^{\top}$ 为不同元路径的语义级向量，可通过前馈神经网络学习得到，$|V|$ 为元路径上的目标节点数量。最后在不同元路径上进行归一化处理，经过融合操作可

以得到最后目标节点的嵌入向量：

$$\boldsymbol{Z}_v = \frac{\exp(\Psi_p)}{\sum_{p \in P} \exp(\Psi_p)} \cdot h_{\text{node}}^P \tag{6.42}$$

其中，h_{node}^P 为目标节点在融合邻居节点特征的节点嵌入，Ψ_P 为不同元路径语义级重要性系数。

该模型最终输出为节点嵌入向量并用于节点分类任务，通过使用半监督的方式来学习模型中的参数，设置输出预测向量和真实向量之间的交叉熵为：

$$L = -\sum_{v \in V} \widehat{Y}_v \ln(C \cdot \boldsymbol{Z}_v) \tag{6.43}$$

其中，C 为分类器参数，$\boldsymbol{Z}_v$ 为目标节点的模型输出的嵌入向量，$\widehat{Y}_v$ 为节点的真实标签。通过网络模型的反向传播来优化 HMAF 中的参数，同时使用早停机制来进行的训练。HMAF 模型的算法过程如表 6-1 所示。

6.3.2　实验分析

1. 数据集

所做实验采用网络上公开的异质网络数据资源，经过相应的处理方式得到可处理的异质网络结构，表 6-1 是所使用的数据集的详细描述。

DBLP[①]是计算机科学书目提供有关主要计算机科学期刊和会议的开放书目信息。实验选取 DBLP 数据集中的一个子集，通过数据预处理后得到包含 4057 位作者(Author，A)、14328 篇论文(Paper，P)、7723 个学术术语(Term，T)、20 个出版场所(Venue，V)的异质信息数据。其中作者分为数据库、数据挖掘、机器学习和信息检索四个领域，按照每位作者发表论文的出版场所，将作者的领域贴上标签。每个作者特征都是由关键词的词袋特征组成。最后选取三类元路径{APA，APCPA，APTPA}，并随机选取 2000 个作者节点作为训练集，500 个节点作为验证集，500 个节点作为训练集进行实验。

表 6-1　实验数据集信息

数据集	节点类型	节点数量	边类型	边类型数量	元路径
DBLP	Author(A) Paper(P) Term(T) Venue(V)	4057 14328 7723 20	A-P P-T P-V	19654 85810 14328	APA APCPA APTPA
IMDB	Movie(M) Director(D) Actor(A)	4278 2081 5257	M-D M-A	4278 12828	MAM MDM

① https://dblp.uni-trier.de。

续表

数据集	节点类型	节点数量	边类型	边类型数量	元路径
ACM	Author(A) Paper(P) Subject(S)	5912 3025 57	P-A P-S	9936 3025	PAP PSP

IMDB①数据集是一个互联网电影数据库，包含关于电影演员、电影、电视节目、电影影评、导演等信息。实验使用网上搜集的 IMDB 的一个子集，通过预处理之后得到包含 4278 部电影(Movie，M)、2081 位导演(Director，D)和 5257 位演员(Actor，A)。其中电影数据分为三类节点(动作片、喜剧片、戏剧片)，电影特征由词袋特征组成。最后实验选取两类元路径{MAM，MDM}，随机选取 2000 条电影节点作为训练集，500 个节点作为验证集，500 个节点作为测试集来进行实验。

ACM②数据集是关于计算机学术文献数据集，本实验通过提取 ACM 数据集的一个子集数据，经过预处理得到一个包含 5912 位作者(Author,A)、 3025 篇论文(Paper,P)、57 个主题(Subject，S)的 ACM 子集，其中论文具有三种标签：数据库、无线通信、数据挖掘。使用的元路径为{PAP,PSP}。从中随机选取 1000 篇论文作为训练集，500 篇论文作为验证集，1525 篇论文作为测试集。

2. 基准实验

本节提出的 HMAF 模型，通过与一些传统的同质网络模型和异质网络模型的基准实验进行了对比，包括同(异质)网络嵌入模型和同(异质)图神经网络模型来验证本模型 HMAF 模型的优越性。对比实验如下所述：

GCN[118]是一个传统的同质图神经网络，该模型在图的傅里叶域进行卷积运算。经过测试所有基于元路径的同质图并报告来自最佳元路径的结果。

DeepWalk[119]是一种基于随机游走(Random Walk)和 word2vec 两种算法的图嵌入算法，该算法能挖掘网络结构中的隐藏信息，可以得到图中节点的潜在向量表示。但该方法只能用于同质图，因此可以忽略节点的异质性来对异质图进行实验。

GAT[120]是一个传统的同质图神经网络，该模型通过给邻居节点分配权重来聚合图中节点的邻居信息得到节点嵌入。同样测试所有基于元路径的同质图并报告来自最佳元路径的结果。

Metapath2vec[121]采用元路径的随机游走方式，解决了节点的异质性，生成的序列使用 skip-gram 得到异质网络节点嵌入。该对比实验测试了 Metapath2vec 所有元路径并报告实验中具有最佳性能的元路径。

① https://grouplens.org/datasets/movielens/100k/。

② http://dl.acm.org/1。

HAN[122]是一种采用节点层次注意力和语义层次注意力的半监督异质图神经网络，该模型在基于不同的元路径得到同类型节点的同质图来学习目标节点嵌入。

HERec[123]是一种异质网络推荐算法，它通过使用元路径的方式学习同质图节点的表示，然后通过融合方式得到最后每个节点的输出。采用异质信息网络数据中的所有元路径进行实验并最终报告最佳性能。

HMAF 是该研究提出的基于元路径与属性融合的异质图神经网络模型。

3. 参数设置

在本节提出的 HMAF 模型中，设置了随机矩阵转换参数，学习不同类型节点特征维度不同情况下的转换矩阵参数，并通过实验对比，不同矩阵输出维度对模型准确率的影响，使该网络模型可以更好地适应复杂的信息网络。在实验参数设置中，将学习率设置为 0.005，优化模型使用 Adam 优化器，权值衰减设置为 0.001，语义层注意向量维度设置为 128，注意力头数设置为 8。基于异质图神经网络的 GCN、GAT、HAN、HERec 模型上将 dropout 设置为 0.5，使用相同划分的训练集、验证集和测试集以确保公平性。设定训练图神经网络最大轮数 epoch 参数设置为 250，并以 100 个 patience 作为耐心值来训练。对于传统的同质图神经网络，忽视异质网络中不同类型的节点进行实验。在基于随机游走的 DeepWalk、Metapath2vec 模型上设置窗口大小为 5，随机游走步长为 100，负采样数设置为 5，然后将算法的嵌入维度设置为 64。

实验采用 Python 语言编写，所用到的数据集全部通过预处理之后得到符合自己网络模型的数据格式。实验设备：Legion Y7000 2020H；处理器-CPU：Inter(R)Core(TM)i7-10750H CPU @2.60GHz；内存：SODIMM 16G；GPU：NVIDIA GeForce GTX 1650 4G。操作系统：windows 10 家庭中文版。

4. 节点分类实验

节点分类在图嵌入模型中被广泛使用，使用 Macro-F1 分数和 Micro-F1 分数作为节点嵌入的评价指标，分数数值越接近 100 则表示模型训练的精确率越高。采用 k=5 的 KNN 分类器来进行节点分类，模型被训练好之后经过图神经网络的前馈传播便可得到目标节点的嵌入向量。由于图结构数据的方差可能非常高，所有实验进行 20 次实验，采取了平均值进行报告，如表 6-2 和表 6-3 为各个模型的 Macro-F1 分数和 Micro-F1 分数的平均值。

实验在 DBLP、IMDB 和 ACM 三个数据集上进行，比较不同模型的节点分类性能。首先在 DBLP 数据上可以看出多数模型对大型复杂网络都有较好的性能，而本研究内容中模型在几种基准实验中是最优说明该模型可以处理较为复杂的异质信息网络。在 IMDB 和 ACM 数据集中，面对小规模数据，部分模型并不具备较好的学习效果，而本节的模型在这两个数据集上训练的准确率在 60 附近和 80 附近，说明该模型在对小规模的异质信息网络也具有较好的性能。

表 6-2　节点分类实验结果 1

数据集	Metrics	DeepWalk	Metapath2vec	GCN
DBLP	Macro-F1	84.81	91.89	92.38
	Micro-F1	86.26	92.80	93.09
IMDB	Macro-F1	50.35	45.15	51.81
	Micro-F1	54.33	48.81	54.61
ACM	Macro-F1	57.38	53.99	61.89
	Micro-F1	57.57	54.31	61.51

表 6-3　节点分类实验结果 2

数据集	Metrics	GAT	HERec	HAN	HMAF
DBLP	Macro-F1	91.73	92.34	93.80	95.81
	Micro-F1	92.55	93.27	93.99	96.00
IMDB	Macro-F1	52.99	47.64	55.54	56.76
	Micro-F1	56.97	50.99	57.60	59.20
ACM	Macro-F1	66.39	73.92	77.32	84.83
	Micro-F1	71.57	73.84	78.23	85.77

根据表 6-2 和表 6-3 中可以看出本节提出的 HMAF 模型具有最好的表现，显示出在基于特定的元路径下，对目标节点属性融合的方法，对异质信息表示学习有更好的性能。与 HAN 对比说明将目标节点邻居信息引入训练过程要比直接在元路径上进行节点级嵌入更加有效。与 HERec 相比说明采用特定元路径的方式固然重要，但在异质信息网络中融合目标节点和邻居节点信息有着更加重要的作用。与传统的同质图神经网络模型 GCN 和 GAT 模型相比说明注意力机制对基于不同原路径的邻居的权重学习要优于对所有邻居的权重学习。

5. 节点聚类实验

之后在三个数据集上进行了节点聚类评估任务，通过使用 KMeans 算法来评估上述算法学习到的节点嵌入。与节点分类任务相似，将算法得到的节点嵌入得到的目标节点预测类型作为 KMeans 的输入，将 Kmeans 的集群数 K 设置为 4，即节点实际类别数量，然后通过计算标准化互信息(NMI)和调兰德系数(ARI)来评估各模型聚类结果质量。其中 NMI 系数和 ARI 系数都表示越接近 1 节点聚合性能越高。重复 10 次实验为了消除算法聚合性能受 KMeans 质心的影响，最后报告 10 次实验的均值。

在表 6-4、表 6-5 中可以看出我们的模型始终比基准实验要好。其中基于图神经网络的模型(GCN，GAT，HERec，HAN，HMAF)要比基于随机游走的方法有更好的性能，基于异质图神经网络的模型(HERec，HAN，HMAF)要比传统的图神经网络(GAN，GAT)性能更加优秀。最后，本节提出的模型要比这些基准实验性能更好，说明了 HMAF 模型可以更好地学习异质信息网络中的语义信息和节点嵌入。

表 6-4　节点聚类实验结果 1

数据集	Metrics	DeepWalk	Metapath2vec	GCN
DBLP	NMI	76.53	74.30	75.01
	ARI	81.35	78.50	80.49
IMDB	NMI	1.45	1.20	5.45
	ARI	2.14	1.70	4.40
ACM	NMI	41.61	21.22	40.44
	ARI	35.10	21.00	29.59

表 6-5　节点聚类实验结果 2

数据集	Metrics	GAT	HERec	HAN	HMAF
DBLP	NMI	71.50	76.73	81.98	88.21
	ARI	77.26	80.98	87.37	92.41
IMDB	NMI	8.45	5.45	20.94	25.78
	ARI	7.46	4.40	23.70	29.52
ACM	NMI	56.26	40.70	59.17	68.61
	ARI	53.69	37.13	59.48	71.39

6. 可视化实验

为了进行更加直观的比较，继续进行节点嵌入向量的可视化实验，对比 HMAF 模型在其他基准实验中的优越性。在可视化实验的参数设置中按照对比实验设置，使用 2-SNE 模型进行降维，然后对 DBLP 数据集进行测试。经过对比 GAT 模型、HAN 模型和 HMAF 的模型的可视化结果可以看出 HMAF 的边界更为明显，也表示本研究内容的模型 HMAF 对于节点嵌入有更好的学习效果。

从图 6-19(a)和图 6-19(b)的对比结果可以看出，基于元路径对目标节点的聚合过程对节点聚类有更好的结果。从图 6-19(b)和图 6-19(c)的对比实验结果可以看出，通过在特定元路径下对目标节点的邻居节点进行属性聚合会使模型在节点聚类上有更好的性能。GAT 作为传统节点嵌入模型通过聚合邻居信息得到节点间权重系数，不能有效地处理 DBLP 异质信息数据，也不能学习到 DBLP 数据集中不同类型图节点间的语义信息，对节点嵌入还有一定的匮乏性。HAN 通过使用元路径得到 DBLP 数据中作者(A)类型节点的同质图，并没有获取到原异质图中的邻居信息，图 6-19(b)也显示 HAN 模型只是对 DBLP 中作者(A)节点进行了粗略的划分。通过图 6-19(c)可以看出本节提出的模型 HMAF 在对作者(A)节点的划分效果更加明显，通过在元路径下聚合邻居信息会有更好的嵌入效果。

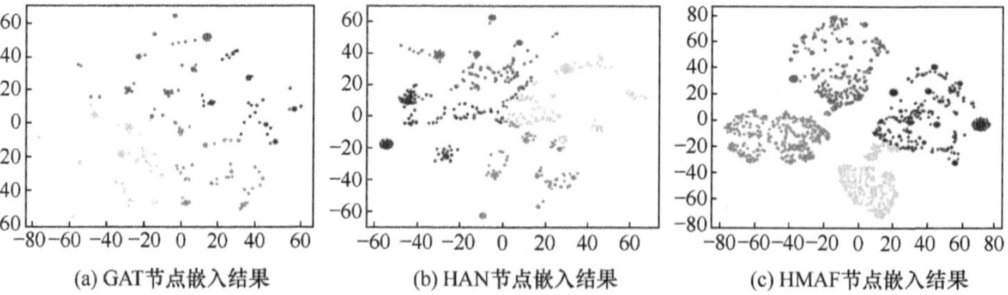

图 6-19　节点嵌入实验结果

7. 参数分析实验

在 HMAF 模型参数分析实验中，首先研究训练轮数参数 epoch 对本模型的影响。在保证其他参数和数据集一致的情况下，通过增大训练轮数来观察 HAN 模型和 HMAF 模型的损失 Loss 和训练集的 F1 值，横坐标设置为训练轮数 epoch，纵坐标分别为模型损失值 Loss 和评价指标 F1 值。结果如图 6-20 和图 6-21 所示。

从图 6-20 可以看出，经过训练轮数 epoch 的增加，HAN 模型和 HMAF 模型在训练过程中的损失会逐渐减少并趋于稳定。在实验的过程中，HMAF 模型在 100 轮到 220 轮的损失值下降了 2.1，而 HAN 模型在 100 轮到 250 轮中损失值下降了 4.07，说明 HMAF 在训练轮数大于 100 轮以后模型的稳定程度高于 HAN 模型，也可以说明 HMAF 模型的收敛速度更快，性能更加出色。在图 6-21 的实验中通

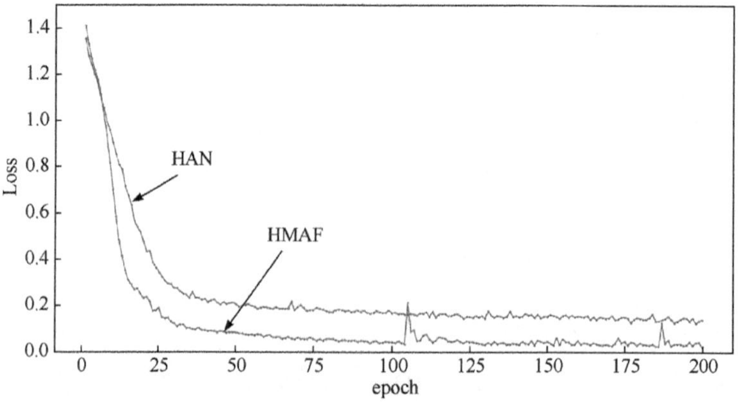

图 6-20　DBLP 数据集训练轮数和 Loss

过增加训练次数 HAN 模型和 HMAF 模型的 Micro-F1 值都逐渐增加，同样在训练轮数在 100 轮到 220 轮的实验中 HMAF 模型的 Micro-F1 值增加了 0.7，而 HAN 模型的 Micro-F1 值增加了 1.85，表明 HMAF 模型有着更好的收敛性能。

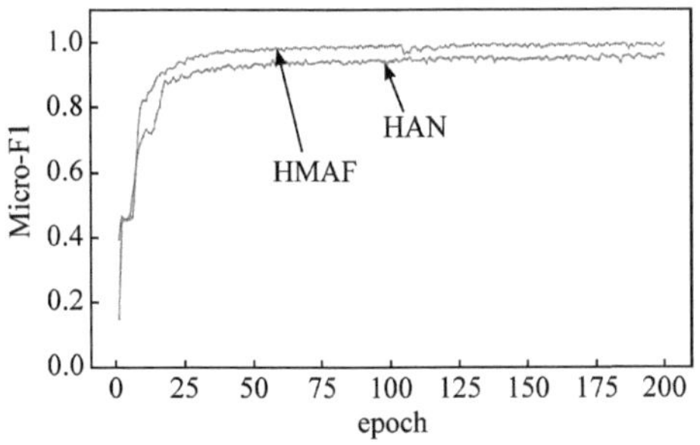

图 6-21　DBLP 数据集训练轮数和 Micro-F1

在训练头数 heads 参数实验中，检验多头注意力对 HMAF 模型的影响，结果如图 6-22 所示。通过图 6-22 可以得到，随着注意头数的增加，HMAF 模型在性能上有所增加。当注意力头数为 1 时，多头注意力被删除，使得目标节点过于集中自身的注意力，让模型缺乏了对邻居节点信息的聚合，效果不太明显。随着注意力头数的增加，HMAF 模型性能变化明显并且更为稳定。最后通过研究，当使用注意力头数为 10 或者以上，NMI 系数并没有明显的提高同时还会导致准确率降低，当注意力头数大于 12 以上时，对模型的训练在多数情况下出现内存不足的情况，根据 Daniel 等人[124]对多头注意力的研究，注意力头数超过一定范围会出现准确率崩溃和内存不足的情况，所以在该研究中对注意力头数太大的情况不予考虑。

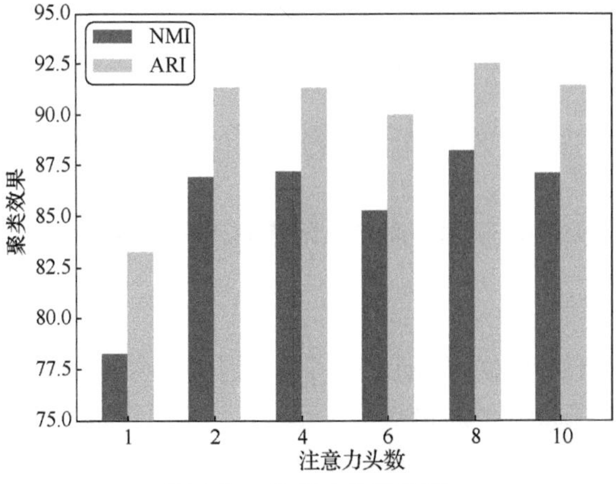

图 6-22　注意力头数实验

在实验中对语义级注意力向量维度参数进行实验，通过增加语义级向量嵌入维度，HMAF 准确率有所提高，但当嵌入维度超过 32 维时，准确率有所下降。

实验结果如图 6-23 所示。

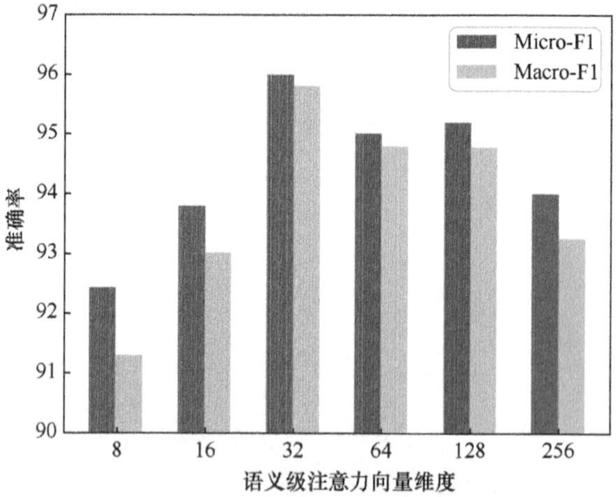

图 6-23　语义级注意力向量维度实验

在语义级注意力向量嵌入实验的设计中，增加了多层非线性层来更加全面地学习语义级嵌入。不同于以往的非线性层的设计，增设了 3 层非线性层，第一层和第二层之间通过 tanh 激活函数来连接，第二层和第三层之间通过 LeakyReLU 激活函数来连接，使用不同的激活函数可以提高模型的平滑程度，同样解决了模型中梯度消失和爆炸等计算量大的问题，同时增设三层非线性层增加了本模型的负责层数，也减缓了参数收敛速度，使得模型更加稳定。在设计的语义级注意力向量维度中发现 HMAF 模型的准确率随着语义层向量维度的增加而增加，当语义级注意力向量维度设置为 32 时表现最好，之后 HMAF 的性能开始降低，考虑到语义层向量维度增加会导致模型出现过拟合现象从而失去了较好的性能。

6.4　融合元路径和图卷积的异质信息网络表示学习方法

6.4.1　融合元路径和图卷积的异质信息网络表示学习模型

1. 语义学习阶段

在语义学习阶段，根据不同元路径学习异质网络中的不同语义信息。HAN 模型在文献[122]有详细的描述。该模型首先将异质信息网络的目标节点进行类型转换，可用于后续节点级注意力计算，然后融合邻居信息，更新目标节点向量。之后，根据不同元路径计算路径之间的重要性系数，并得到语义级节点向量。最后经过融合更新后得到新的节点信息。在本节中，设定异质信息网络为 $G=\{V,E\}$，其中 V 代表节点集，E 代表边集。存在映射关系 $\Phi:V\rightarrow A$，表示节点类型映射函

数，$\Psi: E \to R$ 表示边类型映射函数，其中 $|A|+|R|>2$。对于异质信息网络中所有的节点 V 和边 E 存在类型映射关系，$v \in V$，$\Phi(v) \in A$ 表示每个节点属于对应的节点类型，$\Psi(e) \in R$ 表示每条边属于对应的边类型，网络中的一组元路径 $P=\{P_1,P_2,\cdots,P_n\}$ 和目标节点特征向量 $X \in \mathbb{R}^{m\times d}$。那么在语义学习阶段可以得到的节点嵌入向量可以表示为：

$$\boldsymbol{Z}_{\text{sem}} = \text{HAN}(V, E, \phi, \varphi, A, R, P, X) \tag{6.44}$$

2. 结构学习阶段

Gupta 等人[125]在异质网络中使用元路径提出了一种新颖的度量节点之间的关联性方式，它在给定一条元路径 $P=(A_1A_2\cdots A_{l+1})$，A_1 和 A_{l+1} 为不同的节点类型，它们之间路径的权重矩阵可以表示为：

$$\boldsymbol{M} = \boldsymbol{W}_{A_1A_2} \times \boldsymbol{W}_{A_2A_3} \times \cdots \times \boldsymbol{W}_{A_lA_{l+1}} \tag{6.45}$$

其中，$\boldsymbol{W}_{A_1A_2}$ 表示节点类型为 A_1 和 A_2 的节点之间的邻接矩阵，$\boldsymbol{M} \in \mathbb{R}^{d_1d^{l+1}}$ 表示权重矩阵。其度量方式为：

$$\text{Rel}(a_i,b_j|P)\frac{\omega_{a_ib_j}\left(\dfrac{1}{\deg(a_i)}+\dfrac{1}{\deg(b_j)}\right)}{\dfrac{1}{\deg(a_i)}\sum_j \omega_{a_ib_j} + \dfrac{1}{\deg(b_j)}\sum_i \omega_{a_ib_j}} \tag{6.46}$$

其中，$\omega_{a_ib_j}$ 表示节点 a_i 和 b_j 的路径数量，$\deg(a_i)$ 和 $\deg(b_j)$ 表示两节点之间的二分网络中的度。该方法利用两种类型节点之间的邻接矩阵计算节点之间的相似度，通过网络结构中的入度、出度和路径数量获取节点之间的重要性信息。该方法表明使用节点之间的邻接矩阵的乘积可以获取异质网络中不同类型节点之间的信息，利用合适的度量方式和优化算法可以有效地学习异质网络中的结构信息。

但是在传统的异质网络获取节点信息时，仅仅获取元路径中两端同类型节点信息，然后转化为同质网络来进行后续网络学习过程，这样就丢失了两端节点之间路径上的其他节点信息。为了学习元路径上两端节点之间所有节点的信息和元路径的语义信息，该部分研究设计了一种连接矩阵，矩阵的长宽表示不同类型节点对应的位置标识，矩阵的值表示对应位置的连接关系 k_{ij}，k_{ij} 表示两类型节点 v_i，v_j 是否有连接关系，其中有映射关系 $\varphi(v_i)=A$，$\varphi(v_j)=P$，k_{ij} 的值用如下公式表示：

$$k_{ij}\begin{cases}1, & v_i,v_j\text{相连接}\\0, & v_i,v_j\text{互不连接}\end{cases} \tag{6.47}$$

连接矩阵可以表示为：

$$\boldsymbol{C}_{AP}=[K_{i,j}],\ \boldsymbol{C}_{AP}\in\boldsymbol{R}^{n\times m} \tag{6.48}$$

通过在 DBLP 数据集上举例设计这样的连接矩阵。首先 S_1，S_2，S_3 是 DBLP 数据集上的三条路径实例，S_1 表示 $A\to P\to A$ 元路径的路径实例，S_2 表示 $A\to P\to C\to P\to A$ 元路径的路径实例，S_3 表示 $A\to P\to T\to P\to A$ 元路径的路径实例。S_4 表示重合路径 S_1 和 S_3 的两端节点构成的组合路径，S_5 表示路径 S_2 和 S_3 组合的路径。其中，路径中不重合的部分一般含有更丰富的语义信息，组合后的路径也可以获取目标节点的高阶邻居信息，同时也可以获取不同元路径的不同语义信息。图 6-24 为 DBLP 数据集中的路径和组合路径。

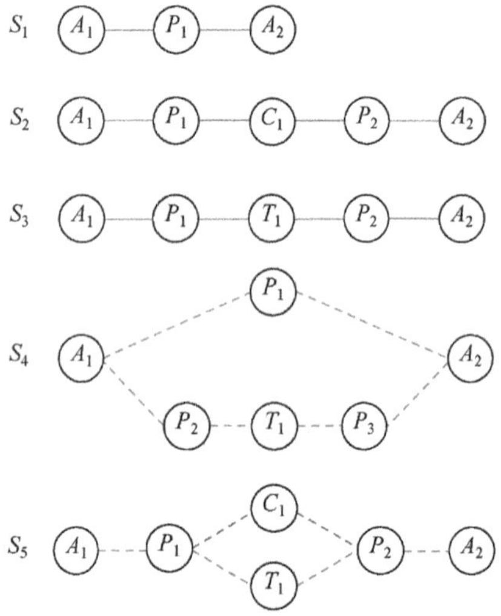

图 6-24　DBLP 数据集中的路径和组合路径

构造出 S_5 这样的路径之后，根据式(6.50)可以得到不同类型节点之间的连接矩阵 $\boldsymbol{C}_{AP}$、$\boldsymbol{C}_{PC}$、$\boldsymbol{C}_{PT}$，以及它们的逆矩阵表示 $\boldsymbol{C}_{AP}^{\top}$，$\boldsymbol{C}_{PC}^{\top}$，$\boldsymbol{C}_{PT}^{\top}$。于是由 S_5 路径的异质关联矩阵计算为：

$$\begin{aligned}
\boldsymbol{C}_{P_1}&=\boldsymbol{C}_{PC}\otimes\boldsymbol{C}_{PC}^{\top}\\
\boldsymbol{C}_{P_2}&=\boldsymbol{C}_{PT}\otimes\boldsymbol{C}_{PT}^{\top}\\
\boldsymbol{C}_{P_1P_2}&=\boldsymbol{C}_{P_1}\odot\boldsymbol{C}_{P_2}\\
\boldsymbol{C}_{S_5}&=\boldsymbol{C}_{AP}\otimes\boldsymbol{C}_{P_1P_2}\otimes\boldsymbol{C}_{AP}^{\top}
\end{aligned} \tag{6.49}$$

其中，$\otimes$ 表示矩阵乘法，$\odot$ 表示 Hadamard 乘积，$\boldsymbol{C}_{S_5}\in\boldsymbol{R}^{n\times n}$。异质关联矩阵不仅获取到元路径中所有的节点信息，同时还保留了路径间不同的语义信息，且可以有效地学习异质网络中的结构信息。该模块为异质网络挖掘节点高阶邻居信息和元路径之间的关系发挥了关键作用。

得到异质关联矩阵后，在计算目标节点和邻居节点的聚合信息时，类似于传统的 GCN，将上一部分得到的异质关联矩阵 $\boldsymbol{C}_{S_5}$ 和目标节点特征矩阵 $\boldsymbol{X}\in\boldsymbol{R}^{m\times d}$ 作为图卷积层计算的输入，同时对异质关联矩阵进行度归一化，降低异质网络中节点邻居数量不一致问题，计算过程为：

$$\hat{\boldsymbol{C}}=\tilde{\boldsymbol{D}}^{-\frac{1}{2}}\tilde{\boldsymbol{C}}\tilde{\boldsymbol{D}}^{-\frac{1}{2}} \tag{6.50}$$

其中，$\tilde{\boldsymbol{C}}=\boldsymbol{C}_{S_5}+\boldsymbol{I}_N$ 表示具有自连接的异质关联矩阵，$\boldsymbol{I}_N$ 表示单位矩阵，$\tilde{\boldsymbol{D}}$ 表示节点的度矩阵，是一个对角矩阵，$\tilde{\boldsymbol{D}}_{ii}=\sum_j\tilde{\boldsymbol{C}}_{ij}$。

最后使用两层 GCN 对异质网络进行卷积操作，其每层实现过程为：

$$\boldsymbol{X}^{(l+1)}=\sigma\left(\tilde{\boldsymbol{D}}^{-\frac{1}{2}}\tilde{\boldsymbol{C}}\tilde{\boldsymbol{D}}^{-\frac{1}{2}}\boldsymbol{X}^{(l)}\boldsymbol{W}^{(l)}\right) \tag{6.51}$$

其中，$\sigma(\cdot)$ 表示激活函数，$\tilde{\boldsymbol{D}}^{-\frac{1}{2}}\tilde{\boldsymbol{C}}\tilde{\boldsymbol{D}}^{-\frac{1}{2}}$ 表示归一化操作，$X^{(l)}$ 表示 l 层卷积操作后的输出结果。结构学习阶段所得到的节点嵌入为：

$$\boldsymbol{Z}_{\text{str}}=\text{softmax}(\hat{\boldsymbol{A}}\text{ReLU}(\hat{\boldsymbol{A}}\boldsymbol{X}\boldsymbol{W}^{(0)}\boldsymbol{W}^{(1)})) \tag{6.52}$$

其中，$\hat{\boldsymbol{A}}$ 和 $\boldsymbol{W}^{(0)}$、$\boldsymbol{W}^{(1)}$ 表示可优化学习的参数，$\boldsymbol{Z}_{\text{str}}$ 为结构学习阶段的节点嵌入向量。

图 6-25 为结构学习阶段的框架示意图，第一部分为异质关联矩阵计算过程，首先将异质网络中的路径连接矩阵经过 Hadamard 乘积得到异质网络的异质关联矩阵，之后将异质关联矩阵和网络目标节点特征矩阵 X 一同作图卷积层的输入。第二部分为图卷积层学习网络中的结构信息，第一个图卷积层后使用了 ReLU 激活函数，第二个图卷积层使用了 softmax 归一化函数，使结果映射到 0～1 范围内。

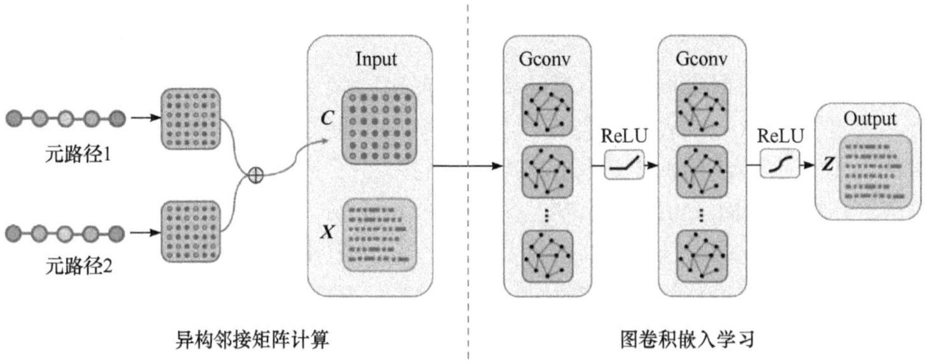

图 6-25　结构学习阶段示意图

3. 信息融合阶段

在信息融合阶段，将语义学习阶段和结构学习阶段学到的节点嵌入使用注意力机制得到最终的节点嵌入，平衡语义阶段和结构阶段不同的重要性。最终的节点表示计算公式为：

$$\boldsymbol{Z}_f=\beta\cdot\boldsymbol{Z}_{\text{sem}}+(1-\beta)\cdot\boldsymbol{Z}_{\text{str}} \tag{6.53}$$

其中，β 为学习阶段重要性系数，Z_{sem} 为语义级节点嵌入向量，Z_{str} 为结构级节点嵌入向量。

HMGCN 模型算法如算法 6-2 所示。

算法 6-2：融合元路径和图卷积的异质网络表示学习算法

输入：异质信息网络 $\boldsymbol{G}=(\boldsymbol{V},\boldsymbol{E},\boldsymbol{A},\boldsymbol{R},\boldsymbol{P},\boldsymbol{X})$。

输出：最终节点嵌入 $\boldsymbol{Z}_f$。

1 根据式(6.44)得到语义学习阶段的节点嵌入向量 $\boldsymbol{Z}_{\text{sem}}$。

2 根据式(6.48)得到各类型节点之间的连接矩阵 $\boldsymbol{C}_{P_iP_j}$，$P_iP_j \subset P$。

3 根据式(6.49)以及元路径 P 得到组合路径 $\boldsymbol{S}_P$ 的异质关联矩阵 $\boldsymbol{C}_{S_P}$。

4 将异质关联矩阵 $\boldsymbol{C}_{S_P}$ 和目标节点特征向量 $\boldsymbol{X}$ 输入到图卷积网络中。

5 根据式(6.52)计算结构学习阶段节点嵌入 $\boldsymbol{Z}_{\text{str}}$。

6 根据式(6.53)使用注意力机制计算最终的节点嵌入向量 $\boldsymbol{Z}_f$。

6.4.2 实验分析

1. 实验数据集

实验所用数据集同 6.3.2 节的实验数据集，表 6-6 是各数据集所对应的网络结构详细介绍，该表内容与表 6-1 相同，为了便于分析讨论，这里仍就列举出来。本节实验使用网上搜集的 IMDB 的一个子集，通过预处理之后得到包含 4278 部电影(Movie，M)、2081 位导演(Director，D)和 5257 位演员(Actor，A)。其中电影数据分为三类(动作片、喜剧片、戏剧片)，电影特征由词袋特征组成。最后实验过程选取两类元路径{MAM，MDM}，然后随机选取 2000 条电影节点作为训练集，500 个电影节点作为验证集，500 个电影节点作为测试集来进行实验。

表 6-6　数据集详情

数据集	节点类型	节点数量	边类型	边类型数量	元路径
DBLP	Author (A) Papper (P) Term (T) Venue (V)	4057 14328 7723 20	A-P P-T P-V	19654 85810 14328	APA APCPA APTPA

续表

数据集	节点类型	节点数量	边类型	边类型数量	元路径
IMDB	Movie (M) Director (D) Actor (A)	4278 2081 5257	M-D M-A	4278 12828	MAM MDM
ACM	Author (A) Paper (P) Subject (S)	5912 3025 57	P-A P-S	9936 3025	PAP PSP

ACM①数据集是关于计算机学术文献数据集，本实验通过提取 ACM 数据集的一个子集数据，经过预处理得到一个包含 5912 位作者(Author,A)、3025 篇论文(Paper,P)、57 个主题(Subject，S)的 ACM 子集，其中论文具有三种标签：数据库、无线通信、数据挖掘。使用的元路径为{PAP,PSP}。从中随机选取 1000 篇论文节点作为训练集，500 篇论文节点作为验证集，1525 篇论文节点作为测试集。

2. 基准实验

本节提出的 HMGCN 模型，通过与一些传统的同质网络模型和异质网络模型的基准实验进行了对比，包括同(异质)网络嵌入模型和同(异质)图神经网络模型来验证本模型 HMGCN 模型的优越性以及该研究中提出的异质关联矩阵的有效性。对比实验如下所述：

GCN[118]是一个传统的同质图神经网络，该模型在图的傅里叶域进行卷积运算。实验中忽略异质网络中节点的异质性，并进行 20 次实验，报告最佳结果。

DeepWalk[119]是一种基于随机游走(Random Walk)和 word2vec 的图嵌入算法，该算法能挖掘网络结构中的隐藏信息，可以获取图中节点的潜在向量表示。但该方法只能用于同质图，因此在该基准实验中忽略异质网络节点的异质性进行实验。

GAT[120]是一个传统的同质图神经网络，该模型通过给邻居节点分配权重来聚合图中节点的邻居信息得到节点嵌入。同样在实验中忽略异质网络中节点的异质性并报告实验中最佳性能的结果。

Metapath2vec[121]采用元路径的随机游走方式，解决了节点的异质性，将生成的随机游走序列使用 skip-gram 模型得到异质网络节点嵌入向量。在该对比实验中进行 20 次将最佳性能作为实验报告的结果。

① http://dl.acm.org/。

HAN[122]是一种采用节点层次注意力和语义层次注意力的半监督异质图神经网络，该模型在基于不同的元路径得到同类型节点的同质图来学习目标节点嵌入。

MAGNN[126]是一种异质图神经网络模型，可以看做是 HAN 的拓展，其将元路径上的中间节点也计算在内，利用注意力机制学习得到最终的节点嵌入。

HERec[123]是一种异质网络推荐算法,它通过使用元路径的方式学习同质图节点的表示，然后通过融合方式得到最后每个节点的输出。实验中采用异质信息网络数据中的所有元路径并报告最终实验的最佳性能。

HMGCN 是我们提出的异质信息网络节点嵌入网络模型结构。

3. 参数设置

在本节提出的 HMGCN 模型中设置了随机矩阵转换参数,学习不同类型节点特征维度不同情况下的转换矩阵参数，并通过实验对比了不同矩阵输出维度对模型准确率的影响，使该网络模型可以更好地适应复杂的异质信息网络。在实验参数设置中，将学习率设置为 0.005，优化模型使用 Adam 优化器，权值衰减设置为 0.001，语义层注意向量维度设置为 128，注意力头数设置为 8。在 GCN、GAT 和 HAN 模型上将 dropout 设置为 0.5，划分相同的训练集、验证集和测试集以确保公平性。设定训练图神经网络最大轮数 epoch 参数设置为 200，并以 100 个 patience 作为耐心值来训练。对于传统的同质图神经网络，实验过程中忽视异质网络中不同类型的节点。在基于随机游走的 DeepWalk、Metapath2vec 模型上设置窗口大小为 5，随机游走步长为 100，负采样数设置为 5，然后将算法的嵌入维度设置为 64。

实验采用 Python 语言编写,所用到的数据集全部通过预处理之后得到符合自己网络模型的数据格式。实验设备：Legion Y7000 2020H；处理器 CPU：Inter(R)Core(TM)i7-10750H CPU @2.60GHz；内存：SODIMM 16G；GPU：NVIDIA GeForce GTX 1650 4G。操作系统：Windows 10。

4. 节点分类实验

节点分类在图表示学习模型中被广泛使用，实验使用 Macro-F1 分数作为节点分类实验的评价指标,分数数值百分率越接近 100 表示模型训练的精确度越高。在机器学习中，分类任务常用的评价指标有准确率(Accuracy)、精确率(Precision)、召回率(Recall)、F1 值(表示二分类问题的精确度)、ROC 曲线和 AUC 等。计算上述几种评价指标通常需要使用到混淆矩阵，如表 6-7 所示。

表 6-7　混淆矩阵

混淆矩阵		预测值	
		真(Positive)	假(Negative)
真实值	真(Positive)	TP	FN
	假(Negative)	FP	TN

表 6-7 中，TP 表示真阳性(True Positive)，即预测结果为正样本，实际数据为正样本，也表示样本中正样本被正确识别的数量；FP 表示假阳性(False Positive)，即预测结果为正样本，实际数据为负样本，也表示样本中错误预测的负样本数量；TN 表示真阴性(True Negative)，即预测结果为负样本，实际数据为正样本，也表示样本中实际为负也被预测为负的样本数量；FN 表示假阴性(False Negative)，即预测结果为负样本、实际为正样本，也表示样本中实际为正样本但是被预测为负样本的数量。

准确率(Accuracy)表示预测正确的样本数量占总样本数量的比例，计算公式为：

$$\text{Accuracy} = \frac{\text{TP+TN}}{\text{TP+TN+FP+FN}} \tag{6.54}$$

精确率(Precision)表示预测正确的正样本数量占所有预测为正样本数量的比例。精确率越大表示误检越少，越小说明误检越多。计算公式为：

$$\text{Precision}=\frac{\text{TP}}{\text{TP+FP}} \tag{6.55}$$

召回率(Recall)表示预测正确的正样本数量占所有正样本数量总和的比例。召回率越大说明漏检越少，召回率越小说明漏检越多。计算公式为：

$$\text{Recall} = \frac{\text{TP}}{\text{TP} + \text{FN}} \tag{6.56}$$

F1 值被定义为精确率和召回率的均值，能体现出模型的综合能力，计算公式如下：

$$\text{F1} = \frac{2 \times \text{Precision} \times \text{Recall}}{\text{Precision} + \text{Recall}} \tag{6.57}$$

节点分类实验使用的评价指标为 Macro-F1 和 Micro-F1 评价指标。其中 Macro-F1 表示所有类别的 F1 的均值，其值越大说明模型的节点分类效果越好。Micro-F1 表示对 F1 值的微观平均。它们的计算公式如下所示：

1) Macro-F1 计算公式：

$$\text{macroP} = \frac{1}{n}\sum_{1}^{n} P_i \tag{6.58}$$

$$\text{macroR} = \frac{1}{n}\sum_{1}^{n} R_i \tag{6.59}$$

$$\text{Macro-F1} = \frac{2 \times \text{macroP} \times \text{macroR}}{\text{macroP} + \text{macroR}} \tag{6.60}$$

其中，P_i 表示第 i 个节点的 Precision，R_i 表示 Recall。

2) Micro-F1 计算公式：

$$\text{microP}=\frac{\text{TP}}{\text{TP+FP}} \tag{6.61}$$

$$\text{microR}=\frac{\text{TP}}{\text{TP+FN}} \tag{6.62}$$

$$\text{Micro-F1} = \frac{2 \times \text{microP} \times \text{microR}}{\text{microP} + \text{microR}} \tag{6.63}$$

其中评价指标 Macro-F1 和 Micro-F1 的值越高，模型训练效果越好，对节点的分类性能也越好。但在训练模型过程中，两者也需要保证同时处于最高的范围之中。

实验中使用 k=5 的 KNN 分类器来进行节点分类，模型被训练好之后经过图神经网络的前馈传播可得到目标节点的嵌入向量。由于图结构数据的方差可能较高，所有实验进行 20 次实验，采取了平均值进行报告，如表 6-8 和表 6-9 为各个模型的 Macro-F1 分数和 Micro-F1 分数的平均值。

实验在 DBLP、IMDB 和 ACM 三个数据集上进行，比较不同模型的节点分类性能。首先在 DBLP 数据上的实验结果可以看出多数模型对大型复杂网络都有较好的性能，而本节提出的模型在几种基准实验对比中有最好的分类效果，说明该模型可以处理更为复杂的异质信息网络。在 IMDB 和 ACM 数据集中，面对小规模数据，部分模型并不具备较好的学习效果，而本节的模型在这两个数据集上训练的准确率在 60%附近和 80%附近，说明该模型在对小规模的异质信息网络也具有较好的性能。

表 6-8　节点分类实验结果 1

Dataset	Metrics	DeepWalk	Metapath2vec	GCN	GAT
DBLP	Macro-F1	84.81	91.89	92.38	91.73
	Micro-F1	86.26	92.80	93.09	92.55
IMDB	Macro-F1	50.35	45.15	51.81	52.99
	Micro-F1	54.33	48.81	54.61	56.97
ACM	Macro-F1	57.38	53.99	61.89	66.39
	Micro-F1	57.57	54.31	61.51	71.57

表 6-9　节点分类实验结果 2

Dataset	Metrics	HERec	HAN	MAGNN	HMGCN
DBLP	Macro-F1	92.34	93.80	92.38	**95.92**
	Micro-F1	93.27	93.99	93.09	**96.50**
IMDB	Macro-F1	47.64	55.54	51.81	**58.20**
	Micro-F1	50.99	57.60	54.61	**60.50**
ACM	Macro-F1	73.92	77.32	61.89	**78.69**
	Micro-F1	73.84	78.23	61.51	**79.34**

根据表 6-8 和表 6-9 可以看出本节提出的 HMGCN 模型具有最好的表现，显示出异质关联矩阵可以有效地提高 GCN 在异质信息网络中节点分类任务的性能。在基准实验中与 HAN 对比说明获取目标节点的高阶邻居信息引入训练要比直接在元路径上进行节点级嵌入更加有效。与传统的同质图神经网络 GCN 相比，说明该模型设计的异质关联矩阵可以更好地进行异质信息网络分析任务。与 MAGNN 模型相比，说明仅仅依靠元路径提取异质网络语义信息是不够的，通过卷积操作获取网络结构信息可以更有效地提高节点分类效果。

5. 节点聚类实验

在节点聚类评估任务中，同样在三个数据集上进行相关实验，通过使用 KMeans 算法来评估上述基准实验学习到的节点嵌入向量。与节点分类任务相似，将算法得到的节点嵌入得到的目标节点预测类型作为 KMeans 的输入，将 Kmeans 的集群数 K 设置为 4，即节点实际类别数量，然后通过计算标准化互信息(NMI)和调兰德系数(ARI)来评估各模型聚类结果质量。其中 NMI 系数和 ARI 系数都越接近 1 表示节点聚合性能越高。设两个随机变量 (X,Y) 的联合概率分布函数为 $p(x,y)$，边缘分布函数为 $p(x)$ 和 $p(y)$，则有互信息表示为：

$$I(X;Y)\sum_{x}\sum_{y}p(x,y)\log\frac{p(x,y)}{p(x)p(x)} \tag{6.64}$$

NMI 的计算如下所示：

$$\mathrm{NMI}(X,Y)=2\frac{I(X;Y)}{H(X)+H(Y)} \tag{6.65}$$

其中，$I(X;Y)$ 表示互信息，$H(\cdot)$ 为信息熵，表示系统的复杂程度，信息熵越大表明系统越复杂，其表达式为：

$$H(X)=-\sum_{i}p(x_i)\log p(x_i) \tag{6.66}$$

ARI 表示对兰德系数(RI)的归一化调整，其中设定 a 表示为在外部标准中为同一簇且在聚类结果中也为同一簇的对象数量，b 表示在外部标准中为同一簇但在聚类结果属于不同簇的对象数量，c 表示在外部标准中为不同簇但在聚类结果为同一簇的对象数量，d 表示在外部标准中为不同簇在聚类结果属于不同簇的对象数量，那么 RI 的表达式为：

$$\mathrm{RI}=\frac{a+d}{a+b+c+d} \tag{6.67}$$

RI 在 0～1 范围内，值越接近 1 则表示聚类结果越好，ARI 的范围在−1～1 之间，其表达式为：

$$\mathrm{ARI}=\frac{\mathrm{RI}-\mathrm{E(RI)}}{\max(\mathrm{RI})-\mathrm{E(RI)}} \tag{6.68}$$

表 6-10　节点聚类实验结果 1

Dataset	Metrics	DeepWalk	Metapath2vec	GCN	GAT
DBLP	NMI	76.53	74.30	75.01	71.50
	ARI	81.35	78.50	80.49	77.26
IMDB	NMI	1.45	1.20	5.45	8.45
	ARI	2.14	1.70	4.40	7.46
ACM	NMI	41.61	21.22	40.44	56.26
	ARI	35.10	21.00	29.59	53.69

通过重复 20 次实验为了消除算法聚合性能受 KMeans 质心的影响，最后报告 20 次实验的均值。在表 6-10 和表 6-11 中可以看出本节的模型比基准实验有更优的效果，通过实验可以发现大多数图神经网络在对节点嵌入上有着更优的性能。其中基于图神经网络的模型(GCN，GAT，HERec，HAN，MAGNN，HMGCN)要比基于随机游走的方法有更好的聚类效果，基于异质图神经网络的模型(HERec，HAN，MAGNN，HMGCN)要比传统的图神经网络(GAN，GAT)性能更加优秀。最后，本节提出的 HMGCN 模型在 DBLP 和 IMDB 数据集上的节点聚类实验比其他基准实验有更好的聚类效果，在 ACM 数据集中 ARI 值低于 MAGNN 模型但 NMI 值更高。最终表明 HMGCN 模型可以更准确地完成异质信息网络节点聚类任务。

表 6-11　节点聚类实验结果 2

Dataset	Metrics	HERec	HAN	MAGNN	HMGCN
DBLP	NMI	76.73	91.98	82.00	**84.42**
	ARI	80.98	87.37	88.17	**89.32**
IMDB	NMI	5.45	20.94	27.24	**37.36**
	ARI	4.40	23.70	24.24	**43.00**
ACM	NMI	40.70	59.17	60.21	**60.36**
	ARI	37.13	59.48	**61.23**	60.99

6. 消融实验

为了验证 HMGCN 模型中异质关联矩阵组件的有效性，在消融实验中设置了 HAN 与 GCN 结合的网络模型，称为 HAN-GCN 模型，它为 HMGCN 的变体模型，相当于去除了 HMGCN 模型中的异质关联矩阵的模型。消融实验在 DBLP 数据集上进行，训练轮数同时设为 200 次，通过与 HAN-GCN 和 HAN 模型进行对比验证异质关联矩阵的有效性。

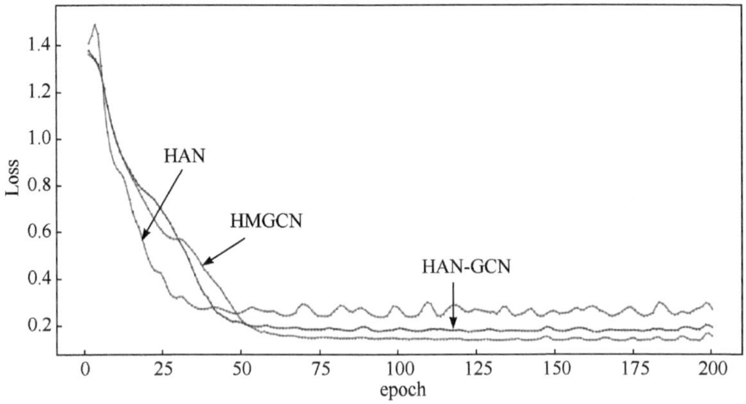

图 6-26 训练时损失函数的变化

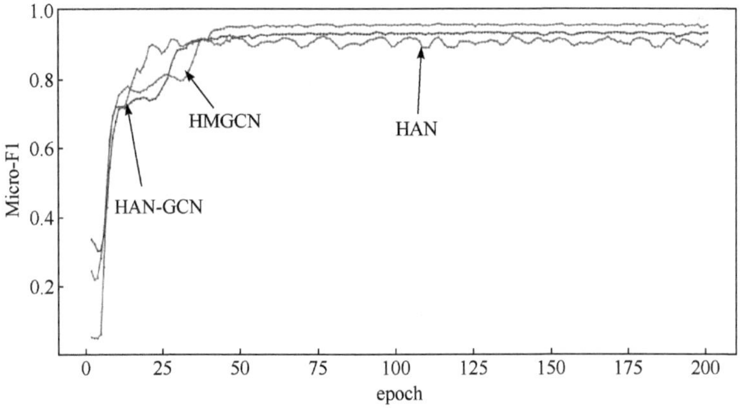

图 6-27 训练时 Micro-F1 的变化

图 6-26 为在 DBLP 数据集上进行的消融实验对比，表示在训练过程中三个模型的损失函数值的变化。其中，随着训练轮数的增加，三个模型的损失函数都趋于稳定，HMGCN 模型随着训练轮数的变化有着最小的损失函数值，而 HAN 在三个模型中训练函数值最大。图 6-27 为训练过程中三个模型的 Micro-F1 值的变化，随着训练轮数的增加三个模型的 Micro-F1 值都趋于稳定，并且 HMGCN 模型有最高

的 Micro-F1 值，HAN 的 Micro-F1 值表现为最低。由此可以验证 HMGCN 模型中设计的异质关联矩阵模块对于提高异质信息网络表示学习能力的有效性。

7. 参数分析实验

在 HMGCN 模型参数分析实验中，研究了隐藏层单元节点个数(hidden units)对本模型的影响。在保证其他参数和数据集一致的情况下，通过设置不同的隐藏层单元节点个数观察三个数据集(DBLP、IMDB、ACM)对 Micro-F1、Macro-F1、NMI 和 ARI 指标的影响。实验结果如图 6-28 表示。

从图 6-28 中可以看出，在 DBLP 数据集中，随着隐藏单元节点个数的变化，节点分类、聚类准确率仅有很小的变化，随着隐藏单元节点个数的增加，NMI、Micro-F1 和 Macro-F1 都有降低的趋势，总体保持缓慢变化的状态。在 ACM 数据集中，随着隐藏单元节点个数的增加，节点分类和聚类的准确率都有明显下降趋势，其中隐藏单元节点数量为 8 时有最优的性能。在 IMDB 数据集中，隐藏单元节点数量为 8 和 256 时有最优的性能，其他情况都次之。

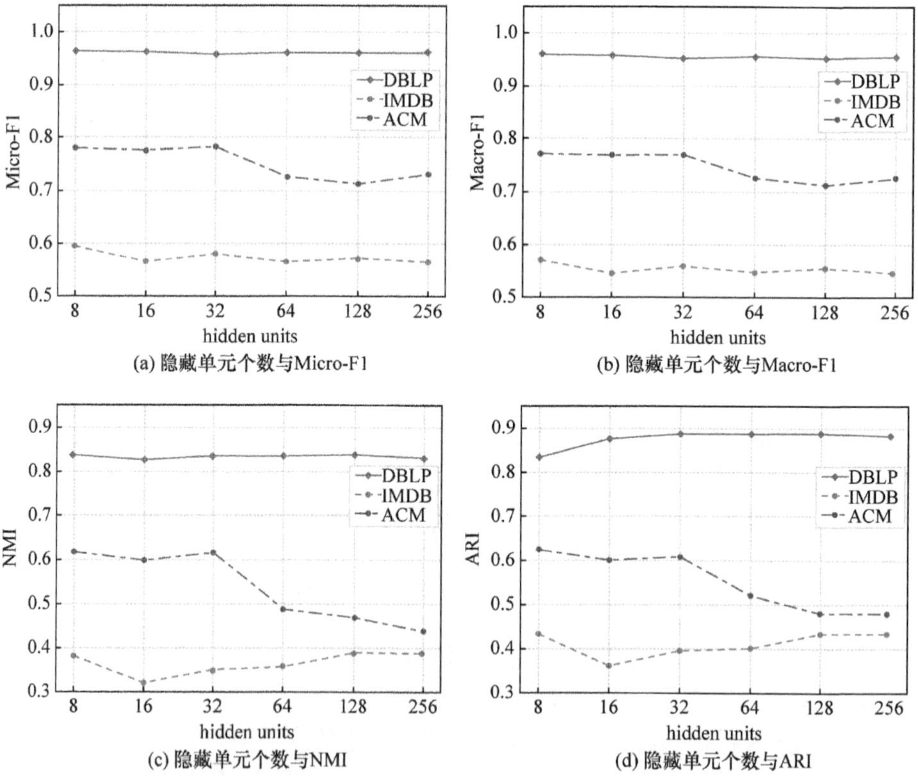

(a) 隐藏单元个数与Micro-F1　(b) 隐藏单元个数与Macro-F1

(c) 隐藏单元个数与NMI　(d) 隐藏单元个数与ARI

图 6-28　参数分析实验结果

第 7 章　基于认知推理的网络表示学习方法

7.1　胶 囊 网 络

胶囊网络(Capsule Network)被认为是卷积神经网络的代替方案，与卷积神经网络存在密切联系。早在 2011 年 Hinton 等人[127]提出了胶囊网络，此后，2017 年 Sabour 和 Hinton 等人[128]首次将胶囊网络基本结构应用在 MNIST 数据集上[129]，并取得了卓越的性能。紧随其后，2018 年 Sabour 和 Hinton 等人[130]又将胶囊网络应用在了检测对抗图像上，提出一种对抗样本自动检测的方法，该检测方法在 MNIST、Fashion-MNIST[131]、SVHN[131]三种图像数据集上取得了较好性能。

实现胶囊有三种方法：第一种是转换自动编码器[132]，它旨在强调网络识别姿势的能力；第二种是基于动态路由的向量胶囊[128]，它是对第一种胶囊网络实现方法的改进，去除了姿势数据作为输入，使用向量表示胶囊；第三种是基于期望最大化路由的矩阵胶囊[129]，它与使用向量输出的算法相反，提出将胶囊的输入和输出表示为矩阵。

本章模型需要保证网络结构不变性和节点的可解释嵌入，因此，采用第二种基于动态路由算法的向量胶囊模型来设计本模型。下面详细介绍此种胶囊网络架构。

1. 基于动态路由胶囊网络的架构

基于动态路由胶囊网络的架构是由卷积层、初级胶囊层(PrimaryCapsules)和分类胶囊层(DigitCaps)组成，如图 7-1 所示。胶囊(Capsule)是由一组神经元组成，是一个向量。胶囊的模长表示预测类别的概率，方向代表实例化参数。

第一层卷积层主要用于 MNIST 图片像素的局部检测。该卷积层设置 256 个通道，设置步长为 1，采用9×9的卷积核，使用 ReLU 激活函数对$28\times28\times1$的 MNIST 图片进行卷积操作。对图片卷积完成后值作为下一层的输入。

第二层初级胶囊层，本质是一个卷积层，该层设置 32 通道的 8D 卷积胶囊，8D 卷积胶囊是采用9×9的卷积核，步长为 2 的 8 个卷积单元组成。初级胶囊的输出是$6\times6\times32$个 8D 胶囊输出。

第三层数字胶囊层，本质是一个全连接层，具有 10 个 16D 胶囊，16D 胶囊的长度表示特征存在的概率，以根据 10 个类别进行分类。

在初级胶囊层和分类胶囊层用动态路由连接，由于 Conv1 输出为 1D，其空间中没有方向可供一致。因此，Cov1 和初级胶囊层之间不使用路由连接。

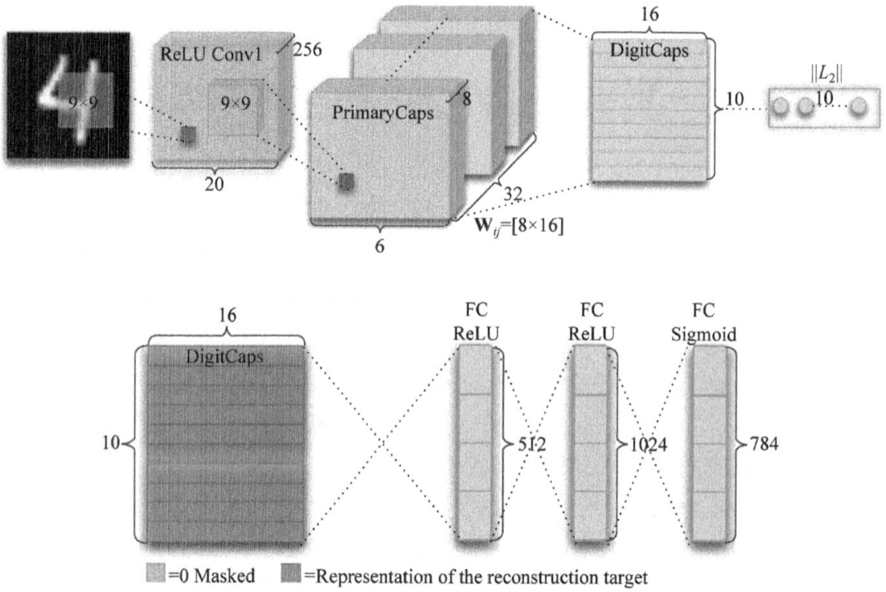

图 7-1　胶囊网络模型架构[7]

2. 动态路由算法

胶囊包含了特定实体的各种属性，比如姿态(位置、大小、方向)，纹理等。在胶囊网络中，胶囊的矢量特性提供了通过识别其部分来识别整个实体的优点。胶囊网络的反馈机制就是将层 l 的胶囊 $\boldsymbol{u}_i$ 激活到第 $l+1$ 层中所有的胶囊中。激活方式是首先得到第 l 层所有胶囊 $\boldsymbol{u}_i$ 与权重矩阵 $\boldsymbol{W}_{ij}$ 的乘积：

$$\hat{\boldsymbol{u}}_{j|i} = \boldsymbol{W}_{ij}\boldsymbol{u}_i \tag{7.1}$$

将所有 $\hat{\boldsymbol{u}}_{j|i}$ 进行加权和得到第 $l+1$ 层第 j 个胶囊的总输入 $\boldsymbol{s}_j$ ：

$$c_{ij} = \frac{\exp(b_{ij})}{\sum_k \exp(b_{ik})}, \quad \boldsymbol{s}_j = \sum_i c_{ij}\hat{\boldsymbol{u}}_{j|i} \tag{7.2}$$

其中，c_{ij} 是耦合系数(coupling coefficients)，$\sum_i c_{ij} = 1$ ，$\hat{\boldsymbol{u}}_{j|i}$ 表示第 l 层的胶囊 i 对第 $l+1$ 层的胶囊 j 的激活程度。b_{ij} 是胶囊 $\boldsymbol{u}_i$ 耦合到胶囊 j 的对数先验概率，初始值为零。其中，c_{ij} 和 b_{ij} 是由动态路由算法通过迭代决定的。

在式(2.60)和式(2.61)中，由于胶囊是一种矢量而不是标量，所以胶囊网络采取 squashing 非线性函数将胶囊压缩到一个在[0,1]之间向量，且保持向量的方向不变，以此来替代传统的 ReLU 等激活函数，得到胶囊 j 的矢量输出 $\boldsymbol{v}_j$：

$$\boldsymbol{v}_j = \frac{\left\|\boldsymbol{s}_j\right\|^2}{1+\left\|\boldsymbol{s}_j\right\|^2}\frac{\boldsymbol{s}_j}{\left\|\boldsymbol{s}_j\right\|} \tag{7.3}$$

$\boldsymbol{v}_j$ 会随着 $\hat{\boldsymbol{u}}_{j|i}$ 和 b_{ij} 的迭代更新而不断更新：

$$b_{ij} = b_{ij} + \hat{\boldsymbol{u}}_{j|i}\boldsymbol{v}_j \tag{7.4}$$

这就是动态路由算法的过程，也是此种胶囊网络架构方案的核心思想。该算法采用自顶向下的反馈机制很好地衡量了下层胶囊对上层胶囊的贡献程度。因此，这种遵循协议路由(routing-by-agreement)的算法思想要比原始最大池化的方式实现路由的思想要更加有效。

复杂网络在人类社会以及自然世界中普遍存在，在 20 世纪 80 年代开始兴起复杂性研究，是对社会科学领域、公共管理系统以及生命科学系统等复杂系统的研究方法论上的突破创新与拓展。大量的复杂系统(比如互联网、人际关系网、生态系统网，蛋白质交互网等)都可以抽象成各种各样的网络，通过复杂网络对复杂系统的行为特性加以描述。复杂网络中的节点表示复杂系统中的个体，边用来表示复杂系统中个体之间的关系。在复杂网络领域中通过统计学的研究方法发现，尽管网络的结构形态各异，但是有着极为相似的属性，例如在真实网络中大多数都呈现出明显的社团结构；网络中多数节点的度较小，而只有少数核心节点具有较大的度，并且节点的度分布和幂律分布接近；网络中具有明显的小世界特性，即随着网络的规模的增加，网络中任意两个节点之间最短连通路径长度往往并没有明显的变化。近些年随着通信技术带来的生产生活领域的变革，催生出微信、抖音、钉钉等社交及短视频平台，这也使得网络类型数据的种类和规模前所未有地增长。这些网络数据蕴含着人们在社会生活中形成的各种关系，对网络数据的研究可以获取到许多有价值的信息。所以如何更好地划分复杂网络的社团结构是一个热点话题

7.2　认 知 推 理

定义 7.1(网络)　网络 $V(G)=\{v_1,v_2,\cdots,v_n\}$ 是由节点(Vertex)和边(Edge)的一种图结构组成，其中 $V(G)=\{v_1,v_2,\cdots,v_n\}$ 表示网络的节点集合，$E(G)=\{e_1,e_2,\cdots,e_m\}$ 表示网络中的边集合，$|V|=n$ 表示网络中的节点数，$|E|=m$ 表示网络中的边数。

定义 7.2(属性网络)　属性网络表示为一个四个元组 $\boldsymbol{A}\in\boldsymbol{R}^{n\times n}$ 。$\boldsymbol{A}\in\boldsymbol{R}^{n\times n}$ 表示邻接矩阵，其中 $\boldsymbol{A}_{ij}=1$ 表示节点 v_i 和节点 v_j 之间有边连接，$\boldsymbol{A}_{ij}=0$ 则表示两个节

点之间没有边连接。$\boldsymbol{X}\in\boldsymbol{R}^{n\times d}$ 表示属性网络的特征矩阵。

定义 7.3(节点嵌入)　也称网络嵌入。节点嵌入是在一个属性网络 $y(\cdot):\boldsymbol{R}^{n\times n}\times\boldsymbol{R}^{n\times d}\to\boldsymbol{R}^{n\times\mathcal{K}}$ 中学习如下函数：

$$y(\cdot):\boldsymbol{R}^{n\times n}\times\boldsymbol{R}^{n\times d}\to\boldsymbol{R}^{n\times\mathcal{K}} \tag{7.5}$$

其中，d 表示节点属性的维度，$\mathcal{K}$ 表示嵌入的维度，该模型使用属性网络 v_i 作为输入，经过模型算法处理后，输出目标节点 v_i 的节点嵌入概率 $\boldsymbol{\varepsilon}_{v_i}\in\boldsymbol{R}^{\mathcal{K}\times\mathcal{K}}$，从而实现节点的低维嵌入。

定义 7.4(ADMET 性质分类的认知推理)　在 ADMET 性质的认知推理中，根据卷积网络找出的特征为线索，对其特征进行投票，得出各个实例特征对预测结果影响的概率值，进而实现 ADMET 性质的可解释性预测。

定义 7.5(节点嵌入的认知推理)　节点嵌入的认知推理是指实现节点的可解释嵌入。可解释包含两部分：一部分是使用节点密度作为节点注意力权重，指导模型学习节点特征；一部分是通过自顶向下、由果溯因的反馈机制，指导模型获得最佳嵌入结果。

定义 7.6(节点密度)　节点密度是由目标节点采用 BFS 算法进行 h 跳搜索所得到的生成子图的边和节点数量计算得出。在复杂网络中，节点密度与节点的重要性成正相关。在复杂网络的结构中，如果节点和其相邻节点位于同一个社区中，则社区归属度(community belongingness，CB)是确定的。因此，CB 可以为复杂网络中的节点嵌入结果提供指导依据。在复杂网络进行社区检测时，节点的初始 CB 是未知的，因而，CB 确定性是不可度量的。为了对给定节点的 CB 确定性进行量化评估，引入节点密度作为量化的标准。节点密度是由目标节点的 h 跳 BFS 生成子图的边和节点数量计算而来，具体定义如下：

$$\text{Density}=\frac{|E'|}{\left(\dfrac{|V'|(|V'|-1)}{2}\right)} \tag{7.6}$$

其中，E'，V' 表示目标节点 h 跳 BFS 搜索深度下生成子图中的边和节点，$|E'|$ 表边 E' 的数量，$|V'|$ 表示顶点集 V' 的数量。

定义 7.7(squashing 非线性挤压函数)　squashing 是一个非线性挤压函数，用于将向量挤压到一个[0,1]之间的值。squashing 定义如下，其中，$\boldsymbol{x}$ 表示一个向量：

$$\text{squashing}(\boldsymbol{x})=\frac{\|\boldsymbol{x}\|^2}{1+\|\boldsymbol{x}\|^2}\frac{\boldsymbol{x}}{\|\boldsymbol{x}\|} \tag{7.7}$$

7.3　卷积神经网络

CNN 一直是深度学习取得重大进展的核心。CNN 在图像处理领域具有广泛的应用，包括图像分类、目标检测等方面，成为图像处理领域的主流模型之一。第 3 章中使用了卷积神经网络，用其对灰度图像进行初步特征提取。由于卷积神经网络是一种众所周知的网络结构，这里不再赘述其基本原理，只简单介绍一下 CNN 的基本结构。卷积网络设计思想的核心定义是：

$$(f*g)(t)=\int_{-\infty}^{\infty}f(\tau)g(t-\tau)\mathrm{d}\tau \tag{7.8}$$

其中，其中 f 和 g 是两个函数，$*$表示卷积运算，$(f*g)(t)$ 表示卷积的结果。

CNN 网络结构的定义依据研究的问题而定，不同的问题有着不同的定义。一般来说，CNN 是由卷积层、池化层和全连接层组成。

卷积层是 CNN 的核心功能，主要用于提取图像的局部特征。卷积层包含多个卷积核，不同的卷积核提取不同的局部特征。卷积核深度越深提取特征就越多。卷积层之间具有的局部连接和共享参数特性保障了每一个卷积核能够输出一个局部特征。

池化层是对卷积层输出的特征映射进行特征降维，避免过拟合，减少输出的特征映射的维度。池化处理一般分为最大池化、平均池化。最大池化即在池化空间中采用最大值，可以有效提取特征图的纹理信息，平均池化在池化空间内采取平均值可以有效提取特征图的背景信息。

全连接层的作用是拟合多层卷积核池化输出的特征映射，用于预测结果。

7.4　面向结构化数据分类任务的认知推理网络表示学习模型

本节将以 ADMET 性质的分类任务为主线展开面向结构化数据分类任务的认知推理网络表示学习方法的研究，详细阐述了本章提出的单路认知推理机制的工作原理；提出了面向 ADMET 性质分类认知推理网络模型，并对模型的设计步骤和内容进行了详细介绍；给出了本节模型的实验结果与实验分析。

7.4.1　单路认知推理机制理论

在 Sabour 和 Hinton 等人[133]的工作中得到灵感，本节提出一种单路认知推理机制(one-way cognitive reasoning mechanism)。它是一种自顶向下、由果溯因的推理机制，该机制适用于结构化数据分类任务。该机制在动态路由机制[133]的基础上增加了由分类概率反馈特征选择的思想，以此来达到由果溯因，找到特征和特征之间的关联性和依赖性，实现可解释分类任务，如图 7-2 所示。

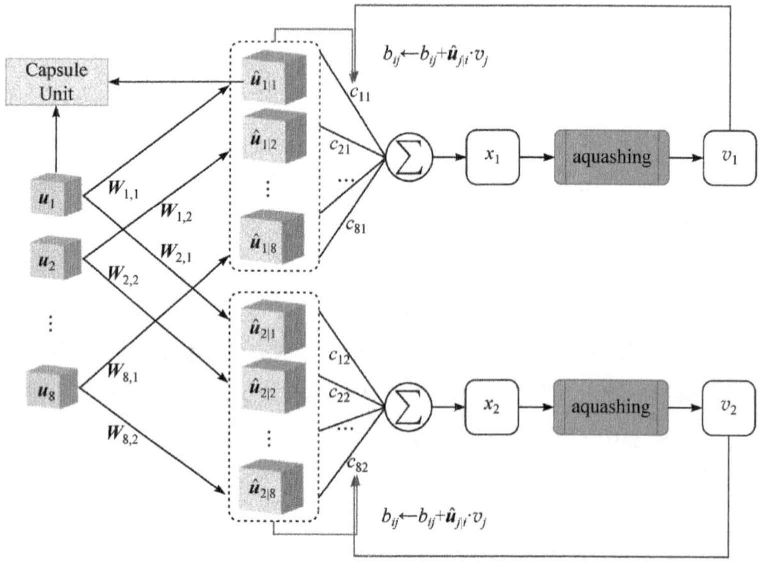

图 7-2　单路认知推理机制推理过程

认知推理机制主要完成第 l 层初级胶囊 $\boldsymbol{u}$ 到第 l+1 层高级胶囊 $\hat{\boldsymbol{u}}$ 的反馈调节：

$$\hat{\boldsymbol{u}}_{j|i} = \boldsymbol{W}_{ij}\boldsymbol{u}_i \tag{7.9}$$

其中，$\boldsymbol{W}_{ij}$ 表示随机权重矩阵，用 $\hat{\boldsymbol{u}}_{j|i}$ 表示高级胶囊。在调节的过程中，首先，初始化概率调节系数 $\boldsymbol{\theta}$，概率调节系数的初始值为零：

$$\boldsymbol{\theta}_{ij} = \sum_{o=1}^{j} \boldsymbol{v}_o \boldsymbol{W}_{io} \boldsymbol{u}_i = \sum_{o=1}^{j} \boldsymbol{v}_o \hat{\boldsymbol{u}}_i, \text{s.t.} \sum_{o=1}^{j} \boldsymbol{v}_o = 1 \tag{7.10}$$

其中，$\boldsymbol{v}_o$ 表示各个类别预测的概率值。$\boldsymbol{v}_o$ 是认知推理机制具备由果溯因的关键。最开始预设各个类别的概率值都是一致的，开始各个概率值表示为：

$$\boldsymbol{v}_o = 1/j, j \in \{1,2,\cdots\} \tag{7.11}$$

经过概率调整系数的调整后，概率值发生变化，完成由果溯因的指导性调整。第 l 层初级胶囊 $\boldsymbol{u}$ 到第 l+1 层高级胶囊 $\hat{\boldsymbol{u}}$ 的调节概率为：

$$\xi_{ij} = \sum_i \log P(p_{ij} \mid p_{i1}, p_{i2}, \cdots, p_{ij}) = \sum_i \frac{\boldsymbol{\theta}_{ij}}{\sum_{o=1}^{j} \exp(\boldsymbol{\theta}_{io})} \tag{7.12}$$

使用挤压函数 squashing 对第 l+1 层高级胶囊 $\hat{\boldsymbol{u}}$ 进行调节，将调节概率 $\boldsymbol{\xi}_{ij}$ 压缩到[0,1]之间，则得到的类别概率 $\boldsymbol{v}_j$ 是：

$$\boldsymbol{v}_j = \text{squashing}(\boldsymbol{\xi}_{ij} \cdot \hat{\boldsymbol{u}}_{j|i}) = \frac{\|\boldsymbol{\xi}_{ij}\|^2}{1+\|\boldsymbol{\xi}_{ij}\|^2} \frac{\boldsymbol{\xi}_{ij}}{\|\boldsymbol{\xi}_{ij}\|} \cdot \hat{\boldsymbol{u}}_{j|i} \tag{7.13}$$

在得到 $\boldsymbol{v}_j$ 后继续进行反馈调节：

$$\boldsymbol{\xi}_{ij} = \boldsymbol{\xi}_{ij} + \hat{\boldsymbol{u}}_{j|i} \cdot \boldsymbol{v}_j \tag{7.14}$$

直到达到的迭代次数 r 完成对各个类别概率的生成，最后对比各个类别概率值的大小实现对类别的预测。其中迭代次数 r 遵循 Sabour 与 Hinton 等人[133]的设定。单路认知推理机制的整体过程，如算法 7-1 所示。

算法 7-1：单路认知推理机制迭代过程算法

Input: 低级胶囊 $\boldsymbol{u}$，迭代次数 r，胶囊层数 l，当前类别标签 j。

Output: C 个类别的概率胶囊 $\boldsymbol{v}_j$ 。

1. 对第 l 层低级胶囊 $\boldsymbol{u}$ 和第 l+1 层高级胶囊 $\hat{\boldsymbol{u}}$

2. 初始化 $\boldsymbol{\theta}_{ij} \leftarrow 0, \boldsymbol{v}_0 = 1/j$

3. **while** $i = 1, 2, \cdots, \text{len}(\boldsymbol{u})$ **do**

4. $\hat{\boldsymbol{u}}_{j|i} = \boldsymbol{W}_{ij}\boldsymbol{u}_i$

5. $\boldsymbol{v}_j = \text{squashing}(\boldsymbol{\xi}_{ij} \cdot \hat{\boldsymbol{u}}_{j|i}) = \dfrac{\|\boldsymbol{\xi}_{ij}\|^2}{1+\|\boldsymbol{\xi}_{ij}\|^2} \dfrac{\boldsymbol{\xi}_{ij}}{\|\boldsymbol{\xi}_{ij}\|} \cdot \hat{\boldsymbol{u}}_{j|i}$

6. $r \leftarrow 3$

7. **while** 迭代 r **do**

8. $\boldsymbol{\xi}_{ij} = \boldsymbol{\xi}_{ij} + \hat{\boldsymbol{u}}_{j|i} \cdot \boldsymbol{v}_j$

9. **end while**

10. **end while**

该算法实现初级胶囊到高级胶囊的推理，进一步使用高级胶囊的结果反馈到初级胶囊的概率调节系数，完成自顶向下、由果溯因的过程。该算法的时间复杂度为 $O(n)$，时间复杂度来源于初级胶囊和高级胶囊的反馈过程。在推理的过程中为每一个特征计算概率值，最终形成每一个类别的概率值，使得最终的结果具备可解释性和可推理性，明显提升分类性能。

7.4.2　面向 ADMET 性质分类认知推理网络模型

本节提出的 CapsMC 主要用于处理具有高维度、体量大的 ADMET 结构化数据，面向任务是 ADMET 性质分类任务，框架结构如图 7-3 所示。CapsMC 的处理过程包含三个阶段：预处理阶段、特征提取阶段和认知推理阶段。预处理阶段主要将结构化数据实例转化为灰度图像数据实例；特征提取阶段主要用于提取预处理阶段的灰度图像实例特征；认知推理阶段主要是使用单路认知推理机制完成对提取的特征的进一步推理和概率预测,完成 ADMET 性质的可解释性分类任务。

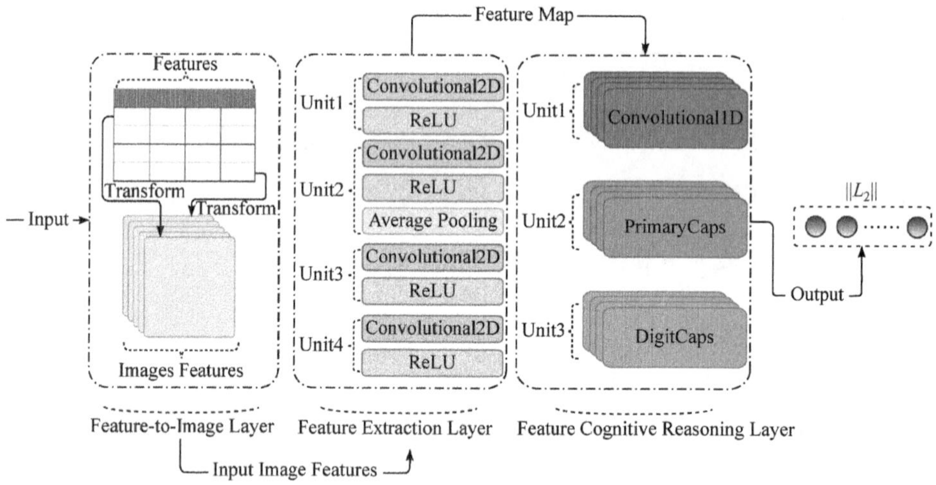

图 7-3　CapsMC 模型

1. 预处理阶段

在 Biao 等人[134]的工作中得到灵感，结合计算机存储 RGB 图像的思想，提出一种特征编码器(Feature-to-Image，F2I)。F2I 的主要工作是完成结构化数据向灰度图像数据的转换，即：

$$\boldsymbol{F}(a_{ij})\in\boldsymbol{R}^{n\times d}\to\boldsymbol{X}(s_{ij})\in\boldsymbol{R}^{z\times z},z=\sqrt[2]{d}\tag{7.15}$$

其中，$\boldsymbol{F}(a_{ij})\in\boldsymbol{R}^{n\times d}$ 表示实例的特征矩阵，$\boldsymbol{X}(s_{ij})\in\boldsymbol{R}^{z\times z}$ 表示实例对应转换后的灰度图像矩阵。其中，$\boldsymbol{F}_i$ 表示第 i 实例的特征向量，d 表示特征向量的维度，a_{ij} 表示第 i 个特征向量的第 j 个特征，s_{ij} 表示图像的灰度值，z 表示图像矩阵存储的空间维度。每一种特征的属性将成为图像上的像素点，通过对图像数据进行特征提取，即可提取出特征之间的相关信息。

实例特征的值是多尺度的，且度量方式不统一。因此，对实例特征进行规范化，即将每一个实例缩放到[0,1]之间，便于统一计算，缩放函数为：

$$\hat{a}_{ij}=(1-T_j)\frac{a_{ij}-\min\limits_{i=1,2,\cdots,n}(a_{ij})}{\max\limits_{i=1,2,\cdots,n}(a_{ij})-\min\limits_{i=1,2,\cdots,n}(a_{ij})}+T_j\frac{e^{a_{ij}}}{\sum_{i=1}^{n}e^{a_{ij}}},j\in(1,2,\cdots,d) \tag{7.16}$$

T 是缩放指示函数，用于规范缩放函数中数据计算的一种约束：

$$\begin{cases}T_j=1, & \text{s.t.}\ a_{ij}\geqslant 0\\ T_j=0, & \text{s.t.}\ \text{else}\end{cases} \tag{7.17}$$

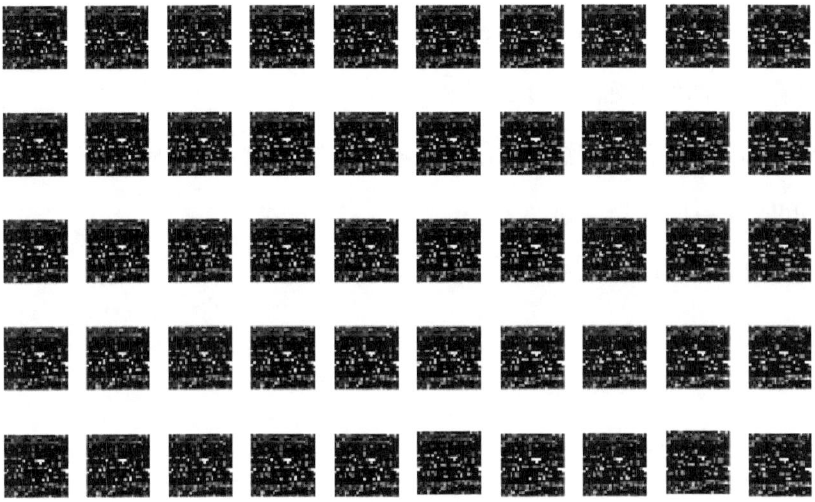

图 7-4　F2I 转换模型转换的部分图片

在进行缩放后，实例特征完成规范化。在规范化完成后，将规范完成后的实例特征进行图像编码，生成 $z\times z$ 的图像灰度矩阵 $\boldsymbol{X}$，生成的灰度图像如图 7-4 所示。

$$s_{uk}\leftarrow\left\lceil 255\hat{a}_{ib}\right\rceil,\quad \boldsymbol{X}_u=\{s_{u1},s_{u2},\cdots,s_{uk},\cdots,s_{uz}\} \tag{7.18}$$

其中，b 为计数系数，$0<b\leqslant z$ 。s_{uk} 表示图像灰度矩阵中第 u 行 k 列的像素值。

在进行图像编码时，实例特征并不会填满所有的像素点，这会出现像素点缺失的问题。针对这一问题，当 $z^2>d$ 时 F2I 使用特征向量的平均值进行填充：

$$s_{uk}=\left\lceil 255\frac{\sum_{j=1}^{d}\hat{a}_{ij}}{d}\right\rceil \text{s.t.}\ z^2>d,\quad \boldsymbol{X}_u=\{s_{u1},s_{u2},\cdots,s_{uk},\cdots,s_{uz}\} \tag{7.19}$$

F2I 特征编码器的整体流程，如算法 7-2 所示。输入是一个实例的特征向量 $\boldsymbol{F}_i(\hat{a}_{ij})\in\boldsymbol{R}^{1\times d}$ 和该实例特征矩阵维度 d。输出为灰度图像矩阵 $\boldsymbol{X}(s_{uk})\in\boldsymbol{R}^{z\times z}$ 。

首先，计算出灰度图像矩阵的存储空间维度 z，随后初始化一个 $z\times z$ 的灰度图像矩阵 $\boldsymbol{X}$ 。其次，定义计数系数 b 的初始值为零，计数系数 $b\leqslant d$ ，该计数系数用于标记 $\boldsymbol{F}_i$ 的当前需要填充的位置，即 $\hat{a}_{ib}$ 表示 $\boldsymbol{F}_i$ 的第 b 个值需要被填充。然后，开始向 X 中注入特征值。在填入时，若特征向量 F_i 已完全填充，但 X 中的像素点还存在未填充的位置，即 $z^2 > d$ 时使用平均值进行填充。最后，将 X 输出，完成灰度图像矩阵编码。

算法 7-2：灰度图像编码算法

Input: 特征矩阵行向量 $F_i(\hat{a}_{ij}) \in \mathbf{R}^{1 \times d}$，特征矩阵维度 d。

Output: 灰度图像矩阵 $X(s_{uk}) \in \mathbf{R}^{z \times z}$。

1. 　计算灰度图像矩阵的维度 $z = \sqrt[2]{d}$

2. 　随机初始化图像灰度矩阵 $X(s_{uk}) \in \mathbf{R}^{z \times z}$，定义计数系数 $b \leftarrow 0$

3. 　**while** $j \leftarrow 1, 2, \cdots, z$ **do**

4. 　　**while** $k \leftarrow 1, 2, \cdots, z$ **do**

5. 　　　**if** $b \leqslant d$ **then**

6. 　　　　$s_{uk} \leftarrow \lceil 255 \hat{a}_{ib} \rceil$

7. 　　　　$b \leftarrow b + 1$

8. 　　　**else**

9. 　　　　$s_{uk} = \left\lceil 255 \dfrac{\sum_{j=1}^{d} \hat{a}_{ij}}{d} \right\rceil$

10. 　　**end while**

11. 　**end while**

12. 　**Return** X

算法 7-2 的时间复杂度为 $O(n^2)$。特征矩阵的图像编码过程只需要在数据预处理阶段处理一次，因此，时间复杂度在可接受范围内。该算法将实例特征信息进行有序编码来达到量化特征之间的依赖性和关联性，将其量化为特征值。

2. 特征提取阶段

特征提取阶段使用卷积神经网络对实例特征灰度图像进行特征提取。卷积神经网络设计 4 组卷积层，1 组池化层以及 2 组全连接层，如图 7-5 所示。

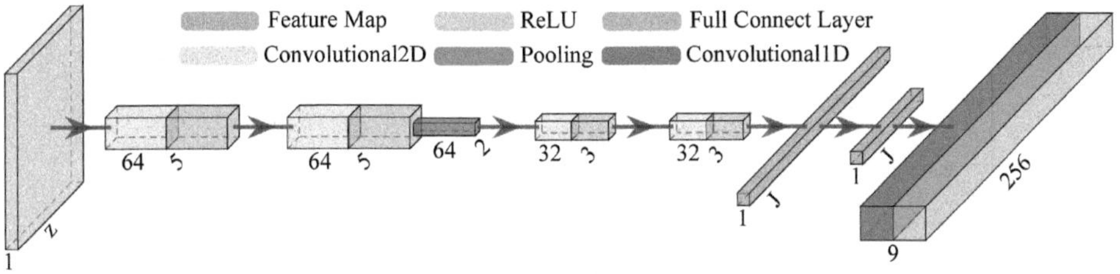

图 7-5　CNN 模块架构

卷积层采用 $5\times5\times64$ 和 $3\times3\times32$ 两种规格的卷积核进行卷积操作，采用 ReLU 函数作为激活函数。总的来讲，第 l 层的特征映射 $\delta_i^l(i=1,2,\cdots,I)$ 将反馈到第 $l+1$ 层特征映射 $\boldsymbol{\delta}_j^{l+1}(j=1,2,\cdots,J)$，输入的卷积核为 $\boldsymbol{W}_{ji}^{l+1}$，尺寸为 $K\times K$，则第 l 层反馈到第 $l+1$ 层的过程是：

$$\boldsymbol{\delta}_j^{l+1}=\sigma\left(\sum_{i=1}^{I}\sum_{j=1}^{K-1}\boldsymbol{W}_{ji}^{l+1}*\boldsymbol{\delta}_j^l+\boldsymbol{w}_b\right) \tag{7.20}$$

其中，I 表示第 l 层的特征映射的深度，J 表示第 $l+1$ 层特征映射的深度，$\boldsymbol{w}_b$ 为偏置。“*”表示进行卷积运算，$\sigma(\cdot)$ 表示 ReLU 激活函数。

卷积网络在进行池化时选用平均池化来保护实例灰度图像的背景信息，平均池化计算方式是：

$$f_j(x,y,z)=\sum_{1\leqslant x\leqslant h,1\leqslant y\leqslant w}^{h,w}\frac{\boldsymbol{\delta}_j^{l+1}(x-h,y-w,\boldsymbol{\alpha})}{h+w} \tag{7.21}$$

其中，(x,y) 表示第 $l+1$ 层特征映射的第 x 行 y 列特征，$\boldsymbol{\alpha}$ 表示特征值，h,w 表示卷积空间窗口的宽、高。

最后，使用全连接层拟合多层卷积操作和池化操作后的特征映射，为认知推理阶段做准备。具体来讲，若输入到全连接层的第 l 层的特征映射 $\psi_i^l(i=1,2,\cdots,I)$，第 $l+1$ 特征映射为 $\psi_i^{l+1}(i=1,2,\cdots,J)$，则有：

$$\psi_i^{l+1}=\boldsymbol{\sigma}\left(\sum_{i=1}^{I}\boldsymbol{\omega}_{ji}^{l+1}\psi_i^l+\boldsymbol{w}_b\right) \tag{7.22}$$

其中，$\boldsymbol{\omega}_{ji}^{l+1}$ 表示权重，$\boldsymbol{w}_b$ 表示偏置，I,J 表示全连接层神经元的数量。

3. 认知推理阶段

认知推理阶段利用胶囊网络架构对特征提出阶段提取的特征进行特征提取、仿射变换和实现 ADMET 性质的分类，如图 7-6 所示。

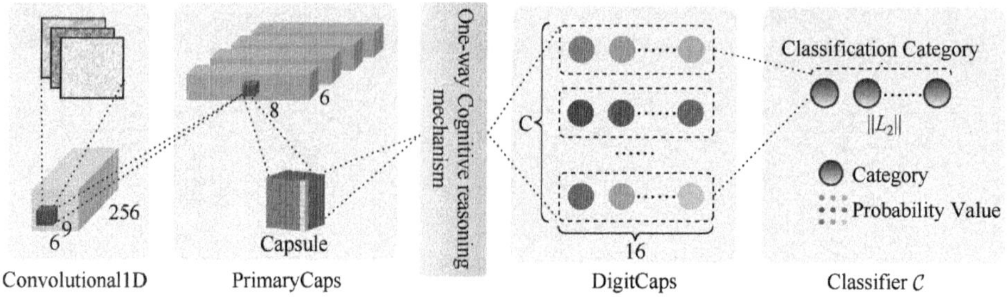

图 7-6 认知推理模块架构

在该阶段中，胶囊的模长表示类别预测的概率，方向表示实例化参数。胶囊网络架构包含卷积层、初级胶囊层、分类胶囊层。首先，使用卷积层对特征提取阶段提取的特征进行进一步特征提取和仿射变换。其次，在初级胶囊层完成胶囊的反馈调节，第 l 层胶囊通过单路认知推理机制完成对第 $l+1$ 层胶囊的反馈调节。最后在调节完成后，将调节后的概率胶囊输入到分类胶囊层的分类器 $\mathcal{C}$ ，完成对 ADMET 性质的分类：

$$\boldsymbol{J}_{\mathcal{C}_1} = \sum_{i=1}^{|\mathcal{J}|} \mathop{\mathbb{E}}_{(\boldsymbol{v}_i, y_i)\sim\mathcal{J}} \left[\mathcal{L}_{\mathcal{C}_1}(\mathcal{C}(\boldsymbol{v}_i); y_i) \right] \tag{7.23}$$

其中，类别概率 $\boldsymbol{v}_j$ ， y_i 表示实例的标签， $\mathcal{J}$ 表示实例的目标域， $\mathcal{L}_{\mathcal{C}_1}$ 是 CapsMC 的损失函数。

CapsMC 的损失函数为：

$$\mathcal{L}_{\mathcal{C}_1} = \sum_j \mathcal{I}_j \max\left(0, m^+ - \left\|\boldsymbol{v}_j\right\|\right)^2 + \lambda(1-\mathcal{I}_j)\max\left(0, \left\|\boldsymbol{v}_j\right\| - m^-\right)^2 \tag{7.24}$$

其中， m^+ 表示边缘上界， m^- 表示边缘下界。 λ 是权重因子，本章遵循基于动态路由算的胶囊网络[13]中参数设置，选用 $\lambda = 0.5$ ， $m^+ = 0.9$ ， $m^- = 0.1$ 。具体来讲，若最终分类的目标域为：

$$\mathcal{J} = \{(\boldsymbol{v}_j, y_j) \mid v_j \in \boldsymbol{R}^c, j = 1, 2, \cdots, n\} \tag{7.25}$$

其中， n 表示总类别数。目标域的样本在 $\boldsymbol{R}$ 维空间中是线性可分的，则存在一最佳的超平面使得概率样本全部可以没有错误地分开：

$$\mathcal{G}(\boldsymbol{x}) = x_1^2 + x_2^2 + \cdots x_c^2 = \boldsymbol{m}^2 \tag{7.26}$$

其中， $\boldsymbol{x}_i \in \boldsymbol{R}^c$ 是概率胶囊 $\boldsymbol{v}_j$ 在 $\mathcal{C}$ 维空间向量的坐标， $\boldsymbol{m}$ 表示边界的向量。

若概率样本所预测的类别存在，则预测的概率样本值都大于等于 m^+ ，若概率样本所预测的类别不存在，则预测的概率样本值都小于等于 m^- 。则决策函数为：

$$\begin{cases}\sqrt{x_1^2+x_2^2+\cdots+x_c^2} \geqslant m^+, \boldsymbol{x}_i \in \boldsymbol{R}^c \\ \sqrt{x_1^2+x_2^2+\cdots+x_c^2} \leqslant m^-, \boldsymbol{x}_i \in \boldsymbol{R}^c\end{cases} \tag{7.27}$$

m^+ 是边缘上界，m^- 是边缘下界，$\mathcal{C}$ 是指预测概率的类别。根据最小平方误差准则，概率样本到边缘的最小平方误差损失是：

$$\left|\boldsymbol{m}-\sqrt[2]{|\boldsymbol{g}(\boldsymbol{x})|}\right|^2 \tag{7.28}$$

对于 m^-，计算概率样本所预测类别不存在的损失为：

$$\sum_j \min\left(0, m^- - \sqrt[2]{|g(\boldsymbol{x})|}\right)^2,\ \text{s.t.}\sqrt[2]{x_1^2+x_2^2+\cdots+x_c^2}-m^- \leqslant 0, \boldsymbol{x}_i \in \boldsymbol{R}^c \tag{7.29}$$

等价于

$$\sum_j \max\left(0, \sqrt[2]{|g(\boldsymbol{x})|}-m^-\right)^2,\ \text{s.t.}\sqrt[2]{x_1^2+x_2^2+\cdots+x_c^2}-m^- \leqslant 0, \boldsymbol{x}_i \in \boldsymbol{R}^c \tag{7.30}$$

对于 m^+，计算存在的概率样本的损失为：

$$\sum_j \min\left(0, \sqrt[2]{|g(\boldsymbol{x})|}-m^+\right)^2,\ \text{s.t.}\sqrt[2]{x_1^2+x_2^2+\cdots+x_c^2}-m^+ \geqslant 0, \boldsymbol{x}_i \in \boldsymbol{R}^c \tag{7.31}$$

等价于：

$$\sum_j \max\left(0, m^+ - \sqrt[2]{|g(\boldsymbol{x})|}\right)^2,\ \text{s.t.}\sqrt[2]{x_1^2+x_2^2+\cdots+x_c^2}-m^+ \geqslant 0, \boldsymbol{x}_i \in \boldsymbol{R}^c \tag{7.32}$$

对于目标域的所有概率样本，所预测的类别具有互斥性，存在两种情况：类别存在和类别不存在，则有：

$$\mathcal{I}=\begin{cases}1, & \text{category exists}\\ 0, & \text{otherwise}\end{cases} \tag{7.33}$$

定义 $\mathcal{I}$ 为分类指示函数，则在类别存在时 $\mathcal{I}=1$，在类别不存在时 $\mathcal{I}=0$。则对于所有概率样本的损失有：

$$\sum_j I_j \max\left(0, m^+ - \|\boldsymbol{v}_j\|\right)^2 + (1-I_j)\max\left(0, \|\boldsymbol{v}_j\|-m^-\right)^2 \tag{7.34}$$

在模型训练过程中为解决目标域样本失衡的问题，加入一个权重因子 λ。因此，损失函数为：

$$\mathcal{L}_{\mathcal{C}} = \sum_j I_j \max\left(0, m^+ - \|\boldsymbol{v}_j\|\right)^2 + \lambda(1-I_j)\max\left(0, \|\boldsymbol{v}_j\|-m^-\right)^2 \tag{7.35}$$

4. 模型训练过程

本节展示 CapsMC 所有模块联合训练的过程。总体而言，模型训练分为两个阶段：特征编码阶段和 ADMET 性质分类阶段，模型训练过程如算法 7-3 所示。

在特征编码阶段，CapsMC 使用 F2I 编码器完成对实例特征的灰度图像编码，将结构化实例特征编码为灰度图像实例特征，并将其按 8∶2 的比例划分为训练集和测试集。将划分好的训练集输送到 ADMET 性质分类阶段。

在 ADMET 性质分类阶段，首先对模型进行训练，在训练的过程中使用 $\mathcal{L}_C$ 计算模型的损失，以此来更新 CapsMC 参数。其次，使用测试集对模型进行测试。最后，比较各个类别的概率，输出预测结果。

算法 7-3：CapsMC 模型训练过程算法

Input: n 行 d 列的结构化数据集，训练次数 epochs。

Output: 预测类别。

1. 初始化灰度图像数据集 $\hat{\boldsymbol{X}}$
2. **while** $r \leftarrow 1,2,\cdots,n$ **do**
3. 　选取数据集的 r 行，将其通过 F2I 编码器转换成灰度图像矩阵 $\boldsymbol{X}$
4. 　将 $\boldsymbol{X}$ 添加入 $\hat{\boldsymbol{X}}$
5. **end while**
6. 将 $\hat{\boldsymbol{X}}$ 按照 8∶2 划分训练集和测试集
7. **while** $\text{epochs} \leftarrow 1,2,\cdots,\text{epochs}$ **do**
8. 　使用训练集训练 CapsMC
9. 　使用 $\mathcal{L}_C$ 计算模型训练损失，更新模型参数
10. 　使用测试集对模型进行验证
11. **end while**
12. 比较输出的每种类别的概率，输出预测结果

7.4.3 实验分析

本小节探索 CapsMC 在不同的真实的 ADMET 性质分类数据集上的性能。为

了验证 CapsMC 模型的有效性，本节详细阐述了实验数据、实验设置、评估指标和对比实验，同时，对实验结果进行了详尽的分析。

1. 数据集说明

本实验使用了针对乳腺癌治疗靶标的 1974 个化合物生活活性数据进行了 5 种 ADMET 性质的分类，每一种化合物使用 729 种分子描述符的信息，数据集来源于中国研究生数学建模竞赛。5 种数据集分别是小肠上皮细胞渗透性(Caco-2)数据集、化合物心脏安全性评价(hERG)数据集、细胞色素 P450 酶 3A4 亚型(CYP3A4)数据集、人体口服生物利用度(HOB)数据集与微核试验(MN)数据集。Caco-2 数据集可度量化合物被人体吸收的能力；CYP3A4 是人体内的主要代谢酶，可度量化合物的代谢稳定性；hERG 可度量化合物的心脏毒性；HOB 数据集可度量药物进入人体后被吸收进入人体血液循环的药量比例。MN 数据集可以检测化合物是否具有遗传毒性。详细性质描述如表 7-1 所示。

表 7-1　ADMET 性质详细描述

性质名称	性质简称	性质描述
小肠上皮细胞渗透性	Caco-2	可度量化合物被人体吸收的能力
细胞色素 P450 酶 3A4 亚型	CYP3A4	人体内的主要代谢酶，可度量化合物的代谢稳定性
化合物心脏安全性评价	hERG	可度量化合物的心脏毒性
人体口服生物利用度	HOB	可度量药物进入人体后被吸收进入人体血液循环的药量比例
微核试验	MN	是检测化合物是否具有遗传毒性

2. 实验设置

本实验需要的实验环境需要的硬件环境是一台 6.2GHz、16G 内存、NVIDIA GeForce RTX 2080Ti 的计算机，使用 TensorFlow 深度学习框架进行程序的编写和训练。所有基于机器学习的对比算法是基于 Scikit-Learn 学习库编写和训练的。在训练的过程中训练的次数是 1000 次，选用 Adam 优化器优化损失函数。

3. 评估指标

在医学领域，二分类问题是将样本分为两类：阳性(Positive)和阴性(Negative)。阳性表示某一症状或病毒存在；阴性则相反，表示该症状或病毒不存在。二分类问题在医学领域中的应用非常广泛，例如诊断癌症、心脏病、糖尿病等疾病，以及评估患者的治疗效果等。

在二分类问题中，一般选用查准率(Precision)、查全率(Recall)、F1 值以及 AUC 值进行模型评估。这几种评估方法是在这四种决策结果的基础之上计算得来：真正例(TP)、假正例(FP)、真负例(TN)、假负例(FN)。统计这四种结果分别对应的样本数，可得到如表 7-2 所列的决策结果。其中，0 表示阴性，1 表示阳性。

表 7-2　二分类的决策结果

真实类别	预测类别	
	0 类样本数量	1 类样本数量
0 类样本数量	True Negative (TN)	False Positive (FP)
1 类样本数量	False Negative (FN)	True Positive (TP)

根据表 7-2 计算可得查准率(Precision)、查全率(Recall)、F1 值以及 AUC 值如下：

查准率：也称精确率，是指在所有预测为正例的样本中，样本为正例所占比例，定义为：

$$\text{Precision}=\frac{\text{TP}}{\text{TP+FP}} \tag{7.36}$$

查全率：在所有实际为正例的样本中，预测为正例所占比例，定义为：

$$\text{Recall}=\frac{\text{TP}}{\text{TP+FN}} \tag{7.37}$$

F1 值：查准率和查全率是一对矛盾的度量，一般来说，查准率高时，查全率往往偏低，而查全率高时，查准率往往偏低，故采用 F1 调和均值，定义为：

$$\begin{aligned}F_1 &= \frac{1}{\frac{1}{2}(1/\text{Precision}+1/\text{Recall})}\\ &=\frac{2}{\frac{\text{TP+FP}}{\text{TP}}+\frac{\text{TP+FN}}{\text{TP}}}\\ &=\frac{2\text{TP}}{2\text{TP+FP+FN}}\end{aligned} \tag{7.38}$$

除了上述指标，采用 ROC 曲线衡量模型好坏。ROC 曲线是基于样本的真实类别和预测类别的概率，其纵坐标是真正率(True Positive Rate，TPR)，横坐标是假正率(False Positive Rate，FPR)，TPR 是预测为正例且实际为正例的样本占所有正例样本的比例，FPR 是预测为正例但实际为负例的样本占所有负例样本的比例。TPR 和 FPR 的定义为：

$$\text{TPR}=\frac{\text{TP}}{\text{TP+FN}},\quad \text{FPR}=\frac{\text{FP}}{\text{FP+TN}} \tag{7.39}$$

采用 AUC 值作为衡量模型的指标。AUC 值是 ROC 曲线下方的面积，AUC 值通常在 0.5～1 之间，值越大说明模型性能相对较好。

4. 基准方法

实验中使用 10 个算法在查准率、查全率、F1 值以及 AUC 值四种评价指标下与 CapsMC 的实验结果进行对比分析，主要包括机器学习基本算法分类方法、机器学习集成算法分类方法和深度学习算法分类方法。其中，与基于机器学习算法进行对比的模型来源于 Scikit-Learn 学习库中的算法，描述如下：

机器学习基本算法分类方法：包括 DT、SVM、KNN、LR、LDA、NB 六种方法。DT 是一种遵循 IF-ELSE-THEN 规则的算法，SVM 是一种根据超平面划分的算法，KNN 是一种采用多数投票实现分类的非线性方法，LR 是一种最简单的线性模型，LDA 是一种通过降维来线性分类的二分类模型，NB 是利用贝叶斯原理的分类方法。这些机器学习基本方法是 ADMET 性质检测的常规算法，因此本章选用这些算法作为 ADMET 性质分类基准方法。

机器学习集成算法：包括 RF、XGBoost 两种方法。RF[135]是一种利用多种 DT 对样本进行训练和预测的分类器，XGBoost[136]是一种选用梯度提升决策树策略的集成方法。RF[135]、XGBoost[136]是当前大型药物公司检测 ADMET 性质的常规分类算法，因此本节选用这两种算法作为 ADMET 性质检测的基准方法。

深度学习算法：包括 MGA[137]、F2I-CNN 两种方法。F2I-CNN 是利用本章提出的 F2I 编码器+CNN 网络的一种方法。该方法可以有效验证 F2I 编码器的有效性，因此本节选用该方法作为 ADMET 性质分类任务的基准方法。MGA[137]是一种基于注意力机制的多任务图注意模型，该方法用于分子毒性检测，是当前研究中最先进的线上 ADMET 性质质检平台 ADMETlab6.0 的核心。因此，本节选用该模型作为 ADMET 性质分类任务的基准方法。

5. 实验结果与分析

本小节展示 CapsMC 模型的实验结果和实验分析结果。总体来看，本小节从模型的训练过程和模型的性能两方面进行了实验分析。实验结果如表 7-3 所示。

在模型训练过程中，CapsMC 对 5 种数据集进行了训练，每次迭代次数为 1000 次，训练过程如图 7-7 所示。其中，红色代表训练集的精确率，蓝色代表测试集的精确率，绿色代表训练集的损失精度，黑色代表测试集的损失精度。

从图 7-7 中可知，CapsMC 在模型训练阶段的精确率都达到了 100%，损失精度方面均接近于零，取得了优异的效果。其中，Caco-2、CYP3A4、hERG、MN 四种数据集的损失精度小于 0.1，HOB 略高，但是其损失精度也小于 0.2。

总体来看模型具有较优的性能能够快速收敛和快速稳定，不存在梯度爆炸和梯度消失的问题。

表 7-3　CapsMC 模型的实验结果

ADMET	F1/%	Precision/%	Recall/%	AUC
Caco-2	90.14	90.17	90.13	0.90
CYP3A4	95.17	95.16	95.19	0.93
hERG	90.85	90.94	90.89	0.91
HOB	86.08	86.55	86.78	0.80
MN	94.39	94.37	94.43	0.92
Average	90.73	90.84	90.68	0.89

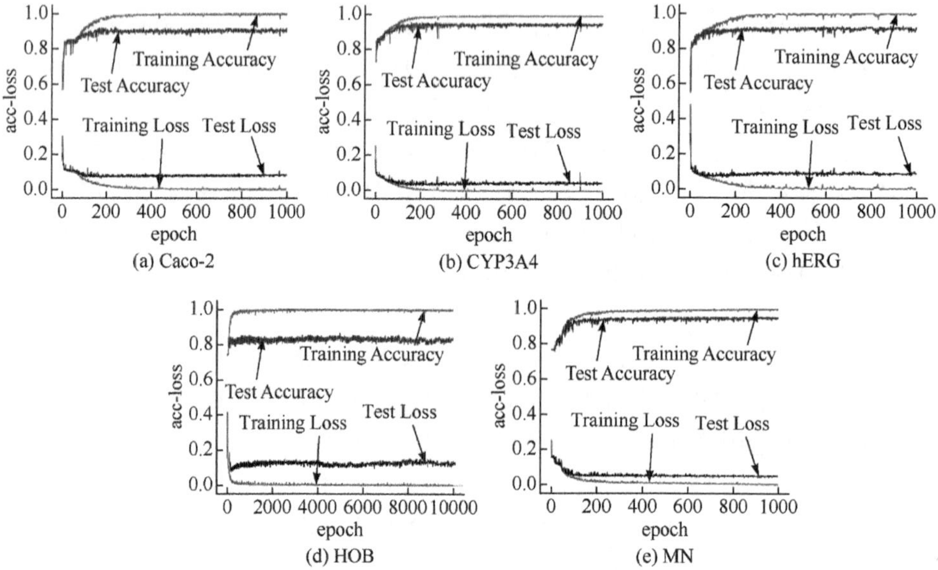

图 7-7　CapsMC 模型训练过程

实验使用 CapsMC 对 5 种 ADMET 性质的测试集进行分类预测，分别得到 5 种 ADMET 性质的决策结果热图，如图 7-8 所示。

其中，纵轴代表真实类别标签，横轴表示预测类别标签，颜色深度表示样本数量。颜色越黑表示数量越少，颜色越白表示数量越多。从图中看，FP 和 FN 两个模块均呈现为黑色。TP、TN 呈现粉色、橘黄色和淡粉色，这是由于每一个样本集中的 0 标签和 1 标签的样本数量决定的，总体趋向于白色的。总体而言，从图中可以简略看出 CapsMC 模型对 5 种 ADMET 性质实现了很好的分类。

图 7-9 表示在 5 种 ADMET 性质上 CapsMC 不同评价指标的统计情况。结合图 7-7 和表 7-3 可以看出，CapsMC 在 5 种数据集上有良好的性能表现。从五种数

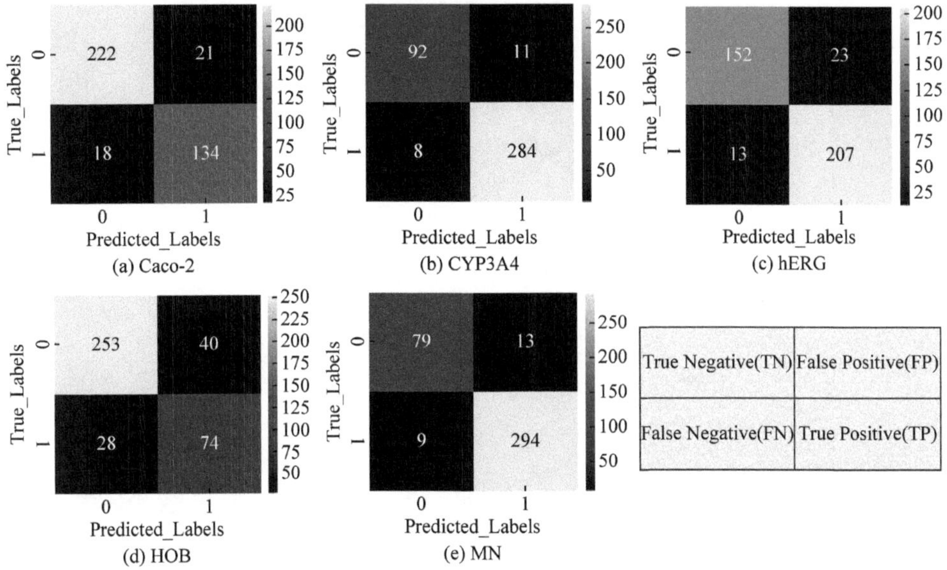

图 7-8　5 种 ADMET 性质分类决策结果热图

据集上的单项来看，模型在 Caco-2、CYP3A4、hERG、MN 四种数据集上的 F1、Precision、Recall 以及 AUC 值达到 90%以上，CYP3A4 数据集的四种评价指标结果达到最高。HOB 数据集则相反，四种评价指标结果最低。从平均值分析，五种数据集的查准率、查全率、F1 值以及 AUC 值的平均值均达到 90%左右。因此，CapsMC 对 ADMET 性质的预测表现稳定的性能。此外，图 7-10 展示了 CapsMC 在五种 ADMET 性质分类结果上不同评价指标的稳定表现，从图 7-10 可以得知，CapsMC 在五种 ADMET 性质分类结果上的 4 种评价指标表现稳定。

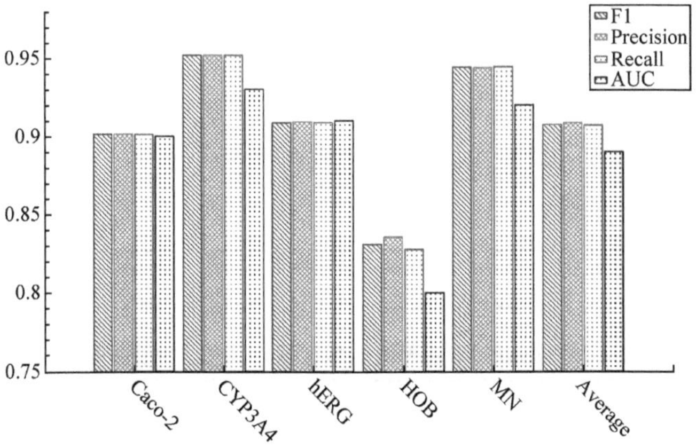

图 7-9　五种 ADMET 性质使用 CapsMC 不同评价指标的统计

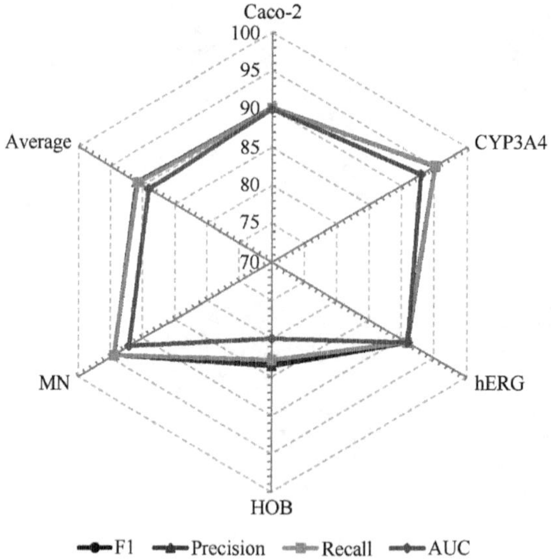

图 7-10 五种 ADMET 性质分类结果在不同评价指标的稳定性

6. 对比实验结果与分析

本小节分为三部分进行阐述：CapsMC 与基于机器学习基本算法、基于机器学习集成算法的对比实验分析，与深度学习算法的对比实验的分析。

(1) CapsMC 与基于机器学习基本算法的对比实验

CapsMC 与基于机器学习基本算法的对比实验结果如表 7-4 所示，其中，F 表示 F1 值，P 表示查准率、R 表示查全率，A 表示 AUC 值。

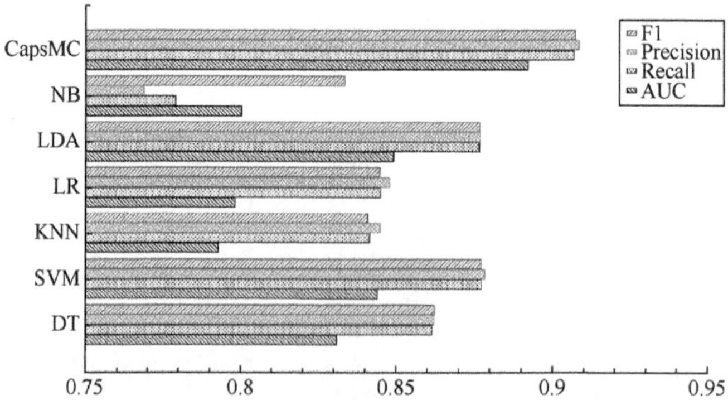

图 7-11 与机器学习基本算法对比的 4 种评估指标平均值实验结果

表 7-4 CapsMC 与基于机器学习基本算法的对比实验结果

数据集	指标	DT /%	SVM /%	KNN /%	LR /%	LDA /%	NB /%	CapsMC /%
Caco-2	F	85.36	86.69	86.14	85.91	84.75	84.82	**90.14**
	P	85.32	86.58	86.08	85.82	84.81	86.03	**90.17**

续表

数据集	指标	DT /%	SVM /%	KNN /%	LR /%	LDA /%	NB /%	CapsMC /%
Caco-2	R	85.33	86.62	86.10	85.86	84.77	86.27	**90.13**
	A	84.62	86.14	85.48	85.27	86.71	86.91	**90.00**
CYP3A4	F	89.37	96.04	90.00	90.49	91.30	88.82	**95.17**
	P	89.37	96.15	90.13	90.63	91.39	86.08	**95.16**
	R	89.37	96.00	90.05	90.52	91.34	86.67	**95.19**
	A	86.21	88.09	86.41	86.75	88.21	87.75	**96.00**
hERG	F	84.84	88.15	86.45	85.52	89.12	85.40	**90.85**
	P	84.56	88.10	86.33	85.32	89.11	85.32	**90.94**
	R	84.40	88.05	86.24	85.19	89.0	85.34	**90.89**
	A	86.68	87.62	85.68	84.54	88.77	85.30	**90.00**
HOB	F	86.48	80.31	76.39	78.15	86.52	74.05	**86.08**
	P	86.53	80.76	74.94	79.2	86.29	58.48	**86.55**
	R	86.50	80.50	76.93	78.45	86.39	60.82	**86.78**
	A	77.04	76.61	66.93	69.71	78.83	64.98	**80.00**
MN	F	89.17	91.47	84.56	86.35	89.74	86.68	**94.39**
	P	89.37	91.65	85.32	86.29	89.87	76.41	**94.37**
	R	89.24	91.49	84.49	86.54	89.79	74.53	**94.43**
	A	86.99	86.61	74.91	76.84	85.07	78.23	**96.00**
5 类平均值	F	86.24	87.73	84.10	84.48	87.68	86.35	**90.73**
	P	86.23	87.85	84.50	84.80	87.69	76.86	**90.84**
	R	86.17	87.73	84.16	84.51	87.67	77.92	**90.68**
	A	86.11	84.41	79.28	79.82	84.91	80.03	**89.20**

具体来说，从表 7-4 和图 7-11 来看，相比于经典的线性算法 LDA、LR、SVM，在 Caco-2、CYP3A4 两种性质上的四种评价指标增益约 3%～5%，在 hERG、HOB、MN 三种性质上的四种评价指标增益 1%～4%，在五种性质的平均值上的四种评价指标增益 3%～5%。相比于经典的非线性算法 DT、KNN、NB，在五种性质上的四种评价指标增益 3%～8%。相对于六种算法中最优结果，在 Caco-2、MN 两种性质上四种评价指标增益约 4%，在 CYP3A4 性质上四种评价指标增益约 3%，在 hERG、HOB 两种性质上四种评价指标增益约 1%。从五种性质的平均值看，相比于线性方法 SVM、LDA，F1 值、查准率、查全率增益 3%左右，AUC 值增益 4%左右；相比于线性方法 LR，F1 值、查准率、查全率增益 5%左右，AUC 值增益 9%左右。相比非线性方法 DT、KNN，F1 值、查准率、查全率增益 4%～6%，AUC 值增益 6%～10%；相比于非线性方法 NB，F1 值、查准率、查全率增益 9%～14%，AUC 值增益 9%左右。因此，CapsMC 在 ADMET 性质分类上要比经典的机器学习算法的分类效果更加显著。

(2) CapsMC 与基于机器学习集成算法的对比实验

基于机器学习集成算法使用当前大型药物公司的 ADMET 性质常规分类算法 RF 和 XGBoost 进行对比。对比实验结果如表 7-4 所示，其中，F 表示 F1 值，P 表示查准率、R 表示查全率，A 表示 AUC 值。

结合表 7-5 和图 7-12 来看，相比于 RF，在 Caco-2、CYP3A4、HOB 三种性质的四种评价指标增益 1%左右，在 MN、hERG 两种性质的四种评价指标具有竞争力的结果。相比于 XGBoost，在 Caco-2、hERG、HOB 三种性质的评价指标增益 1%左右；在 CYP3A4 性质的四种评价指标具有竞争力的结果；在 MN 性质上 F1 值、查准率、查全率三种评价指标增益 3%左右，AUC 值增益 7%左右。

从 5 种性质的平均值来看，CapsMC 模型在 F1 值、查准率、查全率三种评价指标上具有竞争力的结果，在 AUC 值上高 3%左右。

因此，结果表明，CapsMC 达到生产环境的要求，在某些性质的预测甚至高于标准。从 AUC 值来看，CapsMC 是表现更加稳定的性能。

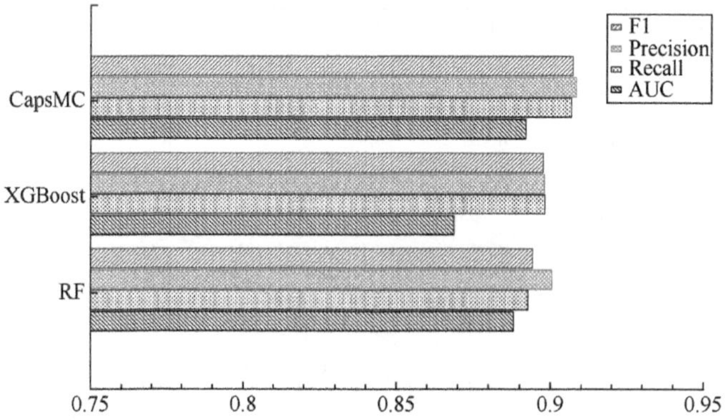

图 7-12　CapsMC 与基于机器学习集成算法的对比实验结果统计

(3) CapsMC 与深度学习算法的对比实验

基于深度学习方法采用目前最先进的理论模型 MGA 和 F2I+CNN(F2I-CNN) 进行对比。对比实验结果见表 7-6 所示，其中，F 表示 F1 值，P 表示查准率、R 表示查全率，A 表示 AUC 值。

表 7-5　CapsMC 与基于机器学习集成算法的对比实验结果

数据集	评估指标	RF/%	XGBoost/%	CapsMC/%
Caco-2	F	89.26	89.48	**90.14**
	P	89.11	89.38	**90.17**
	R	89.16	89.40	**90.13**
	A	89.26	89.14	**90.00**

续表

数据集	评估指标	RF/%	XGBoost/%	CapsMC/%
CYP3A4	F	94.43	95.38	**95.17**
	P	94.43	95.42	**95.16**
	R	94.31	95.44	**95.19**
	A	94.43	96.83	**96.00**
hERG	F	89.21	89.81	**90.85**
	P	90.88	89.99	**90.94**
	R	90.80	89.87	**90.89**
	A	89.20	89.33	**90.00**
HOB	F	81.29	86.50	**86.08**
	P	80.68	86.47	**86.55**
	R	80.98	86.53	**86.78**
	A	80.00	77.04	**80.00**
MN	F	96.96	91.65	**94.39**
	P	95.14	91.74	**94.37**
	R	91.18	91.89	**94.43**
	A	91.18	86.01	**96.00**
5 类平均值	F	89.43	89.76	**90.73**
	P	90.48	89.80	**90.84**
	R	89.28	89.82	**90.68**
	A	88.81	86.87	**89.20**

表 7-6　CapsMC 与深度学习算法的对比实验结果

数据集	评估指标	MGA /%	F2I-CNN/%	CapsMC/%
Caco-2	F	88.28	88.29	**90.14**
	P	88.25	88.24	**90.17**
	R	88.32	88.27	**90.13**
	A	84.04	88.48	**0.9**
CYP3A4	F	96.41	96.26	**95.17**
	P	94.04	96.44	**95.16**
	R	96.15	96.29	**95.19**
	A	96.37	91.24	**96.00**
hERG	F	86.62	88.35	**90.85**
	P	86.73	88.35	**90.94**
	R	86.55	88.36	**90.89**
	A	84.64	88.15	**90.00**

续表

数据集	评估指标	MGA /%	F2I-CNN/%	CapsMC/%
HOB	F	86.25	86.64	**86.08**
	P	86.14	86.48	**86.55**
	R	81.55	86.13	**86.78**
	A	76.54	75.42	**80.00**
MN	F	89.35	91.20	**94.39**
	P	89.98	96.11	**94.37**
	R	89.09	90.89	**94.43**
	A	88.44	91.28	**96.00**
5 类平均值	F	87.98	88.75	**90.73**
	P	88.43	88.92	**90.84**
	R	87.73	88.79	**90.68**
	A	84.41	86.91	**89.20**

具体讲，结合表 7-6 和图 7-12，与 MGA 相比，在 Caco-2、CYP3A4 性质上的 F1、查准率、查全率三种评价指标增益 2%左右，AUC 值分别高约 6%、2%；在 hERG 性质上的 F1、查准率、查全率三种评价指标高约 4%，AUC 值增益约 5%；在 HOB 上的 F1、查准率、查全率三种评价指标具有竞争力的结果，AUC 值高约 7%；在 MN 性质上的 F1、查准率、查全率 AUC 值四种评价指标高出约 4%。与 F2I-CNN 相比，在五种性质上的三种评价指标增益 1%～3%，在 AUC 值高约 1%～4%。

从五种性质的平均值相比，CapsMC 比 MGA、F2I-CNN 在 F1、查准率、查全率三种评价指标上高约 2%，AUC 值增益 2%～4%。

因此，与 MGA 模型相比，CapsMC 具有更优异的性能。与 F2I-CNN 模型对比，CapsMC 综合指标更好，充分表明认知推理机制的有效性。F2I-CNN 与 MGA 相比，F2I-CNN 具有竞争力的精度增益，在某些评价指标上要高于 MGA。这说明 F2I 将特征之间的关联性和依赖性量化为灰度像素值对分类结果具有显著影响。

7.5　面向图数据任务的认知推理网络表示学习模型

本节将以引文网络为代表的图数据节点嵌入展开对网络表示学习任务的研究，详细阐述了本章提出的双路认知推理机制的工作原理；提出了面向属性网络节点嵌入的认知推理网络模型，并对模型的设计思路和技术路线进行了详细的说明；最后给出了本节模型的实验结果与实验分析。

7.5.1　双路认知推理机制理论

受 Sabour 等人[133]的工作的启发，在探索第 7.2 节单路认知推理机制的基础上，本节提出一种双路认知推理机制(two-way cognitive reasoning mechanism)。双路认知推理机制是一种计算嵌入某维度概率的概率计算机制，主要用于计算双层胶囊网络层中的胶囊的矢量输入和输出。相比于单路认知推理机制，同样是一种自顶向下、由果溯因的推理机制。两者的不同点在于适用的计算任务不同，前者适用于结构化数据的分类任务，后者适用于属性网络嵌入任务。双路认知推理机制的过程，如图 7-13 所示。

1. 认知推理机制工作原理

认知推理机制的特性在于它通过反向传播更新参数的方式得到每一个胶囊嵌入到某一维度的概率值，从而可解释地推断节点嵌入。首先，该组向量的每一个向量 $\mathcal{D}_i$ 都与一个随机权重矩阵 $\boldsymbol{W}\in\boldsymbol{R}^{d\times\mathcal{K}}$ 相乘得到 $\mathcal{K}$ 组 $\left(|q-1|,\mathcal{K}\right)$ 投票胶囊 $\hat{\mathcal{D}}$ 。每组投票胶囊 $\hat{\mathcal{D}}$ 与推理迭代系数 c 作加权和得到节点 v 的概率胶囊 $\mathcal{S}_v^{(j)}\in\boldsymbol{R}^{1\times\mathcal{K}}$ 。$\mathcal{S}_v^{(j)}$ 通过 squashing 挤压函数处理后得到嵌入向量 $\boldsymbol{\varepsilon}_v^{(j)}\in\boldsymbol{R}^{1\times\mathcal{K}}$ 。最后，通过反向传播更新推理迭代系数 c_{ij} ，实现对胶囊的认知推理。相比于感性推理，该认知推理机制实现了由果到因的指导，根据嵌入结果去指导嵌入。而且，该机制实现了对嵌入维度的概率认知，计算得出嵌入到每一个维度的概率，使得嵌入更加可解释和合理。

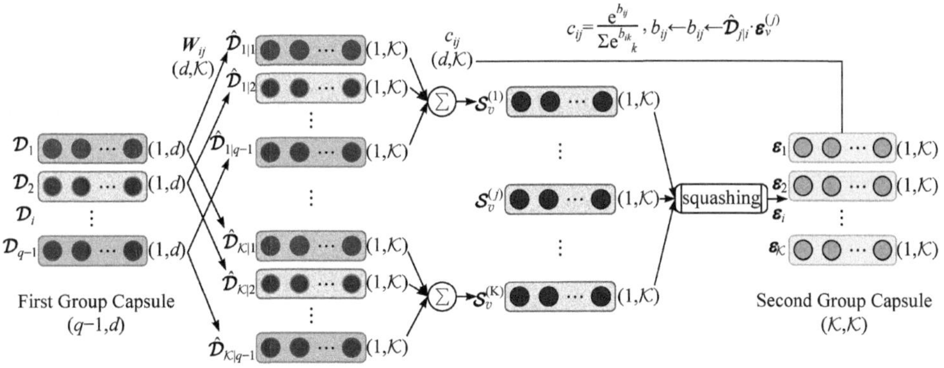

图 7-13　认知推理机制的过程

2. 双路认知推理机制的推导过程和算法描述

双路认知推理机制首先对迭代系数 b 进行初始化，b 初始化的值为 0，设置嵌入的维度为 $\mathcal{K}$ 。将目标节点的节点密度融合胶囊 $\mathcal{D}$ 通过乘以随机权重矩阵

$\boldsymbol{W} \in \boldsymbol{R}^{d\times\mathcal{K}}$ 进行仿射变换，进而得到投票胶囊 $\hat{\boldsymbol{\mathcal{D}}}$ ，用 $\boldsymbol{W}_{ij}$ 表示权重矩阵的 i 行 j 列的元素，则：

$$\hat{\boldsymbol{\mathcal{D}}}_{j|i} = \boldsymbol{W}_{ij}\boldsymbol{\mathcal{D}}_i \tag{7.40}$$

根据投票胶囊 $\hat{\boldsymbol{\mathcal{D}}}$ 计算得到嵌入表示向量 $\boldsymbol{\varepsilon}_v$ ，如式(7.41)所示，其中，$i \in \{1,2,\cdots,|q-1|\}, j \in \{1,2,\cdots,\mathcal{K}\}$ 。

$$\begin{aligned}
&\boldsymbol{\varepsilon}_v^{(1)} = \text{squashing}\left(\sum_i \boldsymbol{W}_{i1}\boldsymbol{\mathcal{D}}_i\right),\\
&\boldsymbol{\varepsilon}_v^{(2)} = \text{squashing}\left(\sum_i \frac{\mathrm{e}^{\boldsymbol{\mathcal{S}}_1 W_{i1}\boldsymbol{\mathcal{D}}_i}}{\mathrm{e}^{\boldsymbol{\mathcal{S}}_1 W_{i1}\boldsymbol{\mathcal{D}}_i}} \boldsymbol{W}_{i2}\boldsymbol{\mathcal{D}}_i\right),\\
&\boldsymbol{\varepsilon}_v^{(3)} = \text{squashing}\left(\sum_i \frac{\mathrm{e}^{\boldsymbol{\mathcal{S}}_1 W_{i1}\boldsymbol{\mathcal{D}}_i + \boldsymbol{\mathcal{S}}_2 W_{i2}\boldsymbol{\mathcal{D}}_i}}{\mathrm{e}^{\boldsymbol{\mathcal{S}}_1 W_{i1}\boldsymbol{\mathcal{D}}_i} + \mathrm{e}^{\boldsymbol{\mathcal{S}}_1 W_{i1}\boldsymbol{\mathcal{D}}_i + \boldsymbol{\mathcal{S}}_2 W_{i2}\boldsymbol{u}_i}} \boldsymbol{W}_{i3}\boldsymbol{\mathcal{D}}_i\right),\\
&\cdots\\
&\boldsymbol{\varepsilon}_v^{(j)} = \text{squashing}\left(\sum_i \frac{\mathrm{e}^{\sum_{o=1}^{j}\boldsymbol{\mathcal{S}}_o W_{io}\boldsymbol{\mathcal{D}}_i}}{\mathrm{e}^{\boldsymbol{\mathcal{S}}_1 W_{i1}\boldsymbol{\mathcal{D}}_i} + \mathrm{e}^{\boldsymbol{\mathcal{S}}_1 W_{i1}\boldsymbol{\mathcal{D}}_i + \boldsymbol{\mathcal{S}}_2 W_{i2}\boldsymbol{\mathcal{D}}_i} + \cdots + \mathrm{e}^{\sum_{o=1}^{j}\boldsymbol{\mathcal{S}}_o W_{io}\boldsymbol{\mathcal{D}}_i}} W_{ij}\boldsymbol{\mathcal{D}}_i\right)
\end{aligned} \tag{7.41}$$

则有：

$$\boldsymbol{\varepsilon}_v^{(j)} = \text{squashing}\left(\sum_i \frac{\mathrm{e}^{\sum_{o=1}^{j}\boldsymbol{\mathcal{S}}_o \hat{\boldsymbol{\mathcal{D}}}_{o|i}}}{\mathrm{e}^{\boldsymbol{\mathcal{S}}_1 \hat{\boldsymbol{\mathcal{D}}}_{1|i}} + \mathrm{e}^{\boldsymbol{\mathcal{S}}_1 \hat{\boldsymbol{\mathcal{D}}}_{1|i} + \boldsymbol{\mathcal{S}}_2 \hat{\boldsymbol{\mathcal{D}}}_{2|i}} + \cdots + \mathrm{e}^{\sum_{o=1}^{j}\boldsymbol{\mathcal{S}}_o \hat{\boldsymbol{\mathcal{D}}}_{o|i}}} \hat{\boldsymbol{\mathcal{D}}}_{j|i}\right) \tag{7.42}$$

进一步简化嵌入表示向量 $\boldsymbol{\varepsilon}_v$ ，令：

$$\boldsymbol{b}_{ij} = \sum_{o=1}^{j} \boldsymbol{\mathcal{S}}_o W_{io}\boldsymbol{\mathcal{D}}_i = \boldsymbol{\mathcal{S}}_1 \hat{\boldsymbol{\mathcal{D}}}_{1|i} + \boldsymbol{\mathcal{S}}_2 \hat{\boldsymbol{\mathcal{D}}}_{2|i} + \cdots \boldsymbol{\mathcal{S}}_j \hat{\boldsymbol{\mathcal{D}}}_{j|i} \tag{7.43}$$

将式(7.43)代入式(7.41)中可得：

$$\boldsymbol{\varepsilon}_v^{(j)} = \text{squashing}\left(\frac{\mathrm{e}^{b_{ij}}}{\sum_k \mathrm{e}^{b_{ik}}} \hat{\boldsymbol{\mathcal{D}}}_{j|i}\right) \tag{7.44}$$

令耦合系数：

$$c_{ij} = \frac{\mathrm{e}^{b_{ij}}}{\sum_k \mathrm{e}^{b_{ij}}} \tag{7.45}$$

则概率胶囊 $\boldsymbol{\mathcal{S}}_v^{(j)}$ 为：

$$\boldsymbol{\mathcal{S}}_v^{(j)} = \sum_i c_{ij} \hat{\boldsymbol{\mathcal{D}}}_{j|i} = \sum_i \frac{\mathrm{e}^{b_{ij}}}{\sum_k \mathrm{e}^{b_{ik}}} \hat{\boldsymbol{\mathcal{D}}}_{j|i} \tag{7.46}$$

最终可得 $\boldsymbol{\varepsilon}_v^{(j)}$ 节点嵌入表示向量为：

$$\boldsymbol{\varepsilon}_v^{(j)} = \text{squashing}(\boldsymbol{\mathcal{S}}_v^{(j)}) = \frac{\left\|\boldsymbol{\mathcal{S}}_v^{(j)}\right\|^2}{1+\left\|\boldsymbol{\mathcal{S}}_v^{(j)}\right\|^2} \frac{\boldsymbol{\mathcal{S}}_v^{(j)}}{\left\|\boldsymbol{\mathcal{S}}_v^{(j)}\right\|} \tag{7.47}$$

双路认知推理机制将胶囊 $\hat{\boldsymbol{\mathcal{D}}}$ 通过耦合系数 c 对其进行投票得到第二组概率胶囊 $\boldsymbol{\mathcal{S}}_v$，将 $\boldsymbol{\mathcal{S}}_v$ 通过 squashing 挤压函数压缩为一个在[0,1]之间的概率向量 $\boldsymbol{\varepsilon}_v$，更新迭代系数 $\boldsymbol{b}$，直到达到迭代次数 m，最后实现低维嵌入。

$$\boldsymbol{b}_{ij} = b_{ij} + \hat{\boldsymbol{\mathcal{D}}}_{j|i} \cdot \boldsymbol{\varepsilon}_v^{(j)} \tag{7.48}$$

对于目标节点 v 的双路认知推理算法如算法 7-4 所示。算法 7-4 的时间复杂度分析如下。

对于目标节点 v 的一个序列节点进行推理的时间复杂度为 $O(m)$，m 为认知推理的迭代次数。每个目标节点的序列节点有 $q-1$ 个，因此，对于目标节点 v 的时间复杂度为 $O\left(m\times\mathcal{K}\times|q-1|\right)$，而该认知推理算法的迭代次数 m 只需推理一次即可完成(详细实验验证见第 7.3.3 小节)。因此，算法最终的时间复杂度为 $O\left(\mathcal{K}\times|q-1|\right)$。

算法 7-4：双路认知推理算法迭代过程算法

Input：节点密度融合胶囊 $\boldsymbol{\mathcal{D}}_v$，嵌入的维度为 $\mathcal{K}$。

Output: 概率向量 $\boldsymbol{\varepsilon}_v$。

初始化 $\boldsymbol{b}_{ij} \leftarrow 0$ 并生成随机权重矩阵 $\boldsymbol{W}$

初始化 $\boldsymbol{\theta}_{ij} \leftarrow 0, \boldsymbol{v}_o = i/j$

while $j \leftarrow 1,2,\cdots,\mathcal{K}$ **do**

    while $j \leftarrow 1,2,\cdots,|q-1|$ **do**

        $\hat{\boldsymbol{\mathcal{D}}}_{j|i} \leftarrow \boldsymbol{W}_{ij}\boldsymbol{\mathcal{D}}_i$，$m \leftarrow 1$ //计算投票胶囊 $\hat{\boldsymbol{\mathcal{D}}}_{j|i}$ 同时初始化推理迭代次数 m

        while 迭代 m **do**

            $c_{ij} \leftarrow \frac{e^{b_{ij}}}{\sum_k e^{b_{ik}}}$ //对 c_{ij} 使用 softmax 归一化

            $\boldsymbol{\mathcal{S}}_v^{(j)} \leftarrow \sum_i c_{ij}\hat{\boldsymbol{\mathcal{D}}}_{j|i}$ //使用 $\hat{\boldsymbol{\mathcal{D}}}_{j|i}$ 得到概率胶囊 $\boldsymbol{\mathcal{S}}_v^{(j)}$

            $\boldsymbol{\varepsilon}_v^{(j)} \leftarrow \text{squashing}(\boldsymbol{\mathcal{S}}_v^{(j)})$ //对 $\boldsymbol{\mathcal{S}}_v^{(j)}$ 归一化得到最终嵌入的向量表示

            $b_{ij} = b_{ij} + \hat{\boldsymbol{\mathcal{D}}}_{j|i} \cdot \boldsymbol{\varepsilon}_v^{(j)}$ //更新迭代系数

end while

end while

end while

Return $\varepsilon_v^{(j)}$

7.5.2 面向属性网络节点嵌入的认知推理网络模型

模型设计的核心思想是利用节点密度对目标节点的邻域节点特征显式地赋予权重，将网络的结构信息、节点加权属性信息、节点的标签信息、节点密度信息进行特征融合，将融合的特征用双路认知推理机制进行特征推理，实现节点的可解释嵌入，CapsGE 的总体框架如图 7-14 所示。

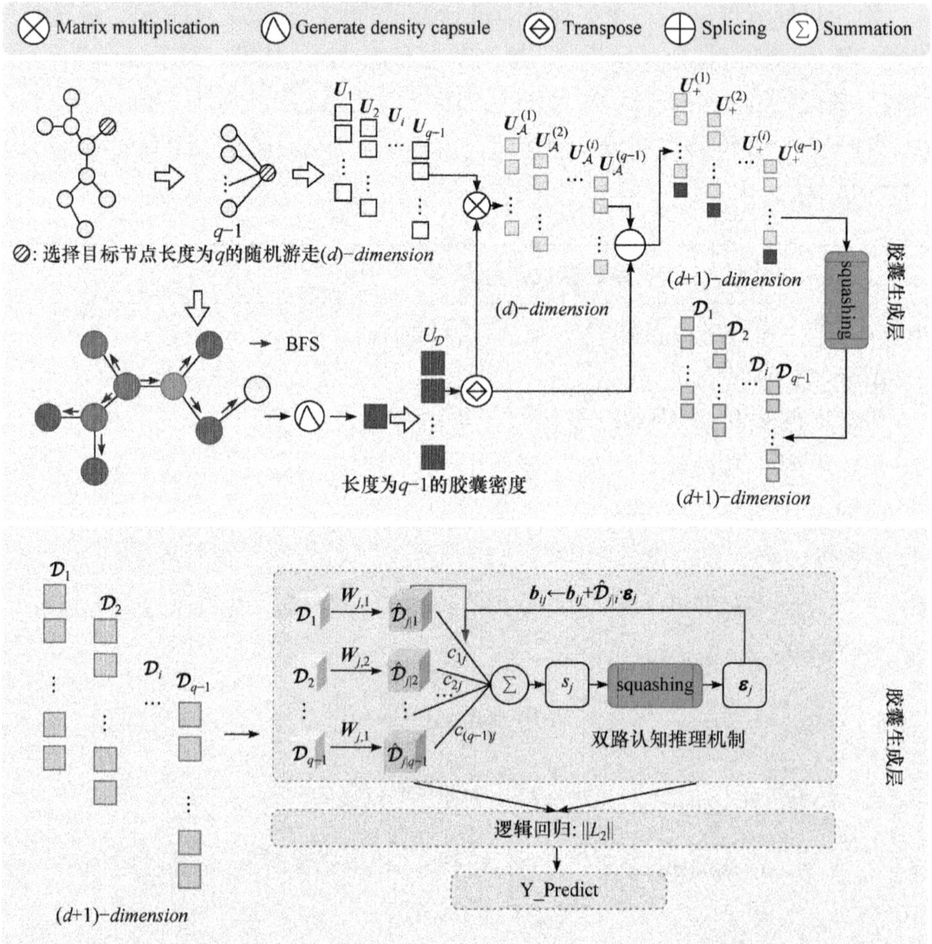

图 7-14　CapsGE 模型

模型分为两层：胶囊生成层和胶囊嵌入层。胶囊生成层主要用于产生胶囊，胶囊嵌入层主要用于对目标节点实现可解释嵌入。第一部分胶囊生成层的目标是利用对目标节点随机游走产生的节点序列中每一个节点的属性信息和节点密度信息生成一组初级胶囊。第二部分胶囊嵌入模型是由两组胶囊网络组成。第一组胶囊网络是用于聚合胶囊生成层生成的初级胶囊，实现对特征的认知推理。第二组胶囊网络的目标是实现节点嵌入。使用本章提出的双路认知推理机制连接两组胶囊网络。

1. 胶囊生成层

胶囊生成层主要完成属性网络的特征融合，为胶囊嵌入层的输入做准备。特征融合目标是将网络的结构信息、节点属性信息、节点的标签信息、节点密度信息进行融合。胶囊生成层分为三个阶段：生成初级胶囊、生成节点密度胶囊和生成节点密度融合胶囊。

(1) 生成初级胶囊

首先采用文献[138]提出的随机游走的方法(randomwalk)对 G 中的所有节点进行采样，将一次随机游走的长度为 q，随机游走的总次数 $\mathcal{T}$ 。在一次随机游走过程中，随机选取一个目标节点，生成该目标节点的节点序列 $\boldsymbol{\omega}_{v_i}$ ，并对其组成 $\left(\boldsymbol{\omega}_{v_i}^{(j)}, v_i\right)$ 输入对，其中 $j \in \{1,2,\cdots,q-1\}$ 。

将 $\boldsymbol{\omega}_{v_i}^{(j)}$ 转置生成初级胶囊单元 $\boldsymbol{U}_j$ ， $i \in \{1,2,\cdots,|\boldsymbol{V}|\}, j \in \{1,2,\cdots,q-1\}$ ，即：

$$\boldsymbol{U}_j = \left(\boldsymbol{\omega}_{v_i}^{(j)}\right)^{\top} \tag{7.49}$$

图 7-15 展示了一个由 9 个节点组成的图的实例。假设在该图中进行一次随机游走：选择目标节点为节点 3，随机游走的长度为 9，则剩余的节点：

$$\{\boldsymbol{\omega}_{v_3}^{(1)} = \boldsymbol{v}_1, \boldsymbol{\omega}_{v_3}^{(2)} = \boldsymbol{v}_2, \cdots, \boldsymbol{\omega}_{v_3}^{(8)} = \boldsymbol{v}_9\} \tag{7.50}$$

则为节点 3 的节点序列，对应的输入对为：

$$\{(\boldsymbol{\omega}_{v_3}^{(1)}, \boldsymbol{v}_3), (\boldsymbol{\omega}_{v_3}^{(2)}, \boldsymbol{v}_3), \cdots, (\boldsymbol{\omega}_{v_3}^{(8)}, \boldsymbol{v}_3)\} \tag{7.51}$$

从而可以得出初级胶囊为：

$$\boldsymbol{U} = \{\boldsymbol{\omega}_{v_3}^{1}, \boldsymbol{\omega}_{v_3}^{2}, \cdots, \boldsymbol{\omega}_{v_3}^{8}\} \tag{7.52}$$

(2) 生成节点密度胶囊

在 G 的全范围内利用广度优先搜索算法(breadth first search，BFS)对节点序列 $\boldsymbol{\omega}_{v_i}$ 中的每一个节点生成 h 跳搜索深度的子图。密度胶囊是通过利用 BFS 对 $\boldsymbol{\omega}_{v_i}^{(j)}$ 生成的 h 跳搜索深度子图的边和节点计算得出 $\boldsymbol{\omega}_{v_i}^{(j)}$ 的节点密度向量。密度胶囊单元为：

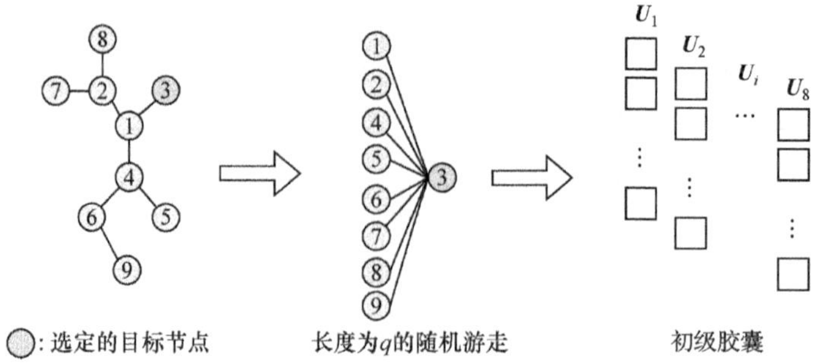

图 7-15 生成目标节点初级胶囊过程

$$U_{\mathcal{D}}^{(j)} = \text{Density}\left(\boldsymbol{\omega}^{(j)}{}_{v_i^{(h)}}\right) \tag{7.53}$$

其中， $j \in \{1,2,\cdots,q-1\}$ 。

图 7-16 展示了第 j 个节点 $\boldsymbol{\omega}_{v_i}^{(j)}$ 的 3 跳搜索深度的密度胶囊生成示意图，在该图中蓝色的点表示选的序列节点，橘黄色圆圈表示 1 跳搜索深度生成子图的节点，粉红色圆圈表示 2 跳搜索深度生成子图的节点，红色圆圈表示 3 跳搜索深度生成子图的节点。

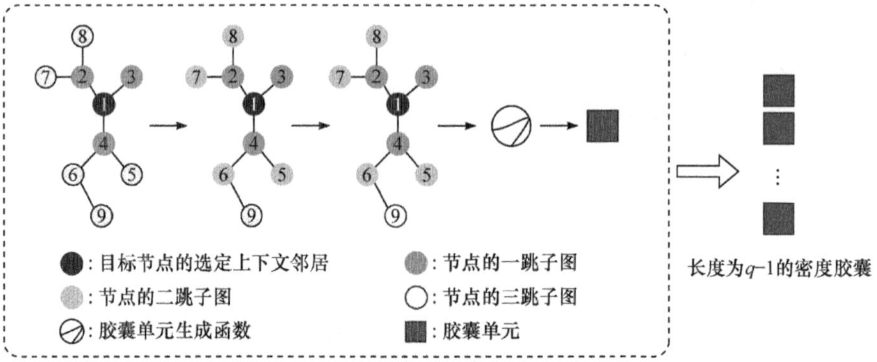

图 7-16 计算密度胶囊的示例图

(3) 生成节点密度融合胶囊

生成节点密度融合胶囊 $\mathcal{D}$ 的过程分为两步：

步骤 1 密度胶囊 $U_{\mathcal{D}}$ 与初级胶囊 $\boldsymbol{U}$ 相乘得到包含节点密度注意力的初级胶囊 $U_{\mathcal{A}}$ ， $U_{\mathcal{A}}^{(j)}$ 表示一个胶囊单元， $j \in \{1,2,\cdots,q-1\}$ ，相关计算如下：

$$U_{\mathcal{A}} = \boldsymbol{U} * \sum_{j}^{q-1} U_{\mathcal{D}}{}^{\top} * \boldsymbol{e}_j^{\top} * \boldsymbol{E}_j \tag{7.54}$$

其中，$\boldsymbol{e}_i$ 为的单位矩阵 $\boldsymbol{e} \in \boldsymbol{R}^{|q-1| \times |q-1|}$ 的行向量。$\boldsymbol{E}_j \in \boldsymbol{R}^{|q-1| \times |q-1|}$ ，$\boldsymbol{E}_j$ 的是第 j 行为 $\boldsymbol{e}_j$ ，

其余行为 $(1,q-1)$ 的零向量。

步骤 2　密度胶囊 $\boldsymbol{U}_{\mathcal{D}}$ 与第一步得到的基于注意力机制的初级胶囊 $\boldsymbol{U}_{\mathcal{A}}$ 拼接得到拼接胶囊 $\boldsymbol{U}_{+}$，即：

$$\boldsymbol{U}_{\mathcal{A}} \oplus \boldsymbol{U}_{\mathcal{D}} \tag{7.55}$$

其中“⊕”表示矩阵拼接。为了方便比较同一目标节点的不同邻居节点的注意力系数，使用 squashing 归一化节点拼接胶囊 $\boldsymbol{U}_{+}$ 生成最终的节点密度融合胶囊 $\mathcal{D}$ 。

$$\mathcal{D}(j) = \text{squashing}\left(\boldsymbol{U}_{+}^{(j)}\right) = \frac{\left\|\boldsymbol{U}_{+}^{(j)}\right\|^2}{1+\left\|\boldsymbol{U}_{+}^{(j)}\right\|^2}\frac{\boldsymbol{U}_{+}^{(j)}}{\left\|\boldsymbol{U}_{+}^{(j)}\right\|} \tag{7.56}$$

胶囊生成层的整体算法流程如算法 7-5 所示。其时间复杂度为：对目标节点 v_i 随机游走 $\mathcal{T}$ 次生成长度为 q 节点序列阶段(第 4 行)的时间复杂度是 $O(\mathcal{T}\times q)$，生成初级胶囊 $\boldsymbol{U}$ 阶段(第 3、4、8 行)的时间复杂度为 $O(|q-1|)$，生成密度胶囊 $\boldsymbol{U}_{\mathcal{D}}$ 阶段(第 5、6、9 行)的时间复杂度为 $O(|V|\times|q-1|)$，生成节点密度融合胶囊 $\mathcal{D}$ 阶段(第 10～14 行)的时间复杂度为 $O(|q-1|)$。因此，算法在最差的情况下的时间复杂度为 $O(\mathcal{T}\times q+|V|\times|q-1|)$。

算法 7-5：胶囊生成层的工作流程算法

Input: 网络 $\boldsymbol{G}(\boldsymbol{V},\boldsymbol{E},\boldsymbol{A},\boldsymbol{X})$，随机游走的长度 q，随机游走的总次数 $\mathcal{T}$，目标节点 v_i 的节点序列 $\boldsymbol{\omega}_{v_i}$，跳数 h。

Output: 节点密度融合胶囊 $\mathcal{D}$ 。

1. $v_i \leftarrow \boldsymbol{G}\left(\boldsymbol{V},\boldsymbol{E},\boldsymbol{A},\boldsymbol{X}\right)$，初始化密度胶囊 $\boldsymbol{U}_{\mathcal{D}}$，初级胶囊 $\boldsymbol{U}$
2. $\left\{\boldsymbol{\omega}_{v_i}^{(1)},\boldsymbol{\omega}_{v_i}^{(2)},\cdots,\boldsymbol{\omega}_{v_i}^{(q-1)}\right\} \leftarrow \text{RandomWalk}(\boldsymbol{G},v_i,\mathcal{T},q)$　//RandomWalk 表示随机游走算法
3. **while**　$j \leftarrow 1,2,\cdots,|q-1|$　**do**
4. 　　$\boldsymbol{U}_j \leftarrow \left(\boldsymbol{\omega}_{v_i}^{(j)}\right)^{\top}$
5. 　　$|\boldsymbol{E}'|,|\boldsymbol{V}'| \leftarrow \text{BFS}\left(\boldsymbol{G},\boldsymbol{\omega}_{v_i}^{(j)},h\right)$　//使用 BFS 对 $\boldsymbol{G}$ 进行遍历获得子图的节点和边
6. 　　$\boldsymbol{U}_{\mathcal{D}}^{(j)} \leftarrow \dfrac{|\boldsymbol{E}'|}{\left(|\boldsymbol{V}'|\left(|\boldsymbol{V}'|-1\right)/2\right)}$

---

7. **end while**

8. $\boldsymbol{U} \leftarrow \{\boldsymbol{U}_1, \boldsymbol{U}_2, \cdots, \boldsymbol{U}_j, \cdots, \boldsymbol{U}_{q-1}\}$ //对计算的结果整合获得初级胶囊 $\boldsymbol{U}$

9. $\boldsymbol{U}_{\mathcal{D}} \leftarrow \{\boldsymbol{U}_{\mathcal{D}}^{(1)}, \boldsymbol{U}_{\mathcal{D}}^{(2)}, \cdots, \boldsymbol{U}_{\mathcal{D}}^{(j)}, \cdots \boldsymbol{U}_{\mathcal{D}}^{(q-1)}\}$ //根据初级胶囊 $\boldsymbol{U}$ 计算的密度胶囊 $\boldsymbol{U}_{\mathcal{D}}$

10. $\boldsymbol{U}_{\mathcal{A}} \leftarrow \boldsymbol{U} * \sum_{j}^{q-1} \boldsymbol{U}_{\mathcal{D}}^{\top} * \boldsymbol{e}_j^{\top} * \boldsymbol{E}_j$ //将 $\boldsymbol{U}_{\mathcal{D}}$ 作为注意力权重赋予 $\boldsymbol{U}$ 得到节点密度注意力的初级胶囊 $\boldsymbol{U}_{\mathcal{A}}$

11. $\boldsymbol{U}_{+} \leftarrow \boldsymbol{U}_{\mathcal{A}} \oplus \boldsymbol{U}_{\mathcal{D}}$ //进行拼接运算，得到拼接胶囊 $\boldsymbol{U}_{\mathcal{D}}$

12. **while** $j \leftarrow 1, 2, \cdots, |q-1|$ **do**

13. $\mathcal{D}(j) \leftarrow \text{squashing}(\boldsymbol{U}_{+}^{(j)})$ //使用 squashing 归一化 $\boldsymbol{U}_{+}$

14. **end while**

15. **Return** $\mathcal{D}$

胶囊生成层通过生成初级胶囊、生成节点密度胶囊和生成节点密度融合胶囊三个阶段完成特征信息的融合，为胶囊嵌入层做好预备工作。

2. 胶囊嵌入层

胶囊嵌入模型用于完成对目标节点的低维嵌入和信息网络的下游网络分析任务。胶囊嵌入层分为两组胶囊：第一组胶囊是投票胶囊 $\hat{\mathcal{D}}_{v_i}^{(j)}$，是由节点密度融合胶囊 $\mathcal{D}$ 与随机权重矩阵 $\boldsymbol{W}$ 进行仿射变换得到的。第二组胶囊是概率胶囊 $\mathcal{S}_{v_i}$，是通过双路认知推理机制将 $\hat{\mathcal{D}}_{v_i}^{(j)}$ 推理得来。将得到的 $\mathcal{S}_{v_i}$ 使用挤压函数将其压缩为一个在[0,1]的节点嵌入向量 $\boldsymbol{\varepsilon}_{v_i} \in \boldsymbol{R}^{\mathcal{K}\times\mathcal{K}}$，从而实现节点的低维嵌入，其中，$i \in \{1, 2, \cdots, |\boldsymbol{V}|\}, j \in \{1, 2, \cdots, |q-1|\}$。

CapsGE 使用 $\boldsymbol{\varepsilon}_v$ 来学习最终目标节点的嵌入 $\hat{\boldsymbol{\varepsilon}}_v \in \boldsymbol{R}^{\mathcal{K}}$。节点嵌入的效果验证和分析的下游任务是分类问题。因此，本章选用重要性采样的 softmax 损失函数来训练模型，即：

$$\mathcal{L}_{\text{CapsGE}}(v) = \frac{1}{n} \sum_{i=1}^{n} \left(-\log \frac{\exp\left(\hat{\boldsymbol{\varepsilon}}_v^{\top} \boldsymbol{\varepsilon}_v\right)}{\sum_{v' \in V'} \exp\left(\hat{\boldsymbol{\varepsilon}}_{v'}^{\top} \boldsymbol{\varepsilon}_v\right)} \right) \tag{7.57}$$

其中，n 表示样本数，节点 $v' \in \boldsymbol{V}$ 表示从节点集 $\boldsymbol{V}$ 中采样的子集。为了优化目标函数，本章选用 Adam(Adaptive Moment Estimation)作为优化器进行优化。

7.5.3 实验分析

本小节在三种基准数据集上验证 CapsGE 的性能。首先对使用的数据集和训练参数设置进行了详细说明。其次，详细阐述了实验参数对实验结果的影响。同时，设置三组实验验证 CapsGE 的有效性和先进性。此外，还对 CapsGE 进行了可视化分析与对比。最后，采用消融定量分析方法对本章模型进行参数定量分析。

1. 数据说明

本小节使用 Cora[139]、Citeseer[139]、Pumbed[139]三个引文网络数据集进行模型学习和模型评估。在这三个数据集中，每个节点代表一个文档，每一个边代表两个文档之间的引用链接，每一个节点同时对应一个词向量，即特征向量。表 7-7 给出了数据集的详细统计信息。

表 7-7　数据集信息统计

数据集	节点数	边数	类别	维度
Cora	2708	5429	7	1433
Citeseer	3327	4732	6	3703
Pubmed	19717	44338	3	500

2. 实验设置

在进行模型训练时，本章对每一个目标节点设置随机游走的步长 q=10，选择跳数 $h \in \{1,2,3\}$，设置节点嵌入的大小 k =128，损失函数中的采样数$|V'| = 256$。数据集 Cora、Citeseer 和 Pubmed 的批量大小为 64。本章选用 Adam 优化器优化损失函数，选择的初始学习率$\mathrm{lr} \in \left\{1\mathrm{e}^{-5}, 5\mathrm{e}^{-5}, 1\mathrm{e}^{-4}\right\}$，选用的推理次数 $m \in \{1,3,5,7\}$，在进行模型训练时，每次训练 50 次，选出每次训练的最优模型进行模型评估。最优模型的节点嵌入被用作在训练集，使用 L2 正则化 Logistic 回归分类器执行节点嵌入的分类任务。

3. 基准方法

本节采用 9 种网络嵌入方法做为基准方法。其中，基于随机游走的方法选用 DeepWalk[138]作为基准对比方法，基于图神经网络的方法选用 GAT[140]、GATE[141]、Chebyshev[142]、GCN[143]、DGI[144]、VGAE[145]、GAE[145]作为基准对比方法，基于胶囊网络的方法选用 Caps2NE[146]作为基准对比方法。这些基准方法阐述如下：

DeepWalk[138]利用随机游走算法生成节点序列，将节点序列视为词向量，使用 Skip-Gram 模型来完成网络嵌入。

Chebyshev[142]在图谱域上进行卷积操作，从而可以在线性时间内完成局部卷积操作，指导节点嵌入。

GCN[143]在空间上进行卷积操作，将卷积操作泛化到图结构上，通过卷积操作聚合节点及其邻域节点的特征来实现节点嵌入。

GAE[145]引入自编码器来完成图数据处理,利用隐变量学习无向图的可解释网络嵌入。

VGAE[145]设计一种半隐式图变分自编码器，采用伯努利-泊松链路解码器来捕获稀疏网络的图属性信息，实现节点嵌入。

DGI[144]不依赖于随机行走目标，它最大化了局部特征与对应的高阶图摘要之间的交互信息，进而完成图嵌入。

GAT[140]首次利用注意力机制完成节点嵌入，其将自注意力机制堆叠到空间图卷积上，实现低维嵌入。

GATE[141]通过重构图结构信息与图属性信息的输入，关注邻域节点的潜在表示来生成节点的表示。

Caps2NE[146]引入胶囊网络的动态路由机制，通过分析目标节点的上下文节点信息推断节点的合理嵌入。

4. 实验结果与分析

本小节共设置四组实验来验证 CapsGE 模型的有效性：基于随机游走的方法、基于图神经网络的方法、基于胶囊网络的方法和基于本章模型的方法，同时本节也探究了各个模型在模型训练期间使用的网络中的数据类型。表 7-8 给出所有方法实验结果的准确率。

其中，RW-M 表示基于随机游走的方法，GNN-M 表示基于图神经网络的方法，CapsNet-M 表示基于胶囊网络的方法，Our-M 表示基于本节提出模型的方法。在基于本节提出模型的方法中，CapsGE-CRM 表示仅在认知推理机制的作用下的实验结果，CapsGE 表示基于本节理论的最优模型的实验结果。从表 7-8 可以看出本节提出的 CapsGE 模型在三个数据集上优于大多数的节点嵌入方法，其显著优势为 1%～2%的分类精度增益。

表 7-8 实验结果统计

Groups	Model	Cora/%	Citeseer/%	Pubmed/%
RW-M	DeepWalk	67.2	46.2	65.3
GNN-M	Chebyshev	81.2	69.8	76.4
	GCN	79.6	69.2	77.3
	VGAE	76.4 ± 0.2	55.7 ± 0.2	71.6 ± 0.4
	GAE	81.8 ± 0.1	69.2 ± 0.9	78.2 ± 0.1

续表

Groups	Model	Cora/%	Citeseer/%	Pubmed/%
GNN-M	DGI	86.3 ± 0.6	71.8 ± 0.7	76.8 ± 0.6
	GAT	81.72	70.80	79.56
	GATE	86.2 ± 0.6	71.8 ± 0.8	80.9 ± 0.3
CapsNet-M	Caps2NE	80.53	71.34	78.45
Our-M	CapsGE-CRM	86.50	71.70	80.60
	CapsGE	**86.50**	**76.90**	**81.50**

图 7-17 展示了本节模型与其他 9 种模型的对比统计结果。从结果上看，本节模型在 Cora、Citeseer、Pubmed 都取得了显著的效果。其中，对 Cora 的节点分类效果最好，对 Citeseer 数据集的精度增益最高。

与单纯的基于随机游走的方法相比，本实验在 DeekWalk 的基础上加入了节点密度作为邻域节点序列的权重，大大提高了精度增益，在 Cora、Citeseer、Pubmed 分别提高 17.2%、30.7%、16.2%。

在基于图神经网络的方法中，GCN 通过邻域聚合指导节点的低维表示，本节提出的 CapsGE 借鉴 GCN 的思想，采用 BFS 搜索目标节点的邻居节点指导节点嵌入，与 GCN 相比，在 Cora、Citeseer、Pubmed 上分别提升了 6.9%、6.7%、6.2%。

基于图神经网络的方法中表现最好的模型是 GATE，它引入了自注意力机制使得在节点嵌入的表现能力上有明显提升。CapGE 模型则采用节点密度作为邻域节点特征显式地赋予权重，为节点嵌入提供指导依据。注意力权重是根据节点密度而来，因此，节点嵌入的特征注意力是可解释的。与 GATE 相比，CapsGE 在 Cora、Citeseer、Pubmed 上分别提高 1.3%、6.1%、0.6%。

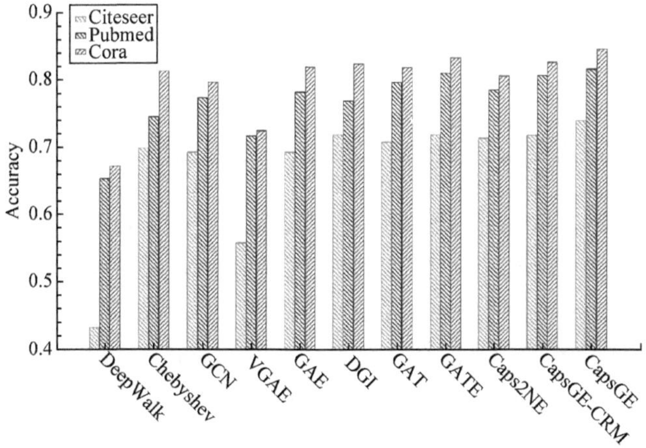

图 7-17　CapsGE 与基准方法对比统计结果

与基于胶囊网络的 Caps2NE 对比，CapsGE 模型在探索胶囊网络的基础上，增加了注意力机制和认知推理机制，有效地指导了节点的低维表示，在 Cora、Citeseer、Pubmed 上分别提高 6.97%、6.56%、6.05%。

此外，本节实验仅在认知推理机制的作用下使用该模型进行了实验，实验结果见表 7-8 和图 7-17。其中，CapsGE-CRM 显示了模型在认知推理作用下的实验结果。

从实验结果来看，该模型与基于随机游走的方法相比具有明显的优势，在 Cora、Citeseer 和 Pubmed 上的准确率分别高出约 15%、28%和 15%。该模型在 Cora、Citeseer 和 Pubmed 上的准确率分别比基于胶囊网络的模型高 2%、0.4%和 2%。与最好的图神经网络模型 GATE 相比，该模型具有较好的性能。其中，Citeseer 上的 GATE 与 CapsGE-CRM 相当。因此，实验能够得出结论，认知推理机制发挥了显著的作用。

5. 有效性验证分析

为验证节点密度对实验结果的重要性，本节将不考虑节点密度信息的 CapsGE(CapsGE@NDA)与考虑节点密度为节点特征的 CapsGE(CapsGE@D)、与考虑节点密度为注意力系数的 CapsGE(CapsGE@A)，以及既考虑节点密度为注意力系数又考虑其为节点特征的 CapsGE(CapsGE@DA)进行对比，实验结果如表 7-9 所示。表 7-9 结果显示，将节点密度作为节点的一个特征能够很好地提升嵌入的效果，表明节点密度信息对网络嵌入至关重要。

表 7-9　节点有效性检验实验结果统计

数据集	无节点密度信息	有节点密度信息		
	CRANE@NDA /%	CRANE@D /%	CRANE@A /%	CRANE@DA /%
Cora	86.5	86.8	86.2	86.5
Citeseer	71.7	76.0	76.3	76.9
Pubmed	80.6	79.6	80.7	81.5

整体来看，图 7-18 展示了结合节点密度和不结合节点密度对实验结果影响的统计分析。其中，CapsGE-CRM 表示本模型仅在认知推理机制下的实验结果，CapsGE(BEST)表示结合节点模型信息的最好模型实验结果。

从图中的对比来看，结合节点密度要比不结合节点密度的实验效果好，整体的实验结果要更优。分开来看，图 7-19 展示了 CapsGE 结合节点密度信息对实验结果影响的细粒度分析统计结果。

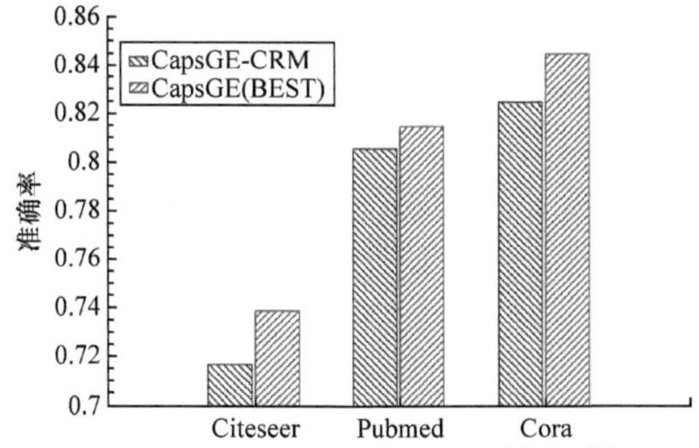

(a) CapsGE-CRM和CapsGE的横向对比

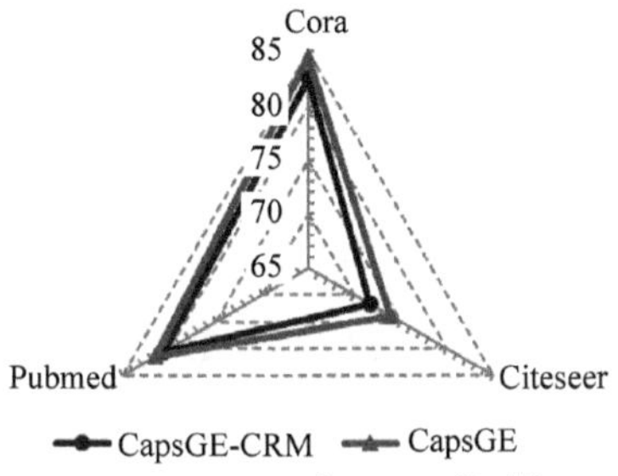

(b) CapsGE-CRM和CapsGE的对比

图 7-18　结合节点密度和不结合节点密度对实验结果影响的统计分析

结合表 7-5 和图 7-19，整体来看，结合节点密度要比不结合节点密度的实验结果更好，Cora 的精度增益约 2%，Citeseer 的精度增益约 2%，Pubmed 的精度增益约 1%。

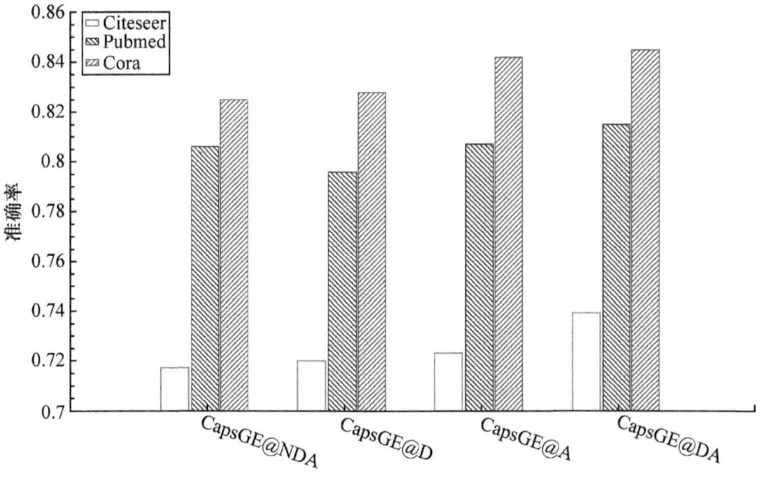

图 7-19　结合节点密度对实验结果影响的细粒度统计分析

此外，使用节点密度作为节点特征的注意力系数的模型要优于只使用节点密度作为节点特征的模型，这表明使用节点密度作为节点的注意力系数可以合理指导节点嵌入。更重要的，既考虑节点密度信息作为节点特征又考虑节点密度作为注意力系数的实验效果最好，这表明考虑节点密度的多重作用可以实现高效的节点嵌入。因此，结合节点密度信息能够合理、可解释地实现节点嵌入。

6. 敏感参数分析

为了验证所有参数对本模型的影响，本节在三个数据集上对初始学习率 lr，跳数 h，认知推理的迭代次数 m 三个参数进行了定量分析。在实验过程中，选择的初始学习率 $\mathrm{lr}\in\left\{1\mathrm{e}^{-5},5\mathrm{e}^{-5},1\mathrm{e}^{-4}\right\}$，选用的推理次数 $m\in\{1,3,5,7\}$，选择跳数 $h\in\{1,2,3\}$。实验的思路是控制其中两个参数不变，观察另一个参数对实验准确率的影响。实验结果如表 7-10 所示。

设置参数 $m=1,h=1$，观察 $\mathrm{lr}\in\left\{1\mathrm{e}^{-5},5\mathrm{e}^{-5},1\mathrm{e}^{-4}\right\}$ 时学习率对本实验的影响。图 7-20 中的(a)、(d)子图给出了在三个实验数据上学习率对实验结果的影响。实验结果表明，学习率在 $\mathrm{lr}=1\mathrm{e}^{-4}$ 时取得最好结果。在上述分析过程中，可知设置学习率为 $\mathrm{lr}=1\mathrm{e}^{-4}$ 时，模型取得最好的效果。

设置 $\mathrm{lr}=1\mathrm{e}^{-4},m=1$，观察 $h\in\{1,2,3\}$ 时跳数对本实验的影响。图 7-20 中的(b)、(e)子图给出了在三个实验数据上跳数对实验结果的影响。实验结果表明，跳数在 h=1 时取得最好结果，节点的 1-hop 的 BFS 子图的上下文邻居对实验结果起到最明显的作用。在对学习率和跳数的分析之后可知，h=1 时，模型取得最好效果。

表 7-10　敏感参数实验结果统计

敏感参数	参数值	Cora/%	Citeseer/%	Pubmed/%
学习率 lr	$\mathrm{lr}=1\mathrm{e}^{-5},m=1,h=1$	86.8	76.1	81.2
	$\mathrm{lr}=5\mathrm{e}^{-5},m=1,h=1$	<u>86.5</u>	76.4	80.7
	$\mathrm{lr}=1\mathrm{e}^{-4},m=1,h=1$	<u>86.5</u>	<u>76.7</u>	<u>81.5</u>
推理次数 m	$\mathrm{lr}=1\mathrm{e}^{-4},m=1,h=1$	<u>86.5</u>	<u>76.7</u>	<u>81.5</u>
	$\mathrm{lr}=1\mathrm{e}^{-4},m=3,h=1$	86.9	76.4	80.1
	$\mathrm{lr}=1\mathrm{e}^{-4},m=5,h=1$	86.9	76.6	80.3
	$\mathrm{lr}=1\mathrm{e}^{-4},m=7,h=1$	86.9	76.8	80.1
跳数 h	$\mathrm{lr}=1\mathrm{e}^{-4},m=1,h=1$	<u>86.5</u>	<u>76.7</u>	<u>81.5</u>
	$\mathrm{lr}=1\mathrm{e}^{-4},m=1,h=2$	79.8	67.7	76.1
	$\mathrm{lr}=1\mathrm{e}^{-4},m=1,h=3$	75.2	65.8	76.9

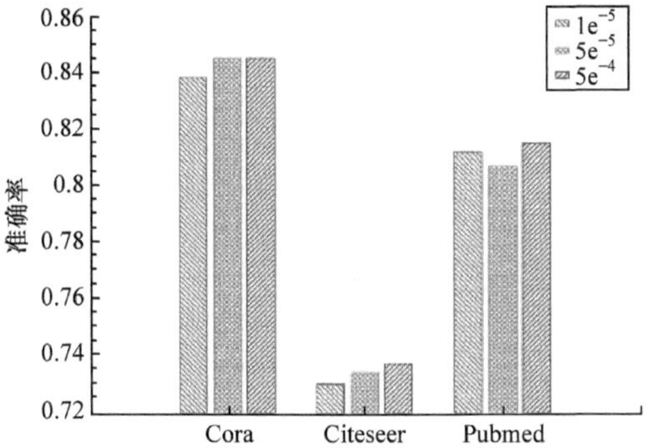

(a) 学习率lr

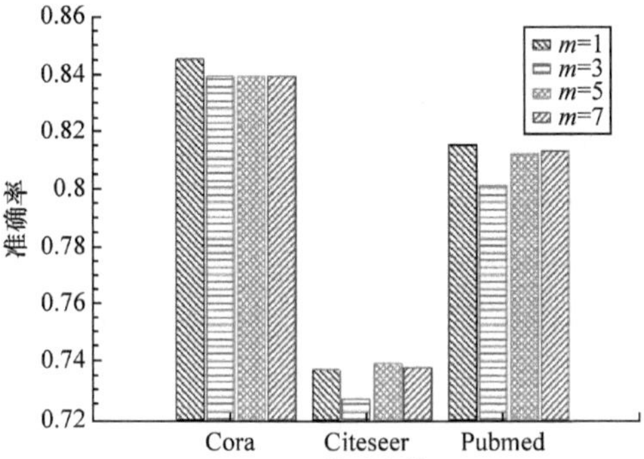

(b) 推理次数*m*

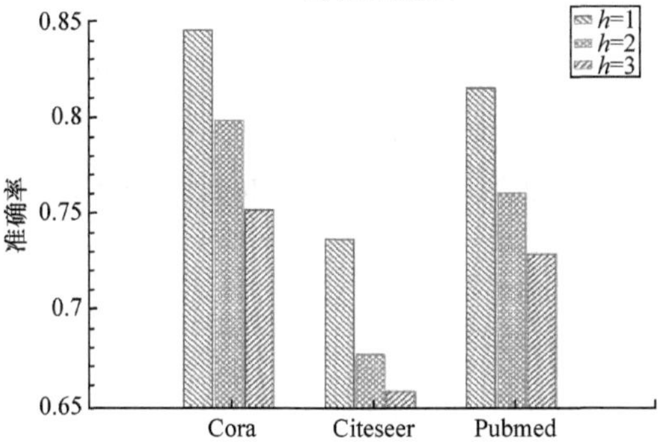

(c) 跳数*h*

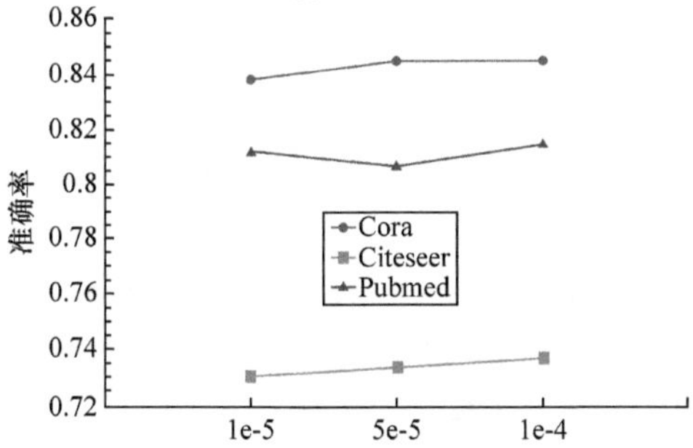

(d) 学习率lr

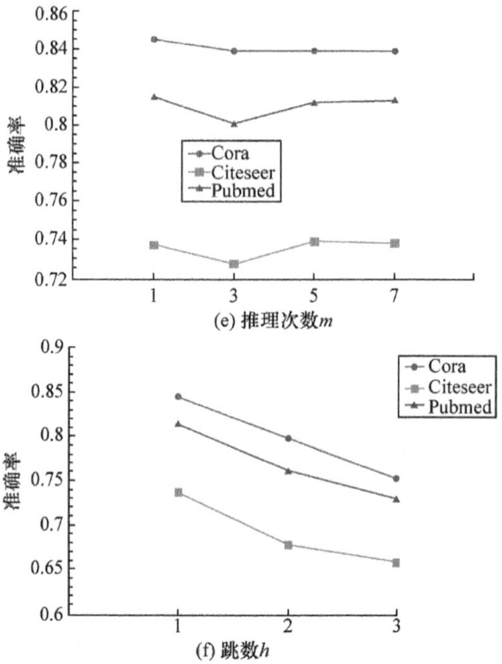

图 7-20　敏感参数实验结果统计分析

设置 $\mathrm{lr}=1\mathrm{e}^{-4}, h=1$，观察推理迭代次数对本实验结果的影响。图 7-20 中的(c)、(f)子图展示了在三个实验数据上推理迭代次数对实验结果的影响。从结果上看，推理迭代次数在 m=1 时取得最好的结果。进一步说明，本模型的推理次数只需一次即可完成节点嵌入的认知推理。算法 7.2 的时间复杂度为 $O(\mathcal{K}\times|q-1|)$。

7. 可视化分析

本小节对 CapsGE 学习的节点嵌入和基于节点密度的注意力系数的有效性进行了定性分析研究。本小节实验利用 t-SNE[146]将学到的节点表征投射到一个二维空间。图 7-21 展示了 CapsGE 在 Cora、Citeseer 和 Pubmed 三个数据集上的可视化情况。图中的每个节点代表一篇已发表的论文，相同颜色的节点表示同一研究领域的论文。

图 7-21 表明大多数相同颜色的节点合并为一个组，组与组之间的界限很清晰。对于 Citeseer 来说，一组研究论文的边界并不清晰，而对于 Cora 和 Pumbed 来说，组与组之间的边界很清晰。此外，从图中可以清楚地观察到，通过 CapsGE 学到的节点嵌入可以分别聚集成可识别的群组。

图 7-22 展示了 GATE、GCN、DGI 和 CapsGE 对 Cora 的 t-SNE 可视化比较，其中相同的节点颜色表示相同的研究领域，由于空间限制，实验只显示了 Cora

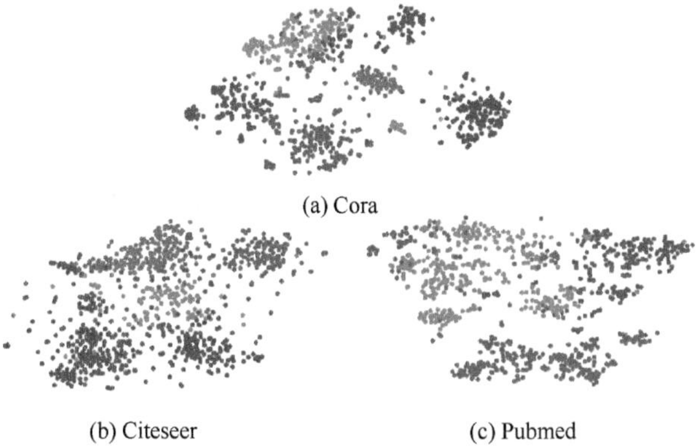

(a) Cora

(b) Citeseer　(c) Pubmed

图 7-21　Cora、Citeseer 和 Pubmed 三个数据集上的可视化分析结果

的 t-SNE 可视化。从组与组之间的边界角度来看，可以清楚地看到 CapsGE 比其他三个模型有更清晰的边界。从聚类的离散程度来看，CapsGE 比其他三个模型有更好的聚类识别能力。总的来说，Cora 的实验结果显示，本章模型节点嵌入的分类效果更好。

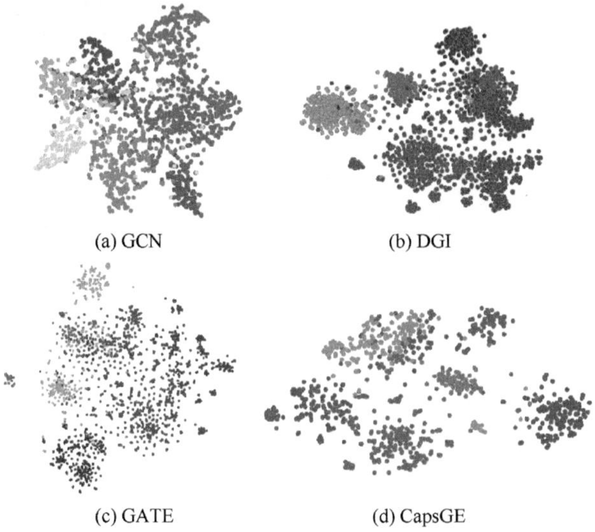

(a) GCN　(b) DGI

(c) GATE　(d) CapsGE

图 7-22　GATE[141]、GCN[143]、DGI[144]和 CapsGE 在 Cora 的 t-SNE 可视化结果

第 8 章　基于社区发现的网络表示学习方法

8.1　真实世界网络

许多不同类别的系统都可以使用网络结构进行表示。在人们最初的观念中这些类别不同的系统网络中很难具有某些普遍特性，但是根据学者们的反复观测研究发现，无论底层系统如何，许多现实世界的网络都有一些共同特性。我们在这里介绍其中的一些属性，这里的属性并不是必须遵循的条约，而是经过反复研究得出的规律性总结。

现实世界网络的第一个典型的特性被称为小世界效应。即观察一个由 n 个节点组成网络我们会发现，随着节点数量 n 的增加，网络中任意两个节点之间的平均距离(即中间通过节点的数量)增长为 $\log(n)$ 。这种效应首先是在社会学中被观察到的，并提出了人类之间平均“握手六次”的理论。在之后的研究中发现，在其他领域的网络中同样具有小世界效应。例如：在万维网中得益于该效应使得信息可以在网络上迅速流动。

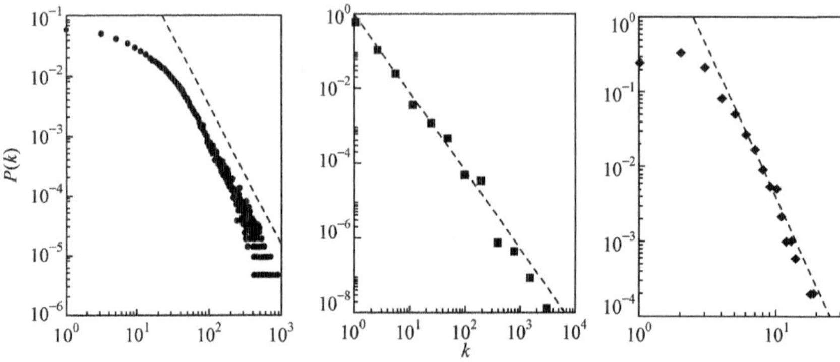

(a) 演员协作网络　(b) 万维网网络　(c) 电网网络

图 8-1　网络度分布 $P(k)$ 统计特性

网络中节点的度分布是表征现实世界的另一个特殊的切入点，用 $P(i)=|\partial i|=\sum_{j\in\partial i} a_{ij}$ 表示。在大量的网络中已经观察到网络中每个节点的连接数(节点度数)并不是均匀分布(图 8-1)，而是以一种类似于幂律分布存在的，即无标度网络。对这种网络统计度分布时会发现，大多数节点的连接数很少，而只有很少

的节点具有较高的连接数，这些高连接数的节点因其高联通的特点而在网络中发挥着重要的作用，被称作重要节点。此外网络中还有维持度分布的特性。在现实世界的关系网中，节点的平均度数通常与其网络规模相比非常小，我们把这一现象称为网络的稀疏性。复杂网络中节点的平均度计算公式为：

$$(k)=\frac{1}{n}\sum_{i=1}^{n}d_i \tag{8.1}$$

在稀疏网络中，所有可能发生的连接中，通常只连接了很小的一部分。所以随着网络规模的增加平均度数变化不大，因此我们可以认为网络的平均度大致独立于网络本身的大小。

最后我们介绍网络的集群效应。这是因为在社交网络中，连接是基于同质原则形成的，即它们是在具有相似属性的实体之间创建的，因此形成了高度关联的小群体。正是由于集群效应带来的小群体的出现组成了社区发现的理论基础。集群效应可以通过聚类系数加以体现，公式如下：

$$C_{(i)}=\frac{2n_i}{|\partial i|(|\partial i|-1)} \tag{8.2}$$

在介绍了现实世界网络的主要属性以后，下面我们引入数学中的图表示复杂网络的结构，并列出一些正式的定义，这里只考虑单层图。

定义 8.1 (图)　图 $G(V,E_d)$ 是由元组 (V,E) 组成的，其中 V 是 n 个节点的集合，而 E_d 是连接节点的边的集合。对于所有的 $e\in E_d$ 可以关联一个权重 $\omega_e\in R$。权重集是 $W=\{\omega_e\}_{e\in E_d}$。

集合 E_d 表示 $G(V,E_d)$ 的所有有向边的集合。每个元素 $e\in E_d$ 可以等价地写成 (ij) 表示从 i 到 j 的有向边。(ij) 的反方向的边是 (ji) 并用 $e^{-1}\in E_d$ 表示。对于无向图，如果 $e\in E_d$ 那么 $e^{-1}\in E_d$。无向边集用 E 表示，在这里 $(|E_d|=2|E|)$，无向图用 $G(V,E)$ 表示。本章只考虑不存在自边的图，也就是说对于节点 $i\in V$，$(ii)\notin E$。如果 $G(V,E_d)$ 是未加权图，则对于所有边 e 对应的权重 $\omega_e=1$。在这里不同于通常情况下设定权重为正，我们将其设定为 $\omega_e\in R$。

接下来我们在一种不涉及权重而仅涉及 $G(V,E_d)$ 结构的图上引入邻接的概念。

定义 8.2 (相邻节点和边)　给定图 $G(V,E_d)$，如果 $(ij)\in E_d$，则称 $j\in V$ 是 $i\in V$ 的相邻节点(邻居节点)。如果 $j=k$，则称两个有向边 (ij)、(kl) 相邻。

$i\in V$ 的所有相邻节点的集合组成 i 的邻域。

定义 8.3 (邻域和度)　节点 i 的传入邻域定义为 $\partial_{\text{in}}i=\{j\in V:(ji)\in E_d\}$，而传出邻域为 $\partial_{\text{out}}i=\{j\in V:(ij)\in E_d\}$。其中传入邻域的大小称为传入度，用 $d_i^{in}=|\partial_{\text{in}}i|$ 表示；传出邻域的大小称为传出度，用 $d_i^{\text{out}}=|\partial_{\text{out}}i|$ 表示。对于无向图 $\partial_{\text{in}}i=\partial_{\text{out}}i\equiv\partial i$，

度定义为$d_i = |\partial i|$。

如果一个节点没有邻居，我们说它是孤立的，在无向图中对应的是$d_i = 0$的状态。邻居是可以一步到达的节点，利用这种关系我们现在引入二阶邻居的概念。

定义 8.4 (二阶邻居)　给定一个无向图$G(V, E_d)$，对于任意两个节点i和j，如果存在共同连接第三个节点k的两条边(ik)、(jk)，那么节点i和j被称为二阶邻居。我们用$\partial'' i = \{j \in V : k \in V, (ik) \in E_d, (kj) \in E_d, (ij) \notin E_d\}$表示。

以上介绍了有关图的主要定义，接下来我们将介绍图的矩阵表示。在所有的图的矩阵表示中，邻接矩阵是图最常用也最直接的表示。邻接矩阵中对于任意一对节点i和j，元素a_{ij}表示两个节点是否相邻。我们在定义 8.5 引入邻接矩阵的概念。

定义 8.5 (邻接矩阵)　具有n个节点的图$G(V, E)$的邻接矩阵用$A \in \{0.1\}^{n \times n}$及

$\forall i, j \in V a_{ij} = \mathbb{I}_{(ij)} \in E_{d'}$表示，其中$\mathbb{I}_x$是具有指示功能的符号，如果条件$x$成立则符号等于 1，否则为零；$a_{ij}$是矩阵$A$中的元素。在无向图中，邻接矩阵$A$是对称的。二阶邻居矩阵可以通过$A^2$表示。

8.2　社区发现应用

到目前为止，社区这一概念在社区发现这一领域中并没有一个明确的、普遍接受的定义。尽管在过去几年中一些学者尝试着提供了几种定义，但把社区这一概念进行完整定义确实很困难。在 2004 年 Filippo Radicchi 首次尝试在在线社交网络中定义社区的概念，并分别提出了强社区的定义以及弱社区的定义，这些定义是基于子图的概念在拓扑关系上的定义，并提供了精确的公式表达。同年 Newman 等人认为社区是密集连接的子图，有着内部连接稠密而社区之间的连接较为稀疏的特点。并提出了迭代删除边的策略将网络拆分为社区。在 2008 年 Gulbahce 等人将社区定义为与网络其余部分几乎没有连接的密集连接节点的子集。与此相对的是，Porter 等人在 2009 年从社会学和人类学的角度来看，社区是节点的一个有凝聚力的子集，这些节点之间的连接比其他社区的节点更紧密。在 2010 年 Yang 等人提出了最常见的社区定义。社区作为顶点的子集，它们之间紧密连接，与网络的其他节点稀疏连接。

社区结构是依存于网络存在的，而网络是表征多个交互个体所组成的系统的一种通用工具。在我们日常的在线社交网络中，一般抽象为一个无向图$G(V, E)$，其中V表示节点的集合，而E表示节点和节点之间的联系集合，也就是边集。网络中的节点数量我们用$|V|$表示，边的数量用$|E|$表示。例如：给定一个具有n个

节点 m 条边的网络，那么该网络中 $|V|=n$ 为总节点数，$|E|=m$ 为总的边数。当两个节点 i 和 j 存在连边时，我们使用 $e_{ij}=(ij)$ 表示。为了更好地理解网络，我们继续给出一些可以表示为网络的现实世界系统中的实际例子，以及它们的主要表示。

我们从最简单的无权无向的网络类型开始考虑。我们给出的图 8-2(a)中的示例恰好属于这一类，其中两个节点之间的关系仅由连接它们的连边序列确定。“未加权”一词意味着这样一个事实：每条边不会带来任何超出边本身的额外信息。相反，“无向”一词则表示假定在两个节点的交互过程具有对称性，也就是说如果节点 i 与节点 j 交互，则节点 j 与节点 i 交互。将极其复杂的系统表示成无权和无向网络可能是以现实系统极致简化为代价的，并且网络中的连边具体表示什么样的关联关系并没有明确的规则。类似于社交网络、万维网络、生物网络等许多系统可以通过未加权和无向网络进行建模。

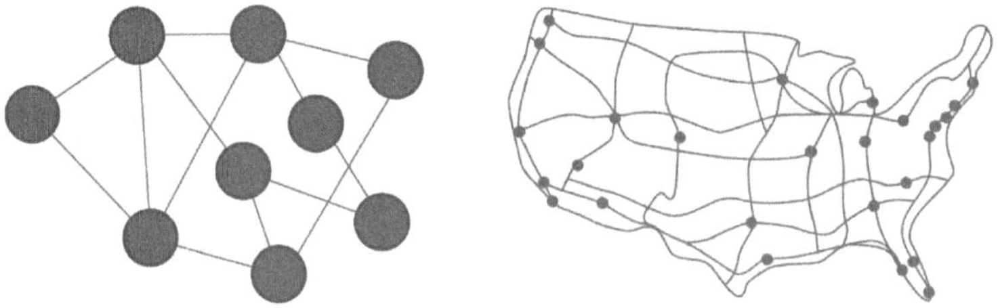

(a) (b)

图 8-2 (a) n=9 个节点的无权无向网络；(b)美国高速公路拓扑网络

加权网络蕴含的信息相比于无权网络更加丰富，不再只是两个节点是否有连接的简单表示。在这种情况下，每条边都携带着节点之间的关系程度的附加信息，比如现实世界两个人的亲近程度等。在部分网络中权重很容易定义，比如图 8-2(b)中的空间网络，图中每个节点代表一个城市，每条道路都是一条边，并且可以根据边设定权重数值，比如道路本身的长度、走完道路耗费的时长等。加权网络的另一种例子是 Slashdot Zoo 网络，网络中的用户表达了对其他用户的正面或者负面的认可，从而建模成具有正负权重的符号网络。

刚刚介绍的两类网络的特点是它们假设对象之间的关系具有可交换性，即 a 和 b 之间的交互与 b 和 a 之间的交互相同。针对不适用这一假设系统，那么更适合归纳到有向网络中，其中每条边表示节点之间关系的方向，正如图 8-3(a)所示的那样。我们可以考虑这样一个网络作为参考：在网络中的任意一条边 (ab) 表示节点 a 向节点 b 发送了一封电子邮件，显然在这种情况下边 (ab) 与边 (ab) 具有不同的含义。这也说明了在这种情况下构建有向网络的必要性。关于有向网络的其他示例还有很多，比如在科学家引文网络中，我们可以用边 (ab) 表示作者 a 对作者 b 的引用；在互联网中，网页与网页之间通过链接跳转，我们就可以把网页的跳转方向作为边的方向。有向网络能够体现两个实体的因果关系，同时也可以描述信息如何在网络上流动。

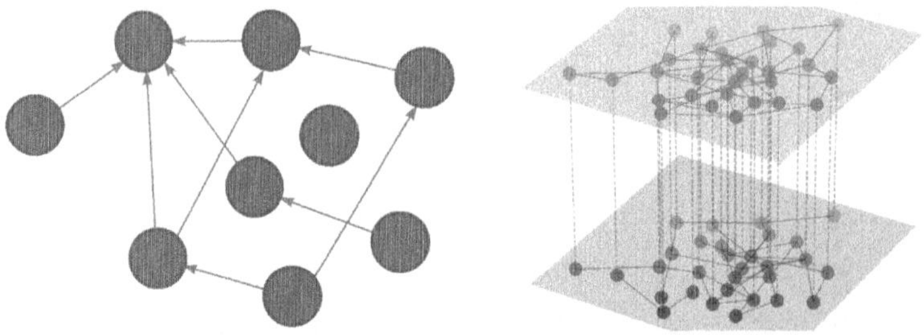

(a) (b)

图 8-3 (a) n=9 个节点的有向网络示例，每个箭头表示一条边以及边指向的方向；(b) 一个多路复用网络的简单示例，其中用不同的颜色表示两个层

此外在现实世界中有着广泛的可以进行网络建模的系统，这些系统中可能会出现单个参数无法完全表示网络节点之间关系的情况，这就需要我们综合考虑多个类别。例如，假设我们想要确定人与人之间的亲和力应该考虑许多因素，例如年龄、所处的地理位置、个人喜好、政治倾向等。个体之间的亲和度不一定是由不同层次的亲和度简单组合决定的，而是应该采取向量的形式，允许某些参数具有较大的亲和度，而某些参数则没有。多路复用网络(多层网络)最适合这种情况，在这种情况下我们给出同一个网络的多个表示,并在不同的级别对信息进行编码，就如图 8-3(b)所示的那样。在现实世界中的好多系统都会用到这一模型，比如一个城市的不同交通线路网络(公共汽车、电车、地铁等)，再比如文艺复兴时期佛罗伦萨家庭中的成员和经济之间的关系。时间网络是一类特殊的多路复用网络，其中网络的不同表示仅代表时间的演变片段。大多数现实世界网络确实是动态的，在人类相邻网络、生物网络、通信网络等都可以找到相关的示例。

8.3 网络模型

8.3.1 经典网络模型

在复杂网络领域，我们常常使用随机生成模型的方法，以创建类似于真实世界网络的图。通过对少数几个可解释参数的调整生成出不同特点的网络模型，然后对于给定的生成模型进行分析。为我们更好地理解现实世界网络提供理论依据。

1. 规则模型

起初数学家们针对图论进行研究，并在很长一段时间里都是使用规则网络表示现实世界中的网络。而完全耦合网络模型就是研究开始时提出的，该模型指的是网络中的所有节点之间存在连边的结构，是一种特殊的规则网络模型。但是由于该模型并不符合现实世界中的稀疏性质，所以该模型在现实世界中很难找到完全耦合的系统。之后相关领域专家们又提出了最近邻耦合网络和星型耦合网络的网络模型。

2. ER 随机图模型

在规则模型无法表示多样的真实世界网络这一背景下，相关领域专家们提出了随机网络的概念。在随机网络中，节点之间的连边并不是按照规则进行关联的，而是通过一定的概率决定是否发生连边。不少文献中介绍了许多随机图模型，其中最经典的是 ER 随机图模型。生成的 ER 图是一类无权无向图，我们通过 $G(V,E)$ 与相关联的邻接矩阵的关系，我们将 ER 模型定义如下：

定义 8.6 (ER 图)　令 $c \in \boldsymbol{R}^{+}$ 为一个正标量，随机 ER 图的邻接矩阵的元素以 c 的概率随机独立设置为 1，否则设置为 0。

通过简单的计算可以知道，对于 $n \gg 1$ 的图，c 是图的预期平均度数。ER 随机图显示了一些相关属性，比如当 $n \to \infty$ 时，ER 随机图 $G(V,E)$ 的度分布属性符合以下事实：

1) 度序列的概率分布服从二项分布，设 $p = c/n$，

$$\mathbb{P}(d_i = k) = \binom{n-1}{k} p^k (1-p)^{n-1-k} \tag{8.3}$$

因此在 n 较大的情况下，平均度的期望等于 c。

2) 如果 $c/\log(n) \to \infty$ 是 $n \to \infty$，那么，很有可能：

$$\max_{i \in V} |d_i - c| = o_n(c) \tag{8.4}$$

3) 对于 $n \to \infty$，那么大概率会有：

$$\min d_i > 0 \Leftrightarrow c > \log(n) \tag{8.5}$$

符号 $a_n = o_n(b_n)$ 等价于 $\lim\limits_{n \to \infty} a_n / b_n$。从度分布属性则可以看出，当平均度 c 足够大时，度数的分布近乎是规则的。因此区别于在真实网络中度不规则的这一特性。实际上，对于较小的 c 值即使度分布不是近乎规则的，但也远不是一种广泛的无标度分布。因此，ER 随机图的度分布并不适合描述真实世界的图。

我们回顾在现实世界网络中较为常见的小世界效应这一属性，根据该效应，图 $G(V,E)$ 中存在一条较短路径可以连接到图中的任意两个节点。如果图 $G(V,E)$ 是连通的，这个性质在 ER 图中也很有可能成立。这意味着 ER 随机图可以较好地应用到模拟真实世界的小世界效应中去。对于 ER 随机图 $G(V,E)$，当 $c > \log(n)$

时，任意两个节点之间的平均距离与 $\log(n)/\log(c)$ 成正比。但是在节点分类问题中，会根据连边配置并描述如何将图中的节点分成若干个小组，而 ER 模型完全忽略了这一点，因为所有节点都是平等的，无法进行合理的划分。现在我们继续向 ER 模型引入两种变形。它们描述了具有社区结构的随机图。

3. 随机块模型

由于社交关系中具有同质的特性，通常真实的网络是以社区的形式构建的。在这一部分我们对社区和社区检测问题进行更进一步的讨论。就像在图 8-4(a)显示了一个具有社区结构的真实网络：节点的颜色表示所属社区，同时该图清楚地表明社区内发生联系的可能性比社区之间发生联系的可能性更大。而这一点可以用矩阵 A 的形式等效地进行可视化，如图 8-4(b)所示的那样，在邻接矩阵的基础上使从属于同一社区的节点彼此接近。

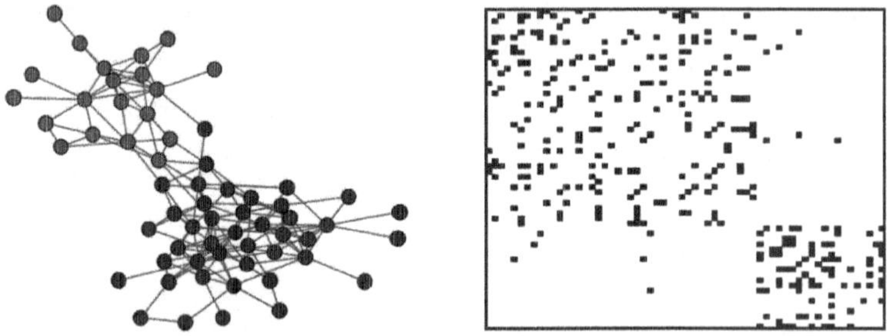

(a) (b)

图 8-4 (a) 海豚网络真实社区拓扑结构；(b) 海豚网络的邻接矩阵

ER 随机图的完全同质性使得它们不适合描述这种同一社区节点彼此接近的现象，而随机块模型(stochastic block model，SBM)的提出很好地解决了这一问题。

定义 8.7 (随机块模型) 令 $\ell \in \{1,2,\cdots,k\}^n$ 表示类标签向量，其中 k 是类的个数以及 $\mathbb{P}(\ell_i = a) = \pi_a$。再令 $C \in \boldsymbol{R}^{k\times k}$ 为对称矩阵，其中矩阵中的元素为正。矩阵中的元素 $A_{ij} = A_{ji}$ 以如下概率置为 1，否则置为 0。

$$\mathbb{P}(A_{ij}=1)=\min\left(\frac{C_{\ell_i,\ell_j}}{n},1\right) \tag{8.6}$$

其中，C 表示类别矩阵，并在同一社区中的节点和不同社区中的节点之间施加不同的平均度数，从而再现社区的结构。向量 $\pi=(\pi_1,\pi_2,\cdots,\pi_k)$ 决定了类的大小。令 $V_a=\{i:\in V:\ell_i=a\}$，那么类的大小期望是 $\mathbb{E}\left[|V_a|\right]=n\pi_a$。

SBM 模型继承了 ER 模型许多特性：小世界效应、度分布效应等。而最突出的特性是在社区内部连接概率不同于社区间的连接概率。比如定义一个带有标签的树形结构的图：对于带有标签 a 的一个节点，它的孩子节点依据 $C_{ab}\pi_b$ 的泊松随机分配到标签 b。例如，在 $\pi_1=\pi_2=\frac{1}{2}$ 即两个大小相等的社区的情况下，a 类节点对应的邻居节点中预期标记 a 类的邻居数为 C_{aa} 和标记 b 类的邻居数为 C_{ab}，且 $C_{aa}>C_{ab}$。

但是 SBM 模型同刚刚提到的 ER 图一样具有非常规则的度分布，所以不适合模拟现实世界网络。为了克服这一限制引入了度较正随机块模型，在这一模型下除了生成类结构外，还允许具有任意节点度数的分布。

定义 8.8 (度较正随机块模型)　令 $\ell\in\{1,2,\cdots,k\}^n$ 表示类标签向量，其中 k 是类的个数以及 $\mathbb{P}(\ell_i=a)=\pi_a$。再令 $C\in\mathbb{R}^{k\times k}$ 为对称矩阵，其中矩阵中的元素为正。

令 $\ell\in\Theta=[\theta_{\min},\theta_{\max}]$ 是一个随机变量，表示的是节点的内在发生连边的属性，依据节点数量 n 分布，且满足 $\int_\Theta \mathrm{d}v(\theta)=1$（归一化），$\mathbb{E}[\theta]=\int_\Theta \theta\mathrm{d}v(\theta)=1$，$\mathbb{E}[\theta^2]=\int_\Theta \theta^2\mathrm{d}v(\theta)\equiv\Phi=O_n(1)$，这里每个节点会以独立随机的方式抽取 θ_i。

矩阵中的元素 $A_{ij}=A_{ji}$ 以如下概率置为 1，否则置为 0。

$$\mathbb{P}(A_{ij}=1)=\min\left(\theta_i\theta_j\frac{C_{\ell_i,\ell_j}}{n},1\right)\tag{8.7}$$

通过简单的计算可以看出，节点 i 的平均度数的期望与 θ_i 成正比，即 $\mathbb{E}[d_i]\propto\theta_i$。因此，通过引入向量 $\theta=(\theta_1,\theta_2,\cdots,\theta_n)$ 可以在图中产生任意度数分布的。

4. LFR 基准网络模型

此外我们引入在社区发现领域中常用到的基准模型，该模型是由 Lancichinetti、Fortunato 和 Radicchi 于 2008 年提出了基准网络模型，取三个作者名字的首字母，所以称之为 LFR 基准模型。模型可以提供一个事先已知的社区，用于比较不同的社区检测方法。与其他方法相比，基准测试的优点在于它解释了节点度分布和社区规模分布的异质性。基准测试假设节点度和社区规模都具有不同指数的幂律分布，分别是 γ 和 β。N 是节点的数量，平均度为 $\langle k\rangle$。混合参数 μ 是一个节点的相邻节点的平均比例，在这里 μ 值越大，社区结构就越难发现。基准网络是模拟生成真实世界网络的人工网络算法，它能通过设定统计特性的参数模拟真实网络的特征，目前已经广泛地应用于社区检测。

8.3.2　动态网络模型

随着研究的进展，复杂网络领域从静态网络扩展到了动态网络，从而导致传统的通过图论的静态网络表示方法已经无法直接应用到动态网络中。由此，相关领域研究者们提出了许多动态网络模型，用以表示动态网络并进行分析和研究。这些模型各有优缺点，在最初的研究中，采用将动态网络叠加得到静态网络，这样的处理策略不可避免地会丢失动态网络自身的动态特性，无法体现联系发生的先后顺序。之后专家学者们通过在连边上构建交互频次的信息，将两个节点之间的联系次数记录下来，构造出加权静态网络，以此保留两个节点之间的交互信息。但该方法依然无法体现联系发生的先后顺序。随着对动态网络更深入的研究，人们提出了经典的动态网络模型，由此关于动态网络的分析与研究也逐渐形成体系。为了方便描述，在介绍经典的动态网络模型之前先引入一个简单的动态网络示例。

$$A\left(a_{i,j}^{t}\right)=\begin{bmatrix} 0 & [1,3,4,5,6,] & [3,4] & [2,4,5] \\ [1,3,4,5,6,] & 0 & [2,3,5,6] & 0 \\ [3,4] & [2,3,5,6] & 0 & [6] \\ [2,3,5,6] & 0 & [6] & 0 \end{bmatrix} \tag{8.8}$$

式(8.8)中是以事件三元组的格式进行存储的，其中 $A_{(14)}=[2,4,5]$ 表示节点 1 和 4 在 $t=2,4,5$ 时刻发生过交互。可以看到在整个动态网络中，网络时间范围 $T=6$，共包含了 15 次交互事件。

1. 快照网络模型

这是最直观且易于使用的动态网络模型，该模型首先将整个动态网络切分成若干个时间段，之后将每个小的时间段单独生成一个静态图，最后将单独生成的静态图按照时间的先后顺序组合成一系列的快照序列，而这一系列的快照序列便是构造的快照网络模型。

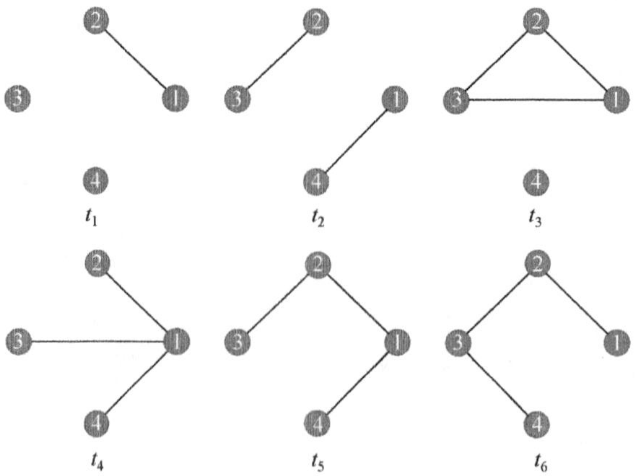

图 8-5　快照网络模型示意图(m=6)

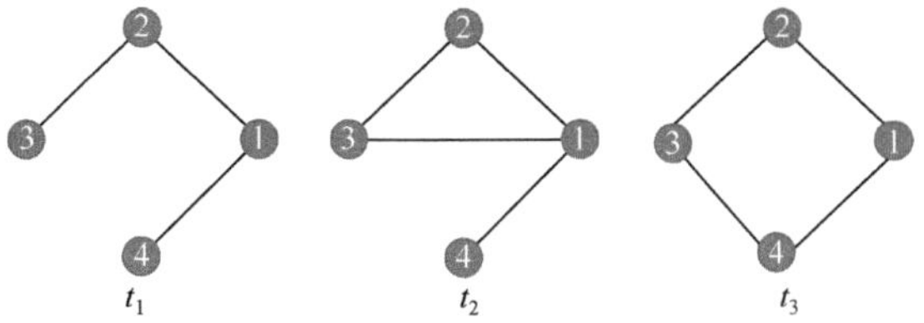

图 8-6　快照网络模型示意图(m=3)

如图 8-5 图分别为 $t=\{1,2,\cdots,6\}$ 时刻对应的快照切片图，我们将时间窗口调整到 2，则可以得到 $m=3$ 个快照切片图，如图 8-6。这种模型因为接近于传统的静态网络，有着直观且易于表达的特点受到了广泛的应用。但是现实中的网络变化速度也不尽相同，有的网络变化很慢而有的网络变化快，故而不同的切片策略往往会导致不同的结果，如何确定切片的策略是一个难点问题。

2. 序列网络模型

序列网络模型是静态网络模型的拓展，网络中的连边不再简单地表示为节点之间存在联系的情况发生，而是增加一个联系的时间序列，通过连边的时间序列表示这条边在网络中出现了几次以及每次联系的时间，从而体现网络的时间属性。

从图 8-7 中可以清楚地看到，序列网络模型可以补足快照模型中丢失网络的时间属性这一问题，快照模型只能在一定的时间范围内表达交互发生的时间顺序，但无法具体地表达出节点连边发生的时刻。而序列模型则可以完整地保存网络中的时间信息。通过结合快照模型和序列模型的优点，我们构造了图 8-8。

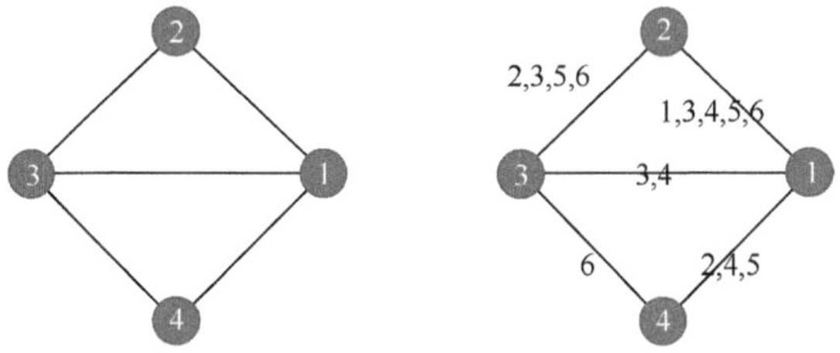

(a) 静态网络模型示意图　　(b) 序列网络模型示意图

图 8-7　网络模型示意图

图 8-8 中我们将整个网络按照时间划分成 3 个时间片，每个时间片中引入序列网络模型表示发生交互的时间。这种模型可以方便地观察到每个时间段内的拓扑结构以及交互的情况。

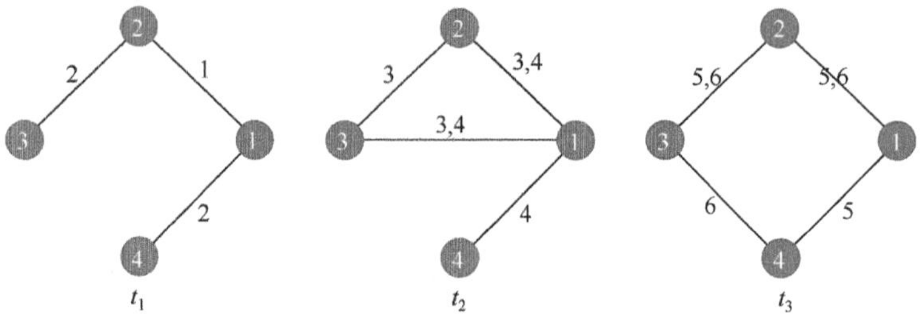

图 8-8　快照序列网络模型示意图

8.4　复杂网络注意力模型的社区发现方法

8.4.1　注意力模型的社区发现模型

1. 注意力矩阵模型

本节中用图 $G(V,E)$ 表示网络，其中 V 是节点集合，E 是边集合。$|V|$ 表示节点集合 V 中节点的个数。对于节点 $i(i\in V)$，∂_i 表示节点 i 的邻居节点的集合。图 G 的邻接矩阵用 $A(G)=(a_{ij})_{|V|\times|V|}$ 表示，其中 $a_{ij}\in E$ 表示节点 i 和节点 j 之间存在边，此时 $a_{ij}=1$；$a_{ij}\notin E$ 表示节点 i 和节点 j 之间没有边，此时 $a_{ij}=0$。

通常，网络的邻接矩阵可以看作是网络中节点关系的一种相似性度量，但是这种网络节点间相似性度量方法只考虑了节点和邻居节点间的关系，却没有考虑到节点与其二阶邻居节点之间的关系。在现实世界中，用户认识朋友的好友的可能性要比其他用户大很多。同样在网络中，节点和它的二阶邻居之间也具有一定的相似关系。我们在社区检测的过程中应该充分考虑到节点间的关系，用节点间的相似度来刻画两个节点的相似关系使得划分结果尽可能准确。

我们提出节点 i 和节点 j 的相似度定义为：

$$\mathrm{Sim}(i,j)=\alpha a_{ij}+\beta\left(\sum_{k\in(\partial_i\cap\partial_j)}a_{ik}+a_{kj}\right)\tag{8.9}$$

其中，$a_{ij}\in A(G)$，$\sum_{k\in(\partial_i\cap\partial_j)}a_{ik}+a_{kj}$ 是 i 和 j 之间共同邻居数。α 是控制相邻节点相似性的参数。β 是控制二阶邻居相似性的因素。$\alpha+\beta=1$ 且 $\alpha,\beta\in(0.1)$。

定义 8.9 (相似性矩阵 $\boldsymbol{X}$)　定义 $\boldsymbol{X}=[x_{ij}]_{n\times n}$ 为网络 G 节点的相似性矩阵，其中 $x_{ij}=\mathrm{Sim}(i,j),i,j\in V$ 表示节点 i 和节点 j 的结构相似性。

单一地使用相似矩阵 X 不能可靠且充分地反映节点之间的关系，因此我们引入模块化矩阵的注意力模型进一步获取节点之间的信息。

我们可以使用模块化矩阵 $\boldsymbol{Q}=[q_{ij}]\in\boldsymbol{R}^{|V|\times|V|}$ 表示节点间的相似关系，其中 q_{ij} 用式(8.2)中表示。

$$q_{ij}=a_{ij}-\frac{|\partial_i||\partial_j|}{2m} \tag{8.10}$$

我们得到相似度矩阵 $\boldsymbol{Q}=[q_{ij}]\in R^{|V|\times|V|}$ 后，以 q_i 作为节点 i 的特征向量引入到注意力机制中。注意力机制定义如下：

$$\text{Attention(Query,Source)}=\sum_j \text{similarity}(\text{Query},\text{Key}_j)\cdot\text{Value}_j \tag{8.11}$$

在这里我们令 Query 存储中心节点 i 的特征向量 q_i。Source 中 Key 和 Value 存储标记节点 j 的特征行向量 q_j，用切比雪夫距离表示 Query 和 Key 两个向量的相关度，并假设中心节点为 i，则我们设邻居节点 j 到 i 的权重系数为：

$$e_{ij}=\sum_{j\in\partial_i}\text{chebychev}(q_i,q_j)\cdot q_j \tag{8.12}$$

为了更好地分配权重，需要将中心节点与其所有的邻居节点计算出的相关度用 $\text{softmax}(\cdot)$ 函数进行归一化处理：

$$a'_{ij}=\text{softmax}_j(e_{ij})=\frac{\exp\left(e_{ij}-\overline{e_i}\right)}{\sum_{v_k\in\partial_i}\exp\left(e_{ik}-\overline{e_i}\right)} \tag{8.13}$$

$\overline{e_i}$ 是节点所有邻居节点权重系数的均值，a' 是归一化后的权重系数，通过式(8.13)的处理，保证了所有邻居的权重系数加和为 1。式(8.14)给出了权重系数完整的计算公式。

$$a'_{ij}=\text{softmax}_j(e_{ij})=\frac{\exp\left(\sum_{j\in\partial_i}\text{chebychev}(q_i,q_j)\cdot q_j\right)}{\sum_{v_k\in\partial_i}\exp\sum_{j\in\partial_i}\text{chebychev}(q_i,q_j)\cdot q_j} \tag{8.14}$$

最后，将节点权重系数 a_{ij} 引入相似度矩阵 X，网络图 G 的最终注意力相似度矩阵为：

$$\boldsymbol{X}'=[\text{Sim}'(i,j)]_{|V|\times|V|}=[a'_{ij}\times\text{Sim}(i,j)]_{|V|\times|V|} \tag{8.15}$$

2. 社区发现算法

本节提出一种复杂网络注意力模型的社区发现算法(CCAM)利用邻居节点、二阶邻居构造相似度矩阵、并结合模块度的注意力模型使得中心节点对每个邻居节点可以更好地分配权重。在此基础上，进行复杂网络预处理，使中心节点根据注意力网络相似度矩阵的值选择最相似的一个邻居组成社区；最后，按照社区与社区之间的博弈完成社区博弈的归并。如图 8-9 所示。

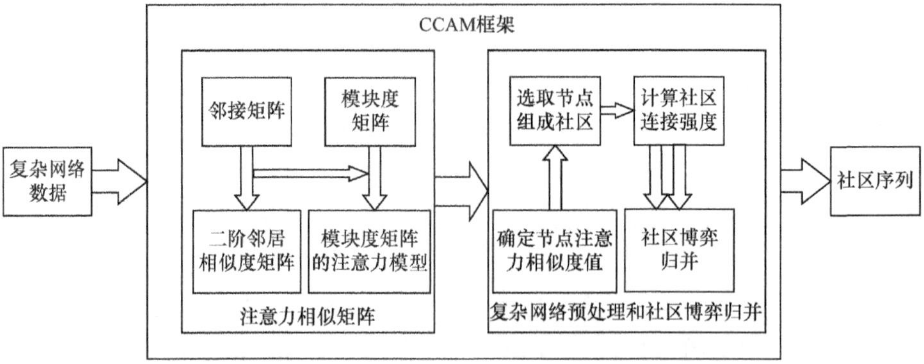

图 8-9　CCAM 算法模型框架图

(1) 复杂网络预处理

复杂网络预处理的主要思想是将网络中所有节点依次作为中心节点，中心节点的所有邻居节点都是标记节点。为每个中心节点都赋予一次选择的机会，选择该中心节点对应的注意力相似度数值最大的标记节点组成社区，以此来保证每一轮决策的公平性。如果注意力相似度数值的最大值个数大于 1，则将此中心节点放置，筛选下来实施第二步网络节点的策略。复杂网络预处理具体步骤如算法 8-1 和式(8.16)、式(8.17)所示。

算法 8-1：复杂网络的预处理步骤

步骤 1：我们使用邻接矩阵 $\boldsymbol{A}=(G)$ 作为初始数据来表示复杂网络 $G(V,E)$ 。

步骤 2：通过 $\boldsymbol{A}=(G)$ 构造相似矩阵 $\boldsymbol{X}=[\mathrm{Sim}(i,j)]_{|V|\times|V|}$ 和模块化矩阵 $\boldsymbol{Q}\in\boldsymbol{R}^{|V|\times|V|}$ ，并结合注意力机制生成注意力相似度矩阵 $X'=[\mathrm{Sim}'(i,j)]_{|V|\times|V|}$ 。

步骤 3：初始化集合 $N=\{1,2,\cdots,|V|\}$ 用来存放网络中的节点，初始化分配社区的集合 $C=\{C_1,C_2,\cdots,C_{|V|}\}$ ，其中 C_x 代表社区 x 。

步骤 4：为每个节点设置一个标识数组 flag[n] ，以标识每个节点是否已经划分为社区。同时将每个节点设置为默认值 flag[i] = false ，当节点成功划分到社区中后置为 true 。

步骤 5：依次循环遍历集合 N 中的每个节点，被遍历的节点作为中心节点 i 。选择注意力相似度值最大的 Similarity(i) 节点。将 Similarity(i) 节点和中心节点划分为一个社区，并将它们存储在 C_x 中。如果注意相似度值的最大个数大于1，则选择的中心节点将放到执行周期的最后。

式(8.16)是注意力相似度值最大的 Similarity(i) 的获取方法。

$$\text{Similarity}(i)=\{C_{j'}\,|\,j'=\max_j(\text{Sim}'(i,j))\} \tag{8.16}$$

max(·) 函数采用最大的节点值。式(8.17)是将 Similarity(i) 节点和中心节点划分为一个社区的获取方法。

$$\begin{cases} C_i=C_i\cup\text{Similarity}(i) \\ C_j=\varnothing \\ \text{flag}[i]=\text{true} \end{cases} \tag{8.17}$$

C_i 和 Similarity(i) 合并后，我们需要让节点 j 对应的 C_j 为空。将中心节点 i 的 flag[i] 更改为 true 。

(2) 社区博弈归并

将最初的复杂网络通过复杂网络预处理后，把筛选下来的节点分配到了各个社区中，每个节点都有属于自己的社区。但是预处理后的社区并不能很好地代表最终社区划分结果。为了提高划分社区的质量，需要我们对社区进一步归并处理。我们很自然地想到通过把预处理中节点之间的相似度转化为社区与社区间的相似度，并根据社区间的相似度进行社区博弈归并的策略，但这种策略在个别网络中倾向于选择更大的社区进行合并，从而导致了一些巨大的社区的出现。在调查了社区与社区之间的关系后，我们引入一个相对指数来表示社区 C_n 到社区 C_m 的边的密度。

$$d(C_n,C_m)=\frac{\left|\left\{(uv)\,|\,u\in C_n,v\in C_m(uv)\in E\right\}\right|}{|C_n|} \tag{8.18}$$

它是一种非对称指数，可以忽略社区的节点数量并公平地衡量一个社区的平均边数。但是由式(8.17)可以知道邻居节点权重系数的不同导致目标节点 i 连接邻居节点 j 的边也不相同。为了解决这种情况，我们结合式(8.18)提出一个社区衡量社区 C_n 到社区 C_m 的边的加权密度的新方法。

$$d'(C_n,C_m)=\frac{\sum\limits_{\forall(ij)\in E}\left\{\text{Sim}'(i,j)\,|\,v_i\in C_n,j\in C_m\right\}}{\sum\limits_{i,j\in C_n}\text{Sum}'(i,j)} \tag{8.19}$$

其中 $\text{Sim}'(i,j)=a'_{ij}\times\text{Sim}(i,j)=a'_{ij}\times\left(\alpha a_{ij}+\beta\left(\sum\limits_{k\in(\partial_i\cap\partial_j)}a_{ik}+a_{kj}\right)\right)$。

基于边的加权密度概念社区 C_n 到社区 C_m 之间的连接强度可以定义为：

$$
\begin{aligned}
&\mathrm{Stren}(C_n,C_m)\\
&=\frac{d'(C_n,C_m)\times d(C_m,C_n)}{\left|E_{C_n}\right|\times\left|E_{C_m}\right|\times\left|N_{C_n}\right|}\\
&=\frac{d'(C_n,C_m)\times d'(C_m,C_n)}{\sum\limits_{i,j\in C_n}\mathrm{Sum}'(i,j)\times\sum\limits_{i,j\in C_m}\mathrm{Sum}'(i,j)\times\sum\limits_{\forall(ij)\in E}\{C_k\,|\,\exists(i,j)\in E,i\in C_n,j\in C_k\}}\\
&=\frac{\sum\limits_{\forall(ij)\in E}\{\mathrm{Sim}'(i,j)\,|\,i\in C_n,j\in C_m\}\times\sum\limits_{\forall(ij)\in E}\{\mathrm{Sim}'(ji)\,|\,i\in C_n,j\in C_m\}}{\left(\sum\limits_{i,j\in C_n}\mathrm{Sum}'(i,j)\sum\limits_{i,j\in C_m}\mathrm{Sum}'(i,j)\right)^2\sum\limits_{\forall(ij)\in E}\{C_k\,|\,\exists(i,j)\in E,i\in C_n,j\in C_k\}}
\end{aligned}
\tag{8.20}
$$

其中，E_{C_n}代表社区C_n的加权边集，用$E_{C_n}=\sum\limits_{i,j\in C_n}\mathrm{Sum}'(i,j)$表示。同理，$E_{C_m}$代表社区$C_m$的加权边集，$N_{C_n}=\sum\limits_{(ij)\in E}\{C_k\,|\,\exists(ij)\in E,i\in C_n,j\in C_k\}$代表与社区$C_n$相邻的社区集。连接强度是表示两个相邻社区的紧密程度的相对指标。它的值落在[0.1]之间，数值越大表示两个社区间的关系更加紧密。

式(8.21)是$d_{(i)}$的获取方法。

$$
d_{(i)}=\{\mathrm{Sum}(|\partial_i|)\,|\,i\in V\}
\tag{8.21}
$$

为了得到社区i的注意力相似度值最大的社区，取式(8.20)的最大值得到式(8.22)：

$$
\mathrm{Simiarity}(C_i,C_j)=\{C_j\,|\,j=\max_i(\mathrm{stren}(C_i,C_j))\}
\tag{8.22}
$$

$\max(\cdot)$函数取社区的最大注意力相似度值。将$\mathrm{Simiarity}(C_i,C_j)$计算的社区代入式(8.17)，合并社区。社区博弈归并步骤如算法 8-2 所示。

算法 8-2：社区博弈归并步骤

步骤 1：进行复杂的网络预处理，得到社区划分结果$C=\{C_1,C_2,\cdots,C_{|V|}\}$。

步骤 2：集合D持有节点的度数$D=\{d_{(1)},d_{(2)},\cdots,d_{(i)},\cdots,d_{(n)}\}$，其中$d_{(i)}$表示节点$i$的度数。然后，指定网络社区$k$的数量作为先验知识。

步骤 3：选择D中度数最大的节点作为中心节点，存入集合M。

步骤 4：如果集合M中只有一个节点，或者集合M中的所有节点都在一个社区中，则选择第二大节点的总逻辑标签值，这些节点也存储在集合M中。

步骤 5：设置$D'=\{d_{(1)},d_{(2)},\cdots,d_{(i)},\cdots,d_{(n)}\}$是从集合$D$中删除集合$M$中的节点后剩余节点的总逻辑标签。并且$D=D'$。

步骤 6：重复步骤 3、步骤 4、步骤 5，直到步骤 4 中节点所在集合M中的社区数为 NUM 。

步骤 7：遍历集合 M 中的节点，随机选择同一社区中的一个节点存储在集合 m' 中。计算节点 m' 所在社区 C_i 与其他社区的注意力相似度值。并将注意力相似度值最大的两个社区合并。集合 M 中的节点社区无法合并。

在 CCAM 算法的时间复杂度中，假设在一个有 n 个节点的图 G 中。第一步需要计算二阶邻居的相似度矩阵，这一过程的时间复杂度为 $O(n^2)$；然后构造模块矩阵 Q 组成注意力相似度矩阵，时间复杂度为 $O(n^2)$ 。第二步，对复杂网络进行预处理，时间复杂度为 $O(n)$ 。第三步，进行社区博弈归并，时间复杂度为 $O(k^2)$ ，其中 k 是复杂网络预处理后的社区数量且 $k \ll n$ 。因此，所提出算法 CCAM 的总时间复杂度为 $O(n^2)$ 。

8.4.2 实验分析

算法开发平台：MATLAB 8.4.0；实验使用的计算机配置：CPU：Intel Core i7-3630QM；安装内存：8GB；64 位操作系统：Windows7 操作系统。

1. 网络和比较算法

为了评估 CCAM 算法的有效性，我们对一些人工网络和一些现实世界的网络进行了广泛的实验。在人工网络方面，我们使用 LFR 基准生成器合成了不同大小的网络进行实验。在真实网络方面，我们采用了 7 个真实网络数据集作为测试数据集，通过人工网络和真实网络两个方面来验证本节算法的有效性和可行性。

在 LFR 基准生成网络中，我们使用表 8-1 列出的参数生成 4 个不同节点数据量的网络，表中的参数 μ 是指的一个节点与社区外的边数与节点数的比值，是基准网络中的一个关键参数。在本次实验中我们取 μ 的值为 $\mu \in \{0.1, 0.2, \cdots, 0.8\}$ ，$|C|_{\max}$ 指的是网络中最大社团的节点数，$|C|_{\min}$ 指的是网络中最小社团的节点数。对于现实世界的网络本节采用了 7 个真实网络数据作为测试数据集。表 8-2 是真实世界网络的统计数据。

表 8-1 用于合成人工网络的 LFR 基准生成器的参数设置

网络	$\|V\|$	$\bar{d}$	$d_{\max}$	$\|C\|_{\min}$	$\|C\|_{\max}$	μ	$\exp_d$	$\exp_{\text{com}}$
LFR_500	500	15	20	2	10	0.1～0.8	2	1
LFR_1000	1000	15	20	2	10	0.1～0.8	2	1
LFR_2000	2000	15	20	2	15	0.1～0.8	2	1
LFR_5000	5000	15	20	10	30	0.1～0.8	2	1

表 8-2　真实世界网络的信息

网络	$\|V\|$	$\|E\|$	描述
Karate	34	78	跆拳道俱乐部网络，因分歧分裂成两个社区
Dolphin	62	159	广口海豚网络的生活习性网络
Football	115	613	因美国大学生足球联赛而创建的复杂社会网络
Polbooks	105	441	美国政治书籍网络
Lesmis	77	508	《悲惨世界》人物关系网络
Adjnoun	112	425	形容词和名词邻接网络
Netscience	1589	2742	由致力于网络理论和实验的科学家组成的网络

2. 实验评价指标

本实验使用五个评价指标来判断社区划分的效果：模块化、社区数量、准确性和运行时间、检测到的社区数量与实际社区数量的比率。模块化的大小和社区的数量可以反映社区划分的效果。模块化程度越大，分区效果越明显。算法的执行时间越短，效率越高。模块化是衡量复杂网络中社区结构强度的指标，其值一般在 0.3 和 0.7 之间。

标准化互信息衡量社区划分的准确性，是对所发现的社区进行度量的重要指标之一。NMI 的值越大，意味着社区划分越准确。NMI 定义为：

$$\mathrm{NMI}(CS,P)=\frac{-2\sum_{i=1}^{n}\sum_{j=1}^{t}M_{ij}\log\left(\frac{nM_{ij}}{M_iM_j}\right)}{\sum_{i=1}^{n}M_i\log\left(\frac{M_i}{n}\right)+\sum_{j=1}^{t}M_j\log\left(\frac{M_j}{n}\right)} \tag{8.23}$$

其中，$n=|V|$，$M_i=|C_i|$，$M_j=|P_j|$ 以及 $M_{ij}=|C_i\cap P_j|$。显而易见，NMI 仅用于具有先验已知真实社区的网络，表示检测结果与真实社区的接近度。

我们把社区检测到的社区数量与实际社区数量的比值表示为：

$$R=\frac{|CS|}{P}=\frac{n}{t} \tag{8.24}$$

这一指标用于指示算法在已知真实社区的网络中再现社区数量的程度，并在一定程度上反映分辨率限制问题是否发生。当 $R<1$ 时表明检测到的社区结构中可能存在分辨率限制问题，接近 1 时是理想情况。

3. 计算机生成网络的实验结果

在 4 组计算机生成的网络中，我们使用 NMI 和 R 来评估 CCAM 算法及其比较算法的实验结果。由于 GN 算法时间复杂度过大，这里不作为对比实验。每种算法的 NMI 可以在图 8-10 中看到。

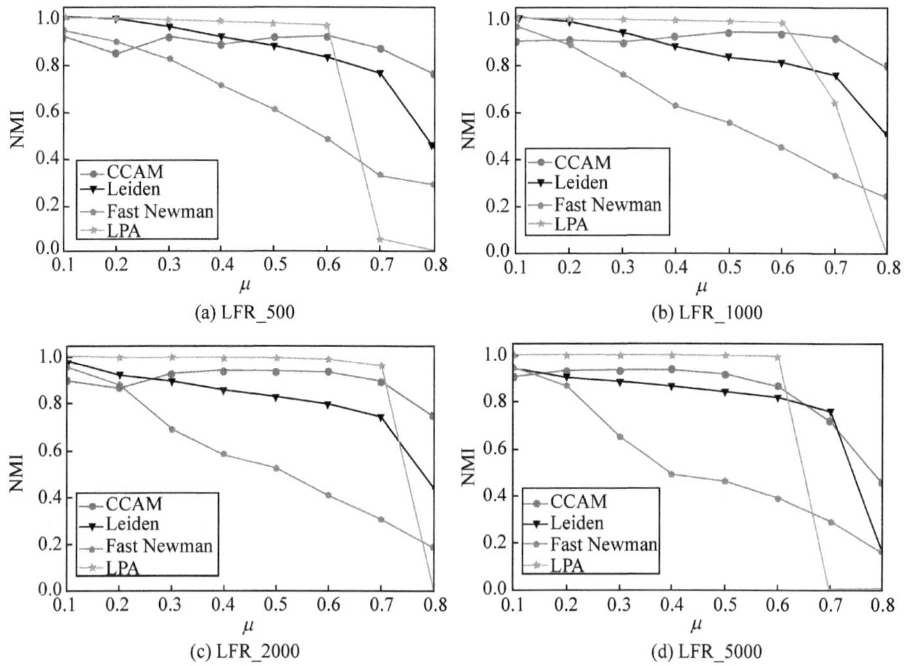

图 8-10　从计算机生成网络中提取的 NMI

本节提出的 CCAM 方法当 $\mu \geqslant 0.5$ 时在所有计算机生成的网络上表现良好。并且其优势延伸到 LFR_5000 群网络中 $\mu \geqslant 0.2$，LFR_1000 中 $\mu \geqslant 0.4$，LFR_2000 中 $\mu \geqslant 0.3$。我们可以清楚地看到，随着 μ 的增加，所有算法的准确率都在下降，因为网络越来越接近随机图，这使得社区结构变得不清晰。然而在社区结构不明显的网络中，CCAM 算法的性能远远超过其他算法。这也说明了我们引入的注意力机制可以在社区结构不是很清晰的网络环境中更好地划分网络。

对于比较算法，由于 LPA 算法并不稳定，所以我们采用运行 50 次求平均值的方法。我们可以看到 LPA 算法在具有明确社区边界的网络上取得了最好的效果，但是当 μ 进一步增加时，LPA 算法的效果会急剧下降。这表明该算法在社区清晰的网络中具有优异的性能，但由于标签更新策略固有的局限性，所以无法处理社区结构不清晰的网络。此外我们还对 LPA 算法的单次执行结果进行对比，在图 8-11 中可以看到，在 LFR 生成的 4 个不同规模的网络中，选取 $\mu = 0.7$ 时单次执行的 NMI 结果。我们发现 LPA 算法在当前网络中的节点倾向于接受来自其邻居的错误标签来更新自己的标签，导致 NMI 接近于 0 的这种不正确的社区划分。

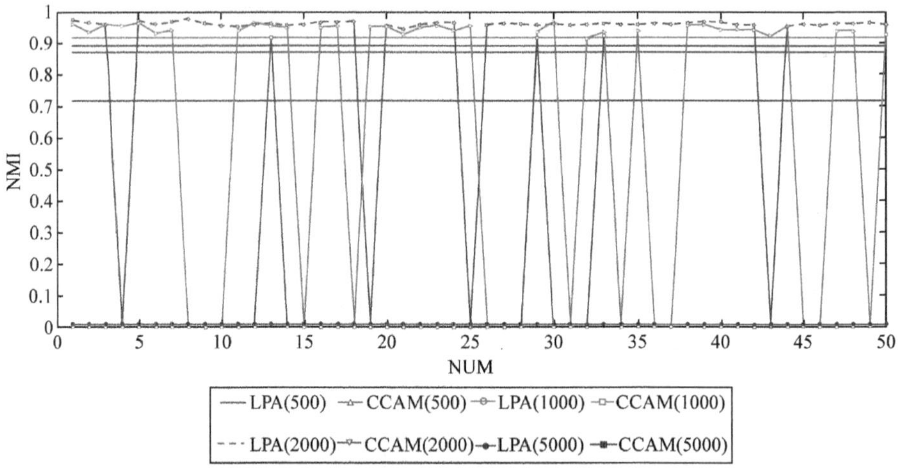

图 8-11 LPA 算法和 CCAM 算法的 50 次对比实验

在LFR_2000组中,LPA算法表现出相对稳定的社区划分结果。但在LFR_5000组中, LPA 算法完全不能适用。本节 CCAM 算法在四种不同大小的网络上测试的 NMI 值为 $\mathrm{NMI}_{\mathrm{LFR\_500}}=0.871$ 、 $\mathrm{NMI}_{\mathrm{LFR\_1000}}=0.918$ 、 $\mathrm{NMI}_{\mathrm{LFR\_2000}}=0.892$ 和 $\mathrm{NMI}_{\mathrm{LFR\_5000}}=0.718$,准确率可以稳定在较高的水平。由此来看本节提出的 CCAM 算法有着较为稳定的社区划分结果。

Fast Newman 算法在 $\mu=0.1$ 时表现出了较好的结果，但是随着 μ 的增加 Fast Newman 算法的 NMI 值一直在减小。当 $\mu\geqslant0.3$ 时，在所有的社团规模中 Fast Newman 算法的准确度已经小于本节提出的 CCAM 算法。同样的，Leiden 算法在 $\mu=0.1$ 中表现出优异的结果，但是随着 μ 的增加算法的准确性在逐步下降。在 LFR_5000 组中的 $\mu\geqslant0.2$ 时，Leiden 算法准确性低于 CCAM 算法。在 LFR_2000 组中的 $\mu\geqslant0.3$ 时，准确性低于 CCAM 算法。在 LFR_1000 组和 LFR_500 组中，当 $\mu\geqslant0.4$ 以及 $\mu\geqslant0.5$ 时，Leiden 算法准确性低于 CCAM 算法。

整个实验比较结果表明，虽然没有算法可以在所有网络上优于其他算法，但所提出的方法可以获得稳定的高质量的社区结构，并且在社区结构不明显的网络上表现出优于其他算法的结果。

我们还针对 CCAM 算法和其他算法在检测到的社区数量与实际社区数量之间的比率 R 方面进行了比较。结果如图 8-12 所示。

显然，CCAM 算法引入了社区数量的先验信息，其 R 值是理想的 1。对于比较算法，LPA 算法得到的结果最接近真实的社区划分。但是随着 μ 的增加，LPA 算法检测到的社区数与 $\mu\geqslant0.7$ 的实际社区数之比急剧下降,此时 R 的值接近于 0。这是由于 LPA 的标签更新策略使得所有节点都聚集在一起形成巨大的社区。Fast Newman 和 Leiden 算法得到的数字总是小于实际社区数，并且它们的 R 值随着 μ

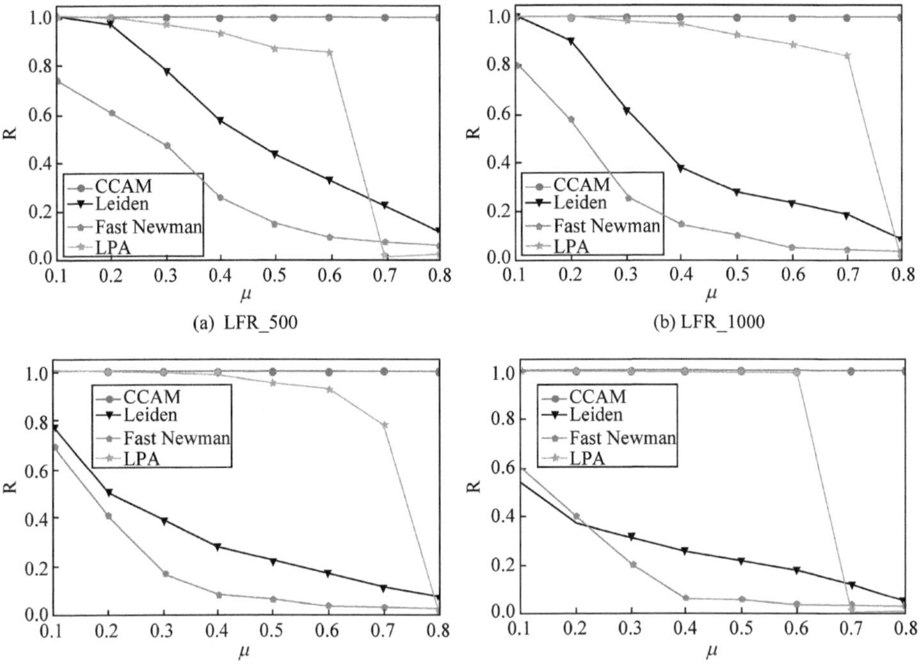

(a) LFR_500　(b) LFR_1000

(c) LFR_2000　(d) LFR_5000

图 8-12　从计算机生成的网络中，检测到的社区数量与实际社区数量的比率

的增加而逐渐减小。这表明检测到的结果可能存在分辨率限制。特别是通过最大化模块化来检测社区，很容易造成分辨率限制问题。实验表明，本节的 CCAM 算法在引入社区数量作为先验信息后可以有效地克服这一问题。

4. 社区网络的实验结果

在表 8-2 中列出的前四个网络的真实社区是预先知道的，其他三个网络没有公开发表的真实社区。我们选择了具有较小网络的空手道俱乐部网络可视化检测结果来对比真实社区。此外，选取海豚网络和美国政治书籍网络两个数据集，用于算法预处理和社区博弈合并的比较分析。并在表 8-3 中列出了网络中的对比实验。在分析图中，同一社区的节点用相同的颜色表示。

(1) 空手道俱乐部网络

该网络是社区发现中常用的一种小型网络。它由大学空手道俱乐部成员之间的关系组成。由于主管和教练之间的争吵，俱乐部被分成了两个较小的团体。网络中有 34 个节点，每个节点代表俱乐部成员，节点之间的连接代表两个成员之间的关系。运用空手道俱乐部网络对 CCAM 算法形成的社区进行比较，首先利用复杂网络预处理策略后的社区图 8-13(a)与网络社区博弈归并后效果图 8-13(b)进行比较，然后对归并后的社区结果与空手道俱乐部网络自然划分图 8-14 进行比较。

从图 8-13(a)可以看出，经过网络预处理后网络被划分为 11 个小社区。然后再经过社区博弈合并后得到了 2 个社区，使得社区划分结果更为合理，如图 8-13(b)所示。图 8-14 显示了空手道俱乐部网络两个社区的自然划分。通过对比图 8-13(b)和图 8-14 可以发现，CCAM 算法在空手道俱乐部网络中的划分效果与自然划分相比只有节点 3 不同，其他节点的划分与实际社区划分一致。

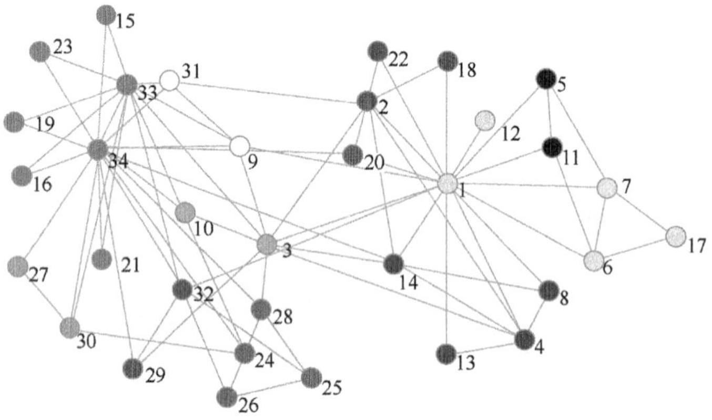

(a) 节点预处理后的社区效果

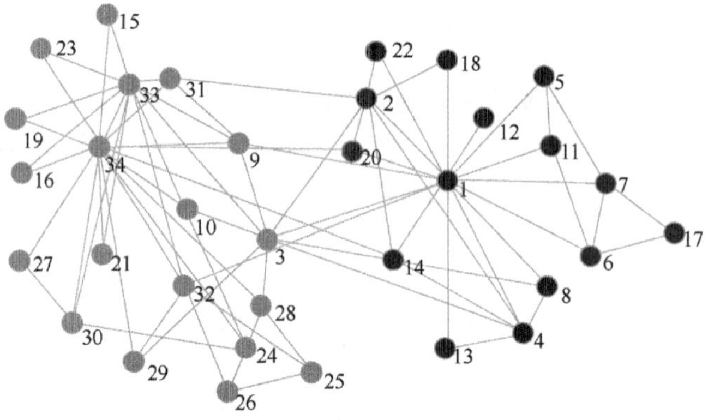

(b) 社区博弈归并后的社区效果

图 8-13　CCAM 算法在空手道俱乐部网络划分社区效果

(2) 海豚网络

海豚网络是通过观察广嘴海豚的生活习性而衍生出来的网络。如果海豚彼此活跃，那么它们之间就会有较为亲密的关系。网络中的 62 个节点代表海豚，159 条边表示海豚之间存在着亲密的接触关系。使用海豚网络比较了 CCAM 算法在博弈合并前后的社区状态。由图 8-15(a)可以看出，经过网络预处理后，网络被划分为 19 个社区。这些社区中存在着节点数量特别少的小社区。我们通过社区博弈归并的方法将小社区向大社区合并后，将社区合并为 2 个，如图 8-15(b)所示。

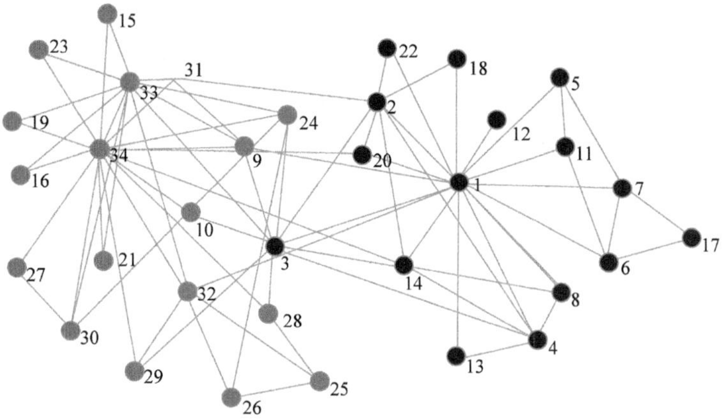

图 8-14　空手道俱乐部网络的真实划分社区

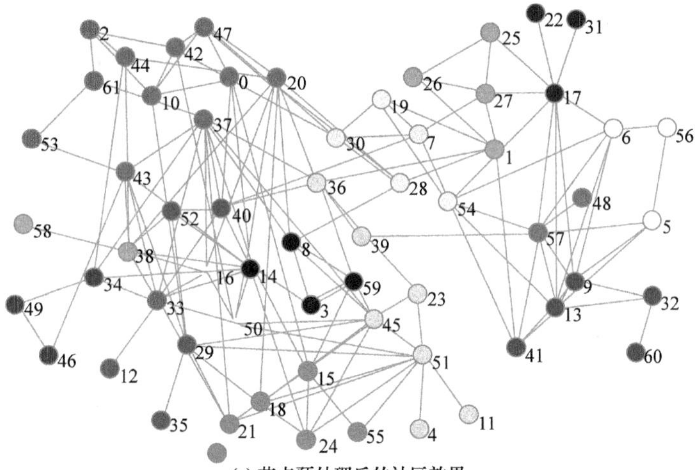

(a) 节点预处理后的社区效果

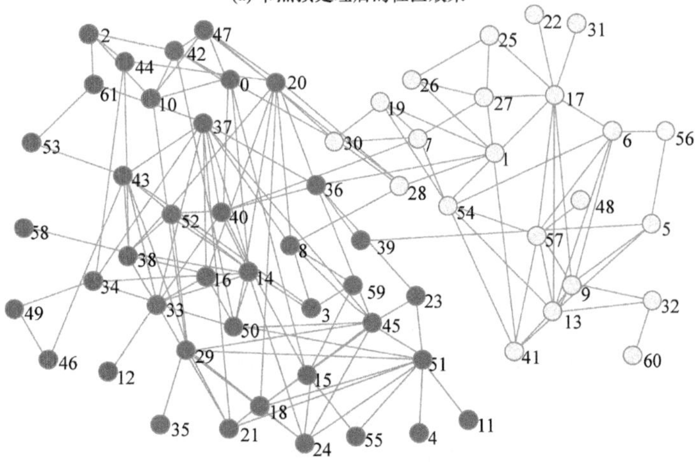

(b) 社区博弈归并后的社区效果

图 8-15　CCAM 算法在海豚网络社区划分效果

(3) 美国政治书籍网络

美国政治书籍网络是由美国在线书店出售的政治书籍建立的网络。网络中有 105 个节点。网络中的节点代表政治相关书籍的销售，边表示部分读者同时购买了相连的两个节点所代表的书籍。

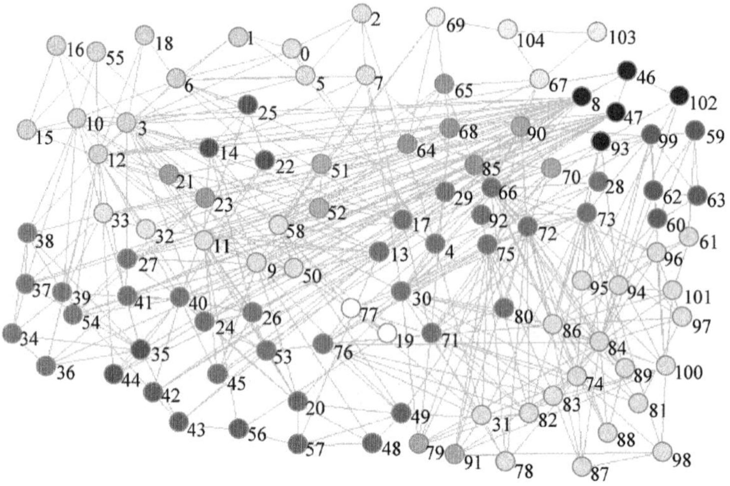

(a) 节点预处理后的社区效果

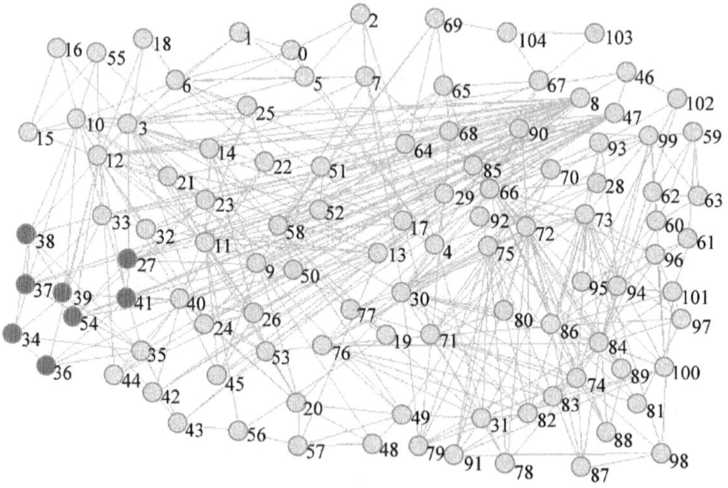

(b) 社区博弈归并后的社区效果

图 8-16　CCAM 算法在海豚网络社区划分效果

使用美国政治书籍网络比较了 CCAM 算法在合并前后的社区效果。由图 8-16(a)可以看出，经过网络节点的预处理，网络被划分为 22 个社区。之后通过社区博弈归并的方法将小社区合并为大社区后变成了 3 个社区，如图 8-16(b)所示。

5. 真实世界网络的实验结果

在本小节中展示了真实世界网络中检测到的实验结果，并对本节提出的CCAM 算法同 GN 算法、Fast Newman 算法、LPA 算法和 Leiden 算法进行比较。对于表 8-2 中具有真实社区的网络我们从 NMI、模块度和时间三个角度进行对比，针对没有真实社区的网络，我们从模块度、运行时间进行对比。结果见表 8-3。

从表 8-3 中我们可以看到在 Karate 网络中，本节提出的算法的 NMI 值最高，为 0.838；其次是 Leiden 算法为 0.687。从模块度 Q 的角度来看，Karate 网络的实际划分社区模块度的值为 0.372，本节提出的 CCAM 算法最接近这一数值，其次是 LPA 算法为 0.335。在 Dolphin 网络中，本节提出的 CCAM 算法划分出来的社区和真实社区相同，所以 NMI 的值是 1，其次是 Fast Newman 算法，为 0.814。从模块度来看 Dolphin 网络实际划分社区的模块度是 0.375，CCAM 算法模块度和网络实际划分社区的模块度相等，其次是 Fast Newman 算法，数值为 0.450。在 Football 网络中，本节提出的 CCAM 算法 NMI 的值是 0.759，排第四名。NMI 值排名最高的是 Leiden 算法，为 0.892。网络的真实社区的模块度是 0.415，Fast Newman 算法的模块度数值是 0.457，最接近真实社区划分的模块度的值，其次是本节提出的 CCAM 算法，为 0.468。在 Polbooks 网络，本节提出的 CCAM 算法的 NMI 值排名第二，为 0.549，仅次于排名最高的 NMI=0.574。网络的真实社区的模块度是 0.415，本节提出的 CCAM 算法最为接近这一数值。在有真实网络划分的数据集中，和其他算法相比本节提出的 CCAM 算法在 Karate 和 Dolphin 两个网络中获得了最好的 NMI 结果，在另外的 Football 和 Polbooks 两个网络中分别是排名第二和第四。在模块度方面 CCAM 算法在 Karate、Dolphin 和 Polbooks 三个网络中最为接近真实网络划分值。所以相比于其他算法，本节提出的 CCAM 算法在真实网络中取得了稳定高质量的划分结果。

表 8-3　真实世界网络中的实验结果

网络	指标	CCAM	GN	Fast Newman	LPA	Leiden
Karate	NMI	0.838	0.652	0.621	0.654	0.687
	Q	0.372	0.263	0.253	0.335	0.420
	T	0.13	6.374	0.389	0.085	0.105
Dolphin	NMI	1	0.554	0.814	0.634	0.512
	Q	0.374	0.484	0.450	0.495	0.524
	T	0.177	45.981	1.594	0.105	0.135
Football	NMI	0.759	0.879	0.698	0.865	0.892
	Q	0.468	0.524	0.457	0.581	0.604
	T	0.516	126.76	9.312	0.139	0.149

续表

网络	指标	CCAM	GN	Fast Newman	LPA	Leiden
Polbooks	NMI	0.549	0.407	0.429	0.447	0.574
	Q	0.517	0.312	0.172	0.391	0.527
	T	0.369	888.33	7.114	0.152	0.202
Lesmis	Q	0.469	0.448	0.394	0.317	0.560
	T	0.367	513.90	9.805	0.154	0.322
Adjnoun	Q	0.146	0.136	0.243	4.046E-17	0.302
	T	0.301	668.05	8.386	0.121	0.300
Netscience	Q	0.565	0.949	0.944	0.944	0.959
	T	655.45	3.024E+05	9335.170	50865.300	14.238

整体来看 Leiden 算法的社区模块度在 7 个网络中相比于其他算法数值最大，但是这一算法的 NMI 在 Karate 和 Dolphin 两个网络中处在了第二和第五的位置。这说明基于 Q 值最大化思想的算法在实际环境中会产生一些分辨率限制问题。一般来说 Q 值不是越高越好，而是只要在 0.3～0.7 这个区间中的数值都是理想的情况。比如两个互不相连的社区假设其边数和结点数完全一样，那么其 Q 值也仅为 0.5。因此 Q 值可以在一定程度上表现社区结构，但是不是其充分必要条件。在 Netscience 网络中 GN 算法、Fast Newman 算法、LPA 算法和 Leiden 算法划分社区的模块度数值远超过了一般取值范围，本节提出的 CCAM 算法处于合理的范围。在 Adjnoun 网络中 CCAM 算法、GN 算法、Fast Newman 算法、LPA 算法划分的社区模块度数值略低于 0.3。

从算法运行时间来看，Fast Newman 算法和 GN 算法的运行时间最长，CCAM 算法的运行时间中等，LPA 算法和 Leiden 算法的运行时间最短。这说明在真实网络下，LPA 算法和 Leiden 算法的运行效率最快，其次为 CCAM 算法，再次为 Fast Newman 算法和 GN 算法。从局部来看，在 Netscience 网络中 LPA 算法有较长的运行时间。这是因为在 Netscience 网络中有着结构为二分或接近二分的子图，从而产生标签振荡的现象。在 Karate 网络和 Dolphins 网络这种节点数量较少的网络中，5 个算法的运行时间相差不多，在 Football 网络、Polbooks 网络、Adjnoun 网络这种节点数量较多的网络中，GN 算法 Fast Newman 算法的运行时间比 CCAM 算法、LPA 算法的运行时间多很多，但 CCAM 算法与 Leiden 算法、LPA 算法的运行时间接近，说明 CCAM 算法进行社区划分时，划分速度较快。CCAM 算法有良好的运行时间结果。

8.5　自由能的动态网络社区发现方法

8.5.1　自由能的动态网络社区发现模型

1. 可变节点的动态随机块模型

本节中定义动态图$\{G_t\}_{t=1,2,\cdots,T}$是一系列无权无向图，每个图有n_t个节点。在时间t处，E_t和V_t分别表示形成G_t的一组边和节点，其中$v_i \cap v_{i'} = \varnothing$且$t \neq t'$。用$i_t$表示$V_t$中的节点，其中$1 \leqslant t \leqslant T$和$1 \leqslant i \leqslant n_t$。称$\boldsymbol{A}^{(t)} \in \{0.1\}^{n \times n}$为$G_t$的对称邻接矩阵，定义为$A_{ij}^{(t)} \in 1_{(ij) \in E_t}$，和$\boldsymbol{D}^{(t)} = \operatorname{diag}(A^{(t)} 1_n) \in N^{n \times n}$为关联矩阵，接下来详细说明$\{G_t\}_{t=1,2,\cdots,T}$的生成模型。

尽管大多数的注意力仍然集中在静态社区检测上，但是许多真实的网络是紧密动态联系的，比如邮件网络、长期合作网络等。随着时序网络模型的出现，许多相关领域的学者对此展开了研究。基于现有的真实世界中的时序网络来说并不能很好地满足研究的需要，故而我们通过改进 DCSBM 提出一种可变节点的动态随机块模型。

令$\ell_{i_t} \in \{1, \cdots, k\}$为节点$i_t$的标签。向量$\{\ell_{i_{t=1}}\} i = 1, \cdots, n$通过以相等的概率随机分配标签进行初始化。然后根据马尔科夫过程将$t \in \{2, \cdots, T\}$时刻的标签更新。

$$\ell_{i_t} = \begin{cases} \ell_{i_{t-1}}, & \mathrm{w} \cdot \mathrm{p} \cdot \eta^{①} \\ \alpha, & \mathrm{w} \cdot \mathrm{p} \cdot \dfrac{1-\eta}{k}, \alpha \in \{1, \cdots, k\} \end{cases} \tag{8.25}$$

其中，在时间迭代的过程中以η的概率维护节点i_t的标签保持不变。否则会以$1-\eta$的概率随机地重新分配它的标签。每个时刻$t+1$的标签分配依据上一个时刻t的标签分配，重复这一过程直到最后T时刻截止。

接下来在生成邻接矩阵$\boldsymbol{A}^{(t)}$时，节点的数量n会以很小的概率$1-\omega$控制节点的增减。

$$n_t = \begin{cases} n_{t-1}, & \mathrm{w} \cdot \mathrm{p} \cdot \omega \\ n_{t-1} + a, & \mathrm{w} \cdot \mathrm{p} \cdot \dfrac{1-\omega}{4}, a \in \{-2, -1, 1, 2\} \end{cases} \tag{8.26}$$

而式(8.27)中表示的是生成图G_t的邻接矩阵$\boldsymbol{A}^{(t)}$的连边情况，两个节点是否发生连边是根据时间t独立且随机生成的。

$$\mathbb{P}(A_{ij}^{(t)} = 1) = \theta_i \theta_j \frac{C_{\ell_{i_t} \ell_{j_t}}}{n_t} \forall i > j, \boldsymbol{A}^{(t)} \in \{0.1\}_{n_t \times n_t} \tag{8.27}$$

---

① W.P.: with probability。

在这里 $\theta = (\theta_1, \theta_2, \cdots, \theta_n)$ 是节点固有的连接属性，通过这一属性能够引起任意的节点度分布，并且满足 $\frac{1}{n_t}\sum_{i \in V_t} \theta_i = 1$ 以及 $\frac{1}{n_t}\sum_{i \in V_t} \theta_i^2 \equiv \Phi = O_{n_t}(1)$。矩阵 $\boldsymbol{C} \in \boldsymbol{R}^{k \times k}$ 包含类与类之间的亲近度，其中 $C_{a=b} \equiv c_{\text{in}}$ 和 $C_{a \neq b} \equiv c_{\text{out}}$，$c_{\text{in}}$ 和 c_{out} 独立于 n。在这一过程中是建立在双时间尺度的假设上的：短期时间控制的是图中边的演化以及节点的变化，也就是在每个时间重新配置节点是否有变化以连边的变化；而在长时间的范围内则控制着社区的演化。本节主要关注在长期演化的过程，通过在较长时间的连边关系进行最终社区的划分。

2. 动态网络社区发现算法

本节提出了一种动态网络社区发现方法，方法分为三个步骤：首先，使用引入衰弱因子的时间序列分析方法对动态图中的各个节点在时间片之间的连接关系进行估计，估计节点与节点之间发生联系的强度，其中对于当前时间之前未曾发生连边的节点之间的估计为 0；其次，通过构造基于自由能的黑塞矩阵的方法得到对应的特征值，并取负特征值对应的特征向量；最后，通过负特征值对应的特征向量作为嵌入并进行聚类分析。

时间序列分析是研究网络中随机过程的重要的数学方法。该方法可以找到在网络图中节点的度和边随时间演化的规律性，例如：我们统计以节点 i 和节点 j 在时刻 t 发生的连通频数 $w_{ij}^{(t)}$，我们可以将节点的连通频数作为一个整体向量并进行建模。在建模的过程中考虑到连通发生时间，即在最初发生的连接随着时间的推移该连接所具有的功能性会减弱。为此我们提出一种计算网络事件影响系数模型，该模型为了更好地构建多变量时间序列分析模型，我们将时序的网络结构度量做一次差分后近似平稳，从而直接对差分后的数据进行多变量的自回归滑动平均模型(VARMA)建模[17]。n 维变量 $\boldsymbol{X}_t = (x_{1t}, \cdots, x_{nt})^{\top}$ 的 VARMA(p,q) 模型为：

$$\boldsymbol{X}_t = \boldsymbol{\Phi}_1 \boldsymbol{X}_{t-1} + \boldsymbol{\Phi}_2 \boldsymbol{X}_{t-2} + \cdots + \boldsymbol{\Phi}_p \boldsymbol{X}_{t-p} + \Sigma_t - \Xi_1 \Sigma_{t-1} - \cdots - \Xi_q \Sigma_{t-q} \tag{8.28}$$

其中，$\boldsymbol{\Phi}_i = [\phi_{ij}^i]_{n \times n}$，$i \in \{1, 2, \cdots, p\}$；$\Xi_i = [\xi_{ij}^i]_{n \times n}$，$j \in \{1, 2, \cdots, q\}$。而 $\Sigma_t = (e_{1t}, \cdots, e_{nt})^{\top}$ 为高斯白噪声向量。以二维 VARMA(p,q) 模型进行二元的时间序列分析为例：

$$\begin{bmatrix} x_t \\ y_t \end{bmatrix} = \sum_{i=1}^{p} \begin{bmatrix} \phi_{11}^i & \phi_{12}^i \\ \phi_{21}^i & \phi_{22}^i \end{bmatrix} \begin{bmatrix} x_{t-1} \\ y_{t-1} \end{bmatrix} + \sum_{j=1}^{q} \begin{bmatrix} \xi_{11}^j & \xi_{12}^j \\ \xi_{21}^j & \xi_{22}^j \end{bmatrix} \begin{bmatrix} e_{1,t-j} \\ e_{2,t-j} \end{bmatrix} + \begin{bmatrix} e_{1,t} \\ e_{2,t} \end{bmatrix} \tag{8.29}$$

之后我们简化 VARMA 模型为 VAR 模型，并引入衰弱因子 ι 对简化后的参数估计和预测。n 维 VAR(p) 模型的形式为：

$$\boldsymbol{X}_t = \iota^{t-1} \boldsymbol{\Phi}_1 \boldsymbol{X}_{t-1} + \iota^{t-2} \boldsymbol{\Phi}_2 \boldsymbol{X}_{t-2} + \cdots \iota^0 \boldsymbol{\Phi}_p \boldsymbol{X}_{t-p} + \Sigma_t \tag{8.30}$$

VAR 模型中的参数可以选用 Kalman 滤波方法进行参数估计，并转化为状态空间形式：

$$\begin{cases}\Phi(t)=\iota\Phi(t-1)\\ X_t=X(t)^\top\Phi(t)+\Sigma_t\end{cases} \tag{8.31}$$

其中，$X(t)=\left(X_{t-1}^\top,\cdots,X_{t-p}^\top\right)^\top$，为 np 长度的列向量；$\Phi(t)=(\Phi_1,\cdots,\Phi_p)^\top$ 为 $np\times n$ 的系数矩阵。在这里 Kalman 滤波方法是一个递归算法，也就是说根据前一个时刻的状态向量以及当前的观测值从而对当前的状态进行估计。递归过程可以遵循：①滤波公式 $\hat{\Phi}(t)$；②增益矩阵 K_t；③预报误差矩阵 $P_{t|t-1}=P_{t-1}$；④滤波误差方差 P_t。具体展开式为：

$$\begin{cases}\hat{\Phi}(t)=\hat{\Phi}(t-1)+K_t(X_t-K_t\hat{\Phi}(t-1))\\ K_t=P_{t|t-1}H_t^\top(H_tP_{t|t-1}H_t^\top+R_t)^{-1}\\ P_t=[I-K_tH_t]P_{t|t-1}\end{cases} \tag{8.32}$$

根据上述的迭代过程，我们可以估计节点之间的系数矩阵 $\hat{X}^\top=X^\top\Phi$ 以及对应的预测误差，然后根据正态分布的假设得到节点与节点之间的连接性 $G(\cdot)$。我们将得到的 $\hat{G}$ 代入式(8.25)中：

$$H(r)_{ij}=\delta_{ij}\left(1+\sum\nolimits_{k\in\partial_i}\frac{\omega_{ik}^2}{r^2-\omega_{ik}^2}\right)-\frac{r\omega_{ij}A_{ij}}{r^2-\omega_{ij}^2} \tag{8.33}$$

其中，∂_i 表示节点 i 的邻域集合，$|r|>1$ 是类似于温度参数，控制着自由能的状态。我们将根据网络将其设置为一个默认值 $|r|=r_c$，其中 c 是图中的平均度。通过式(8.33)我们计算 $H(r_c)$ 和 $H(-r_c)$ 的特征值，并选取 $\lambda_p^\uparrow(H_{\zeta_p})<0$ 的特征值对应的特征向量作为嵌入后的节点对应的欧氏空间。此时动态网络社区发现的流程见算法 8-3。

算法 8-3：动态网络社区发现步骤

步骤 1：输入无向图 $\{G_t\}_{t=1,\cdots,T}$ 的邻接矩阵 $\{A^{(t)}\}_{t=1,\cdots,T}$，划分的社区数量 k。

步骤 2：将邻接矩阵 $\{A^{(t)}\}_{t=1,\cdots,T}$ 进行叠加 $\tilde{A}^{(t)}=\sum\nolimits_{i=1}^t A^{(i)}$ 后，再简化为无权邻接矩阵 $\{A^{(1)},\cdots,A^{(T)}\}$。

步骤 3：对图中的所有连边频数向量序列采用多变量的时间序列进行分析，得到连接强度矩阵 S_p。

步骤 4：从 $p=1$ 开始计算 $\zeta:\lambda_p^\uparrow(H_{\zeta_p})=0$，并将计算结果 $X_p\leftarrow x_{\zeta_p}^{(p)}$。

步骤 5：重复步骤 4，直到 $p=k$。
步骤 6：使用输出节点的类别标签 $l \in \{1,\cdots,k\}$。

8.5.2 实验分析

将我们所提出的算法在人工网络和真实网络中与其他优秀的动态社区检测方法进行比较。考虑使用进化谱聚类(PCM)、基于多层模块化的广义 Louvain(GL)、PisCES 和 DYNMOGA 方法作为对比方法，其中 PisCES 通过平滑邻接矩阵的特征向量的方法将谱聚类扩展到动态网络。DYNMOGA 方法使用遗传算法最大化多目标优化问题，具体在算法中使用模块化作为单个时间片的目标函数以及归一化信息作为时间序列中的目标函数。

1. 实验评价指标及参数设置

针对有真实社区划分的网络，实验采用归一化互信息进行验证算法的效果。当网络中缺少真实社区时，实验采用阻断率(C)、模块度(Q)、渐近惊喜指标(AS)进行验证。模块化的大小和社区的数量可以反映社区划分的效果。模块化程度在合理的区间中越大，分区效果越明显；阻断率越小，社区效果越好；渐近惊喜指标越大，社区效果越好。

下面我们针对不同的算法设置如下：对于所提出的算法，我们设置 $\eta=0.95$，对于 PCM 从集合 $\{0.1,0.15,0.2,0.25,0.35,0.4\}$ 中选择遗忘因子作为最大归一化的关联因子，该集合是根据前人的经验选取的。在 GL 算法中遵循并使用多层模块化和动态的 DCSBM 的变体之间的等效性来学习分辨率 (p) 和层间耦合参数 (q)。此外我们使用 GL 的多次迭代版本，这样 GL 将一直运行，直到多层模块化不再改进，且当前时刻检测到的社区结构作为下一个时刻的初始化的依据。PisCES 中的遗忘因子是通过文献[147]中推荐的集合 $\{0.05,0.1,0.15,0.2\}$ 上的交叉验证得来的。DYNMOGA 的遗传算法的交叉率设置为 0.8、遗传代数设置为 200、人口设置为 200、遗传突变率设置为 0.2。

2. 人工动态网络实验结果

对于模拟网络我们是按照本节中的可变节点的动态随机块模型作为基准模型生成，此模型在 DCSBM 模型基础上，模拟现实世界中的实体随着时间的推移而增加、迁移和消失的现象，从而引入了时间属性生成动态的网络结构。其中分类的概率是由 C 类关系矩阵决定的，节点的度分布依据节点 i 与其他节点 j 的固有的连接属性 θ 共同决定的，以 $(\theta_i\theta_j)$ 的连接概率获得网络中的异构度分布。基准网络的社区数量 k 作为参数，而两个不同社区的节点 i 和节点 j 连边较少，主要是

由类关系矩阵 C_{ij} 决定的。不同算法的性能我们由归一化互信息(NMI)进行量化。

下面我们设置两组不同的生成人工网络的参数，并生成算法对比实验图，在图中的横坐标表示数据中的时间片 t ，纵坐标的表示归一化互信息，描述的是算法生成社区与真实社区中节点划分的差异程度，取值范围为 0 到 1，当等于 1 时表示最好的情况。

第 1 组：我们考察系数对不同方法性能的影响，使用基准模型生成一个 $T=15$ 且每个时间点有 128 个节点的动态网络。节点被划分为 $k=4$ 个社区，其中 $\omega=0$ 所有时间片节点都是不变的。用该方法生成 50 个网络实现，社区数量从 $k_e=\{2,\cdots,10\}$ 选择作为最大化目标函数 $Q_{\max}$ 的值。

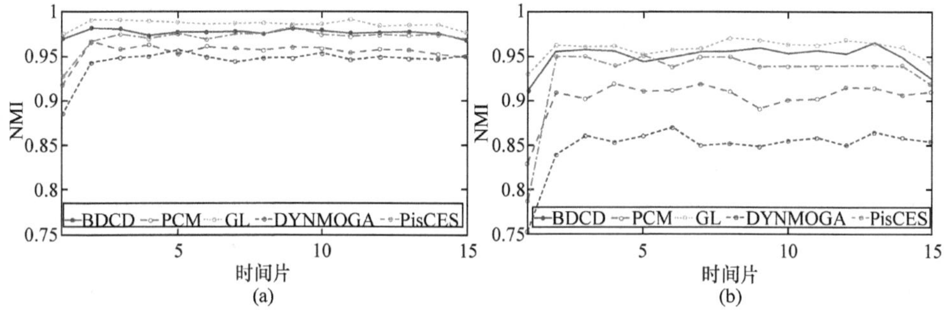

图 8-17　第 1 组人工网络算法实验的平均 NMI 值

图 8-17 中报告了系数两个不同值的平均 NMI 随时间的变化，其中图 8-17(a)对应于 $\eta=0.2$ ，图 8-17(b)对应于 $\eta=0.3$ 。图中可以看出对于 $\eta=0.2$ 和 $\eta=0.3$ 中 GL 算法和 BDCD 算法相比于其他算法具有更高的准确性，其中 GL 算法表现最优，而 BDCD 算法因为社区划分的目标是结合历史数据的社区划分，故而针对当前社区的划分存在一定的差异，但依旧取得了良好的效果，在图中处于第二位置。其次是 PisCES 算法在人工网络中也表现出了良好的性能，而 DYNMOGA 算法受到参数 η 的影响较大，伴随着 η 的增加算法性能有所下降。

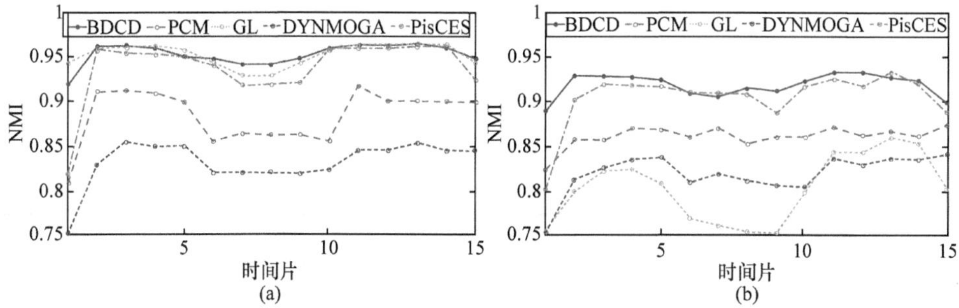

图 8-18　第 2 组人工网络算法实验的平均 NMI 值

第 2 组：我们考察可变节点的动态网络社区，在这个模拟中我们通过基准生成具有 $T=15$ 和初始节点 $N=256$ 的动态网络，社区数量设置为 $K=5$ 。可变节点参数设置为 $\omega=0.5$ 。用该方法生成 50 个可变节点的网络实现。

使用 $k=2,\cdots,7$ 检测社区，结果如图 8-18 所示，其中图 8-18(a)对应于 $\omega=0.4$ ，图 8-18(b)对应于 $\omega=0.6$ 。在图 8-18(a)中 BDCD 算法、GL 算法和 PisCES 算法有着相似的 NMI 值，性能好于 PCM 算法和 PisCES 算法。所有的方法在 $t=6$ 到 $t=10$ 的时间都下降了，这是由于网络的节点数量的变化导致网络不稳定。而在此期间 BDCD 算法保持了较为稳定的性能，具有更好的鲁棒性。对于图 8-18(b)由于网络节点变化进一步加快，故而所有算法的性能都有下降。其中 GL 算法下降得最为显著，而 BDCD 算法和 PisCES 算法下降得较小，且 BDCD 算法性能优于 PisCES 算法。

3. 真实世界动态网络实验结果

在本小节中，将所提出的算法应用到真实世界中的动态网络中，并将其性能与上述方法进行比较。表 8-4 中提供了 4 个真实网络中的数据，其中第一个数据集 Reality Mining 网络具有真实的社区结构信息，所以采用计算 NMI 的方式对算法结果进行分析。而后面三个网络数据集缺少真实社区的信息，所以我们使用社区检测领域内的评估函数进行比较检测到的社区。在本节中，我们使用了三个指标：模块化(Q)的分辨率参数值参照文献[148]中的值进行设置；渐进惊喜指标(AS)和阻断率(C)。它们量化了族群间边缘与总度数的比率，其中 AS 数值越大、C 数值越小，说明群落结构越好。最终结果通过统计算法在每个时间点检测到的社区的平均度量值获得。其中 AS 指标是由 Traag 等人提出的精确度量[149]，通过只考虑主要因素并使用 Stirling 的二项式系数近似得到，见式(8.34)。

$$\begin{aligned} S &\approx m\left(q\log\frac{q}{\overline{q}}+(1-q)\log\frac{1-q}{1-\overline{q}}\right) \\ &= mD\left(q\|\overline{q}\right) \end{aligned} \tag{8.34}$$

其中，m 是网络中现有的连接数，m_{in} 是社区内的连接数量，$q=m_{\text{in}}/m$ 表示一个社区内存在连接的概率，$\overline{q}$ 表示 q 的期望。而 $D(x\|y)=x\ln\left(\dfrac{x}{y}\right)+(1-x)\ln\dfrac{1-x}{1-y}$ 表示 KL 散度，它衡量概率分布 x 和 y 之间的距离。

表 8-4 真实世界中的动态网络数据集

网络	节点	时间间隔	时间跨度	时间片
Reality Mining	94	1 周	1 年	46
Enron Email	184	12 天	4 年	120

续表

网络	节点	时间间隔	时间跨度	时间片
Middle School	591	15 分钟	2 天	56
Dblp	958	1 年	10 年	10

(1) Reality Mining

Reality Mining 动态网络是利用麻省理工学院的实验项目数据构建的[150]，这些数据是在一年内从麻省理工学院的学生和员工的手机中收集的，涉及 94 人。

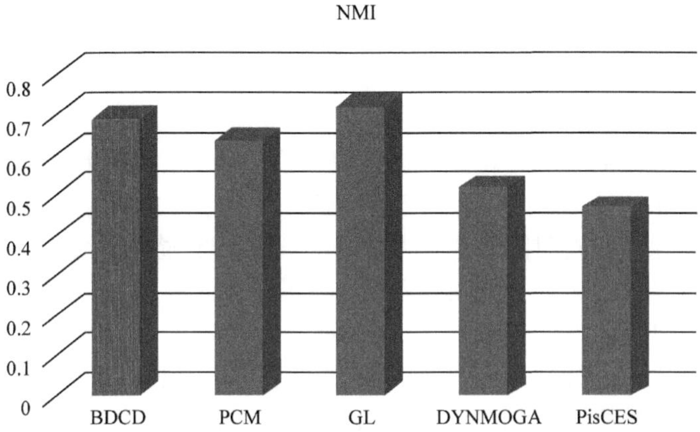

图 8-19　Reality Mining 网络中社区发现的平均 NMI 值

手机中配有蓝牙传感器，每五分钟记录一次附近的蓝牙设备。这些记录被用来构建一个具有 46 个时间片的动态网络，每个时间片精准对应一周的时间跨度，学生和教职员工的隶属关系信息也被纳入考量,从而自然形成了两个鲜明的社区：一个主要由在麻省理工学院媒体实验室工作的成员形成，另一个则是该校商学院的学生形成。

从图 8-19 中可以看到 GL 算法和 BDCD 算法具有最好的 NMI 值,然后是 PCM 算法。而 DYN 算法和 PISCES 算法在该网络并不能很好地表达真实的社区结构。

(2) Enron Email

Enron Email 数据集是文献[151]使用 Enron 邮件库[152]构建的安然员工之间的动态电子邮件通信网络，数据中包括了从 1998 年到 2002 年的 50 万封电子邮件。如果两名员工通过电子邮件进行沟通，那么这两名员工所沟通的时刻在对应的一周时间片中产生一个连边。这个动态网络包含了 T=120 个时间点(即 120 周)，以及 184 个节点，每个节点代表一名员工。

由于算法的随机性，我们将算法运行 50 次得到最终的社区结构，表 8-5 中构建的是阻断率、模块度和 AS 的平均值。表中最好的结果以粗体表示。在表中最好的模块度值是由 BDCD 获得的，在阻断率以及 AS 中最好的结果是由 GL 获得的。

表 8-5 Enron Email 网络中检测到的社区阻断率、模块度和 AS 的值

算法	阻断率	模块度	AS
PCM	1.696	0.658	120.6
GL	4.225	0.421	91.58
DYNMOGA	**1.160**	0.635	**151.88**
PisCES	4.648	0.424	63.79
BDCD	1.434	**0.682**	129.70

(3) Middle School

Middle School 网络记录的是美国犹他州的一所中学的学生之间的动态网络。数据记录由 Toth[153]在上午 8 点 25 分到下午 3 点 15 分之间收集两天得到。学生之间的互动记录是通过时间分辨率为 20 秒的近距离传感器得到。一共有 591 名七年级和八年级的学生参加了这项研究。这一天的数据包括 7 个课时和 2 个午餐时间以及学生在课间换新的教室上课。每天都会生成 28 个时间片。快照之间的时间间隔为 15 分钟，如果两个学生在此期间进行了交互，则他们之间存在一条连边。表 8-6 记录的是学校的两天的时间中构建的动态网络中运行 50 次的平均值。通过实验验证，在该网络的所有方法中本节提出的 BDCD 方法取得了最好的结果。

(4) DBLP

DBLP 网络是由 BLP 数据库生成的合作发表著作的动态网络[154]。并由 Yang 等人进行了有效研究[155]。该网络是根据 1997 年到 2006 年的 28 次会议论文生成。如果两位作者在同一年有过合作论文的记录，那么就将两位作者连接起来，每年生成一个快照网络。整个网络中一共有 958 位作者。通过实验验证，在表 8-7 中最好的阻断率和模块度值是由本节提出的 BDCD 算法获得，在 AS 中最好的结果是由 DYNMOGA 获得。

表 8-6 Middle School 网络中检测到的社区阻断率、模块度和 AS 的值

算法	阻断率	模块度	AS
PCM	4.2025	0.6830	4259.70
GL	10.5085	0.4420	2764.25
DYNMOGA	11.2235	0.6090	4126.45
PisCES	10.0425	0.6205	3011.20
BDCD	**4.1760**	**0.6900**	**4282.00**

表 8-7　DBLP 网络中检测到的社区阻断率、模块度和 AS 的值

算法	阻断率	模块度	AS
PCM	3.872	0.688	4222.3
GL	2.874	0.675	4052.2
DYNMOGA	3.245	0.716	**4473.4**
PisCES	72.573	0.544	3227.4
BDCD	**2.819**	**0.691**	**4359.8**

综合所有的实验，尽管没有一个算法能在所有的网络中取得最佳的结果，但是本节提出的 BDCD 算法在归一化互信息、模块度中优于其他基准算法。

8.5.3　模块化变分图自编码器的无监督社区发现方法

我们提出的基于模块化变分图自编码器的社区发现方法 MVGAE 的总体模型框架如图 8-20 所示。该模型框架主要包括四部分：①数据预处理：基于原始数据对节点属性矩阵进行预处理；②编码器模块：基于变分图自编码器融合模块化信息和节点属性信息；③解码器模块：基于交叉熵重构模块化分布；④集成提取社区：基于自监督训练机制指导完成社区发现，提高方法性能。下面将详细介绍模型的各个模块。

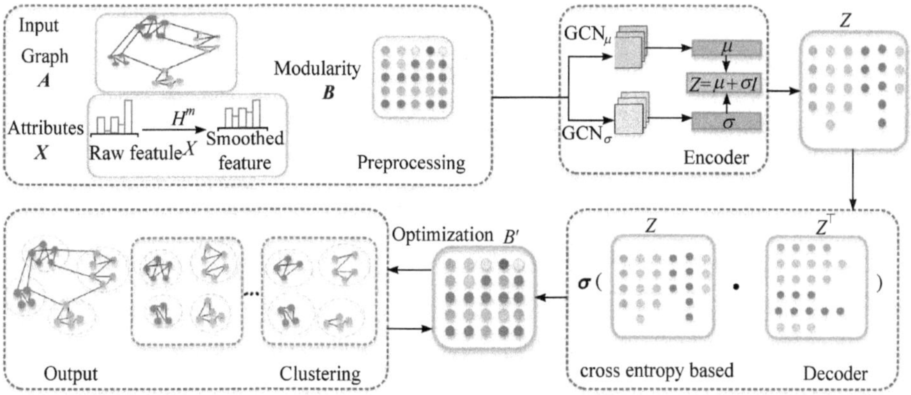

图 8-20　MVGAE 模型框架图

1. 数据预处理

节点的属性信息包含各种类型的数据，数据中包含噪声数据会影响方法性能，因此通过对数据进行归一化、对称化等操作，设计一个图神经网络过滤器去除高频信息，保留低频信息，使得数据更加光滑。

取 $\boldsymbol{x} \in R_n$ 为节点属性向量，计算图拉普拉斯算子 $\boldsymbol{L}$ 和节点属性向量 $\boldsymbol{x}$ 的瑞利

熵，来表示节点属性向量 $\boldsymbol{x}$ 的平滑度。$\boldsymbol{L}$ 和 $\boldsymbol{x}$ 的瑞利熵为：

$$R(\boldsymbol{L},\boldsymbol{x})=\frac{\boldsymbol{x}^{\top}\boldsymbol{L}\boldsymbol{x}}{\boldsymbol{x}^{\top}\boldsymbol{x}}=\frac{\sum_{(i,j)\in E}(x_i-x_j)^2}{\sum_{i\in V}x_i^2} \tag{8.35}$$

根据式(8.35)可知，瑞利熵实际上是节点属性向量 $\boldsymbol{x}$ 的归一化方差值，相邻节点之间具有相似的平滑值，因此假设具有较低瑞利熵的特征是平滑的。考虑使用图的拉普拉斯分解得到拉普拉斯矩阵 $\boldsymbol{L}=\boldsymbol{U}\boldsymbol{\Lambda}\boldsymbol{U}^{-1}$。其中 $\boldsymbol{U}\in\boldsymbol{R}_{n\times n}$ 包括 n 个特征向量，$\boldsymbol{\Lambda}=\mathrm{diag}(\lambda_1,\lambda_2,\cdots,\lambda_n)$ 表示 n 个特征向量对应的对角矩阵。则第 i 个特征值 λ_i 对应特征向量 $\boldsymbol{u}_i$ 的光滑度为：

$$R(\boldsymbol{L},\boldsymbol{u}_i)=\frac{\boldsymbol{u}_i^{\top}\boldsymbol{L}\boldsymbol{u}_i}{\boldsymbol{u}_i^{\top}\boldsymbol{u}_i}=\lambda_i \tag{8.36}$$

根据式(8.36)可知，向量越光滑那么特征值越小，意味着频率越低，因此本节设计一个图神经网络过滤器，对数据进行预处理，去除高频信息，保留低频信息，使得数据更加光滑。过滤器矩阵 $\boldsymbol{H}$ 定义为：

$$\boldsymbol{H}=\boldsymbol{I}-k\boldsymbol{L} \tag{8.37}$$

其中，k 为固定值，通过设置不同的 k 值，过滤高频信息，使特征趋于平滑。下面为过滤器矩阵的推导过程。

邻接矩阵 $\boldsymbol{A}$ 的对称归一化矩阵 $\tilde{\boldsymbol{A}}$ 定义为：

$$\tilde{\boldsymbol{A}}=\boldsymbol{I}+\boldsymbol{A} \tag{8.38}$$

通过对称归一化拉普拉斯矩阵 $\boldsymbol{L}$，得到 $\tilde{\boldsymbol{L}}_{\mathrm{sym}}$：

$$\tilde{\boldsymbol{L}}_{\mathrm{sym}}=\tilde{\boldsymbol{D}}^{-\frac{1}{2}}\tilde{\boldsymbol{L}}\tilde{\boldsymbol{D}}^{-\frac{1}{2}} \tag{8.39}$$

$\tilde{\boldsymbol{D}}$ 和 $\tilde{\boldsymbol{L}}$ 是 $\tilde{\boldsymbol{A}}$ 对应的度矩阵和拉普拉斯矩阵的对称归一化矩阵，使用重构策略构建邻接矩阵和拉普拉斯矩阵后，过滤器矩阵 $\boldsymbol{H}$ 为：

$$\boldsymbol{H}=\boldsymbol{I}-k\tilde{\boldsymbol{L}}_{\mathrm{sym}} \tag{8.40}$$

通过瑞利熵的计算，可知最优的滤波器矩阵应为特征值最小时。对于节点属性矩阵 $\boldsymbol{X}$，使用 m 层神经网络后过滤器矩阵变为 $\tilde{\boldsymbol{X}}$。

$$\tilde{\boldsymbol{X}}=\boldsymbol{H}^m\boldsymbol{X} \tag{8.41}$$

2. 编码器模块

在推理模型中基于变分图自编码器框架，使用数据预处理模块得到的节点特征矩阵 $\tilde{\boldsymbol{X}}$，将模块度矩阵 $\boldsymbol{B}$ 与节点特征矩阵 $\tilde{\boldsymbol{X}}$ 融合，构建神经网络 $f(\boldsymbol{B},\boldsymbol{A})\rightarrow$

$\boldsymbol{Z}f(X,A)\to Z$，将网络结构信息和节点模块度信息、属性信息从高维空间中嵌入到低维空间中，计算 $q(\boldsymbol{Z}|\boldsymbol{B},\boldsymbol{A})$。

模块度矩阵 $\boldsymbol{B}$ 表示节点之间的模块化关系。通过将节点特征矩阵中融合模块度矩阵，每个节点与其他节点都具有模块化关系。节点的模块度矩阵定义为：

$$\begin{gathered}\boldsymbol{B}=[b_{ij}]\\ b_{ij}=a_{ij}-\frac{k_i k_j}{2M}\\ \boldsymbol{B}_0=\mathrm{concat}(\boldsymbol{B},\boldsymbol{X})\end{gathered}\tag{8.42}$$

MVGAE 中设计的推理模型基于高斯概率分布：

$$q(\boldsymbol{Z}|\boldsymbol{B},\boldsymbol{A})=\prod_{i=1}^{N}q(\boldsymbol{z}_i|\boldsymbol{B},\boldsymbol{A})\tag{8.43}$$

其中，$q(\boldsymbol{z}_i|\boldsymbol{B},\boldsymbol{A})$ 是基于高斯分布的节点 i 的真实后验分布的变分近似，如下：

$$q(\boldsymbol{z}_i|\boldsymbol{B},\boldsymbol{A})=N\left(\boldsymbol{z}_i|\boldsymbol{\mu}_i,\mathrm{diag}\left(\boldsymbol{\sigma}_i^2\right)\right)\tag{8.44}$$

编码器模块利用网络结构信息和节点特征提取隐藏的网络特征，识别潜在的社区结构。使用两个图神经网络作为编码器来拟合节点 v_i 的平均向量 $\boldsymbol{\mu}$ 和标准差向量 $\boldsymbol{\sigma}$。

$$\begin{gathered}\boldsymbol{\mu}=f_{\mu}(\boldsymbol{B},\boldsymbol{A})\\ \log\boldsymbol{\sigma}=f_{\sigma}(\boldsymbol{B},\boldsymbol{A})\end{gathered}\tag{8.45}$$

使用两个图卷积层叠加在一起，可以得到每一层图卷积神经网络的编码，在 f_μ 和 f_σ 之间共享权重参数。图卷积神经网络的编码过程为：

$$\begin{aligned}&f_{l+1}(\boldsymbol{B},\boldsymbol{A})=\psi(\tilde{\boldsymbol{A}}f_l(\boldsymbol{B},\boldsymbol{A})\boldsymbol{W}_l)\\ &f_1(\boldsymbol{B},\boldsymbol{A})=\psi_1(\tilde{\boldsymbol{A}}f_0(\boldsymbol{B},\boldsymbol{A})\boldsymbol{W}_0)=\tanh(\tilde{\boldsymbol{A}}\boldsymbol{B}\boldsymbol{W}_0)\\ &f_2(\boldsymbol{B},\boldsymbol{A})=\psi_2(\tilde{\boldsymbol{A}}f_1(\boldsymbol{B},\boldsymbol{A})\boldsymbol{W}_1)=\tilde{\boldsymbol{A}}\tanh(\tilde{\boldsymbol{A}}\boldsymbol{B}\boldsymbol{W}_0)\boldsymbol{W}_1\end{aligned}\tag{8.46}$$

其中，$\boldsymbol{W}_0$ 和 $\boldsymbol{W}_1$ 分别代表第 1 层和第 2 层的权重参数，$\boldsymbol{W}_l$ 是第 l 层的权重参数。$\tilde{\boldsymbol{A}}$ 是对称归一化矩阵，$\tilde{\boldsymbol{A}}=\boldsymbol{D}^{-\frac{1}{2}}(\boldsymbol{A}+\boldsymbol{I})\boldsymbol{D}^{-\frac{1}{2}}$。$\psi(\cdot)$ 是激活函数，本节使用 tanh 激活函数替换 ReLu，因为模块度矩阵 $\boldsymbol{B}$ 包含大量的 0 元素，如果应用 ReLu，梯度将无法有效更新。$f_1(\cdot)$ 和 $f_2(\cdot)$ 为第一层和第二层编码器的函数表达，$f_{l+1}(\cdot)$ 为第 $l+1$ 层编码器的函数表达。通过堆叠多个编码器，将前一个编码器的输出作为下一个编码器的输入，使重构的图神经网络充分了解数据的平均值和标准差向量的真实分布，从而提高数据的准确性。

3. 解码器模块

解码器模块解决的问题是有效选择隐变量来生成网络信息。在深度生成阶段，设计了一个基于交叉熵的点积解码器，将网络结构信息和融合模块度信息的节点特征信息在隐藏空间中生成隐变量。$\boldsymbol{Z}$ 包含每个节点的嵌入向量，选择隐变量 z_i 来捕获网络中隐藏信息，即在缺失隐变量先验知识的情况下，在数学上确定 $\boldsymbol{Z}$ 的先验概率分布 $p(\boldsymbol{Z})$。

先考虑 $p(\boldsymbol{B}_{ij}|z_i,z_j)$ 的条件概率分布，其中 $\boldsymbol{B}_{ij}$ 是重构部分，z_i 是节点 i 的重构向量，z_j 是节点 j 的重构向量。我们将 $p(\boldsymbol{B}_{ij}|z_i,z_j)$ 离散化为两个部分：$p(\boldsymbol{B}_{ij}=b_{ij}|z_i,z_j)$ 和 $p(\boldsymbol{B}_{ij}\neq b_{ij}|z_i,z_j)$。同时使用类似于 VGAE 的重构加权策略[27]，我们用 $\sigma(b_{ij})$ 和 $1-\sigma(b_{ij})$ 重构加权这两个部分：

$$p(\boldsymbol{B}_{ij}|z_i,z_j)=\sigma\left(z_i z_j^{\top}\right)^{\sigma(b_{ij})}\left(1-\sigma\left(z_i z_j^{\top}\right)^{1-\sigma^{(b_{ij})}}\right) \tag{8.47}$$

其中 $\sigma(*)=\dfrac{1}{1+\mathrm{e}^{-*}}$。

通过重构加权策略，$p(\boldsymbol{B}|\boldsymbol{Z})$ 的条件概率分布如下：

$$p(\boldsymbol{B}|\boldsymbol{Z})=\prod_{i=1}^{N}\prod_{j=1}^{N}p(\boldsymbol{B}|z_i,z_j) \tag{8.48}$$

4. 集成提取社区

通常使用两阶段的聚类方法来完成社区发现，首先通过学习图神经网络进行网络嵌入表示，然后使用基于质心的聚类方法 Kmeans 在嵌入空间中进行聚类划分，得到 k 个初始聚类中心，完成社区发现任务。这种方法将社区发现任务分离为网络嵌入表示和聚类任务，忽略了聚类任务对网络特征学习的指导作用，使得聚类性能较差。

我们使用基于自监督的方法，不断优化两个分布之间的 KL 散度，在优化网络表示的低维同时完成节点社区划分，将学习得到的 $\boldsymbol{Z}$ 作为初始特征空间，Kmeans 得到的 k 个聚类中心作为初始聚类输入。

给定初始网络嵌入和聚类中心，以无监督的方式集成提取社区并对进行优化不断提高聚类效果。利用学生 t-分布来度量嵌入表示 z_i 与聚类中心 ξ_j 之间的相似性：

$$p(z_i,\xi_j)=\frac{(1+\|z_i-\xi_j\|^2/\alpha)^{-\frac{\alpha+1}{2}}}{\sum_j(1+\|z_i-\xi_j\|^2/\alpha)^{-\frac{\alpha+1}{2}}} \tag{8.49}$$

通过优化 $p(z_i,\xi_j)$ 和 $q(z_i,\xi_j)$ 之间的 KL 散度，逐步更新嵌入空间中样本点的聚类划分。

$$q(z_i,\xi_j)=\frac{p^2(z_i,\xi_j)/\sum_j p(z_i,\xi_j)}{\sum_j(p^2(z_i,\xi_j))/\sum_i(p(z_i,\xi_j))} \tag{8.50}$$

5. 联合损失优化

在深度生成阶段，通过设计基于交叉熵的解码器来重构模块度分布，尽量减少重构损失。社区成员矩阵 $\boldsymbol{Z}=[z_{ij}]\in\boldsymbol{R}^{N\times K}$ ，表示社区成员的向量矩阵表示。社区成员表示为向量 $\boldsymbol{z}_i$ ， K 为节点社区成员向量的维度。根据文献[28]中松弛的模块度定义，模块度公式简化为：

$$\begin{aligned}Q&=\frac{1}{2m}\sum_{i,j}[a_{ij}-\frac{d_i d_j}{2m}\varepsilon(i,j)]\\&=\frac{1}{2m}\mathrm{Tr}(\boldsymbol{Z}^\top\boldsymbol{B}\boldsymbol{Z})\end{aligned} \tag{8.51}$$

引入 $\boldsymbol{C}^\top\boldsymbol{C}$ 来简化最大化模块度问题：

$$\max Q=\max\{\mathrm{Tr}(\boldsymbol{Z}^\top\boldsymbol{B}\boldsymbol{Z})\} \tag{8.52}$$

根据瑞利熵可知,最大化模块度的解应为模块度矩阵 $\boldsymbol{B}$ 的 k 个最大特征向量。由矩阵重构定理得到模块度最大化和模块度矩阵重构的等价性。

下面给出损失的下界函数 $L_{\mathrm{low}}(\phi,\theta)$ ，其中 $(\phi,\theta)\in\{\boldsymbol{W}_0,\boldsymbol{W}_1,\boldsymbol{W}_2\}$ 是参数空间：

$$\begin{aligned}E_{\boldsymbol{B}}[\log p_\theta(\boldsymbol{B})]&=E_{\boldsymbol{B}}[E_{q\phi(z|\boldsymbol{B},\boldsymbol{A})}[\log p_\theta(\boldsymbol{B},\boldsymbol{Z})-\log q\phi(\boldsymbol{Z},\boldsymbol{B})]]\\&\geqslant L_{\mathrm{low}}(\phi,\theta)=E_{q\phi(z|\boldsymbol{B},\boldsymbol{A})}[\log p_\theta(\boldsymbol{B},\boldsymbol{Z})]-\mathrm{KL}_{q\phi}[(\boldsymbol{Z}|\boldsymbol{B},\boldsymbol{A})\|p(\boldsymbol{Z})]\end{aligned} \tag{8.53}$$

其中，包括重构损失和 KL 散度，用来描述两个分布的相似性。然后利用高斯先验知识，将损失进行联合优化。

$$p(\boldsymbol{Z})=\prod_i p(\boldsymbol{z}_i)=\prod_i N(\boldsymbol{z}_i|\boldsymbol{0},\boldsymbol{I}) \tag{8.54}$$

那么优化任务为最大化损失下界函数 $L_{\mathrm{low}}(\phi,\theta)$ ：

$$\arg\max L_{\mathrm{low}}(\phi,\theta) \tag{8.55}$$

其具体形式为：

$$E_{q\phi}(\boldsymbol{Z}|\boldsymbol{B},\boldsymbol{A})[\log p_\theta(\boldsymbol{B},\boldsymbol{Z})]=E_{q\phi}(\boldsymbol{Z}|\boldsymbol{B},\boldsymbol{A})\left[\sum_{i=1}^{N}\sum_{j=1}^{N}\log p(b_{ij}|\boldsymbol{z}_i)\right] \tag{8.56}$$

对式(8.47)加入 log 项后为：

$$\log p(b_{ij}|\boldsymbol{z}_i\boldsymbol{z}_j)=\sigma(b_{ij})\log\sigma\left(\boldsymbol{z}_i\boldsymbol{z}_j^\top\right)+(1-\sigma(b_{ij}))\log\left(1-\sigma\left(\boldsymbol{z}_i\boldsymbol{z}_j^\top\right)\right) \tag{8.57}$$

构建的图神经网络 $f(\boldsymbol{B},\boldsymbol{A})\to\boldsymbol{Z}$，编码器将高维数据嵌入到低维空间中，计算 $\boldsymbol{Z}$ 的变分后验。解码器中将 $\boldsymbol{Z}$ 作为输入，计算生成模型中重构模块度矩阵 $\boldsymbol{B}$ 的概率密度函数 $p(\boldsymbol{B}|\boldsymbol{Z})$。下面将变分下界重新表述：

$$L_{\text{low}}(\boldsymbol{B},\boldsymbol{A})=E_{q(z|\boldsymbol{B},\boldsymbol{A})}[\log p(\boldsymbol{B}|\boldsymbol{Z})]-KL[q(\boldsymbol{Z}|\boldsymbol{B},\boldsymbol{A})\|p(\boldsymbol{Z})] \tag{8.58}$$

其中第一项是重构模块度分布的损失，第二项是正则化项，用来防止过拟合。使用梯度下降和重构参数化策略更新式(8.48)中学习到的参数和隐变量。从交叉熵的角度，构建真实分布与重构分布之间的负交叉熵，最大化 $\log p(b_{ij}|\boldsymbol{z}_i\boldsymbol{z}_j)$ 等价于最小化两个分布之间距离，就是最小化重构损失。

6. 算法流程

本节提出的基于模块化变分图自编码器的无监督社区发现算法流程如算法 8-4 所示。

算法 8-4：基于模块化变分图自编码器的无监督社区发现算法

Input: $(G=(V,E,\boldsymbol{X}),m,\text{iter})$。

Output: $(\boldsymbol{Z})$。

1. 通过图神经网络构建拉普拉斯过滤器，根据式(8.35)～(8.41)对节点属性矩阵 $\boldsymbol{X}$ 进行预处理得到 $\tilde{\boldsymbol{X}}$；
2. 根据式(8.42)构建模块度矩阵 $\boldsymbol{B}$，将模块度矩阵 $\boldsymbol{B}$ 和节点特征矩阵 $\tilde{\boldsymbol{X}}$ 融合；
3. 根据式(8.43)～(8.46)对网络结构信息 $\boldsymbol{A}$ 和节点特征信息 $\tilde{\boldsymbol{X}}$、模块化信息 $\boldsymbol{B}$ 进行编码；初始化权重参数，计算节点的后验概率分布；
4. 根据式(8.48)计算 $\boldsymbol{Z}$ 的条件概率分布；
5. 根据式(8.56)重构模块度矩阵损失；
6. 计算社区成员矩阵 $\boldsymbol{Z}$ 的分布；
7. **while** i <=iter (模型不收敛) **do**
8. 　　反向传播，更新方法参数；
9. 　　根据式(8.54)计算联合优化损失函数；
10. **end while**
11. 基于社区成员矩阵 $\boldsymbol{Z}$ 的分布，得到最终社区发现结果；

8.5.4 实验分析

1. 评价指标与数据集

采用了三种广泛使用的指标，即准确度(ACC)、标准互信息(NMI)和模块度(Q)

评估实验效果。使用这三种指标评价时，一个较大的值意味着聚类结果更好。

在 Cora、Citeseer、Pubmed、Wiki 四个已知社区结构的网络数据集和 Les Miserables、Adjnoun、Netscience 三个未知社区结构数据集上进行社区发现实验。Cora 和 Citeseer 中的节点向量是二进制词向量，而在 Wiki 和 Pubmed 中，节点与 tf-idf 加权词向量相关联。七个数据集的信息如表 8-8 所示。

表 8-8　数据集信息

Datasets	Nodes	Edges	Community Structure	Community
Cora	2708	5429	known	7
Citeseer	3327	4732	known	6
Wiki	2405	17981	known	17
Pubmed	19717	44338	known	3
Les Miserables	77	254	known	—
Adjnoun	112	425	unknown	—
Netscience	1589	2742	unknown	—

2. 对比方法

与 2 种属性图嵌入方法进行比较，GAE[156]和 VGAE[157]将图卷积网络与(变分)自编码器结合起来，在节点分类和社区发现下游任务中用于表示学习。与 2 种基于深度学习的社区发现方法进行比较，DNR 深度非线性重构模型[158]是堆叠自编码器重构和优化，VGAECD[159]使变分图自编码进行社区发现。

与 7 种节点聚类方法进行比较。这 7 种方法可分为三类：

1) 方法仅使用节点特征。Kmeans[160]和谱聚类[32]是两种传统的聚类方法。Spectral-f 将节点特征的余弦相似性作为输入。

2) 方法仅使用图结构。Spectral-g 是以邻接矩阵作为输入相似度矩阵的谱聚类。DeepWalk[161]通过在图上生成的随机游走路径上使用 SkipGram 学习节点嵌入。

3) 方法同时使用节点特征和图结构。DGI[162]是对比学习方法，深度图对比信息的方法进行聚类。AGC[163]利用高阶图卷积来过滤节点特征，为不同的数据集选择图卷积层的数量。GUCD[164]将局部增强引入潜在社区，编码器的隐藏层中获得节点社区成员资格，并引入以社区为中心的双解码器。

3. 与已知社区结构网络对比

本节通过在已知社区结构的四个数据集上应用本节的方法，对 ACC%和 NMI%值进行评估，表 8-9 和表 8-10 显示了不同基线方法和 MVGAE 方法的社区发现准确度和标准互信息结果。实验中 Kmeans、Spectral-f、Spectral-g、DeepWalk 四种基线方法采用相同实验设置。GUCD 方法原论文中 Wiki 数据集没有结果，标记为“NA”。DGI 方法原论文中 Pubmed 数据集没有结果，标记为“NA”。Cora 数据集和 Citesser 数据集在不同 epoch 的 NMI%实验结果如图 8-21 所示。

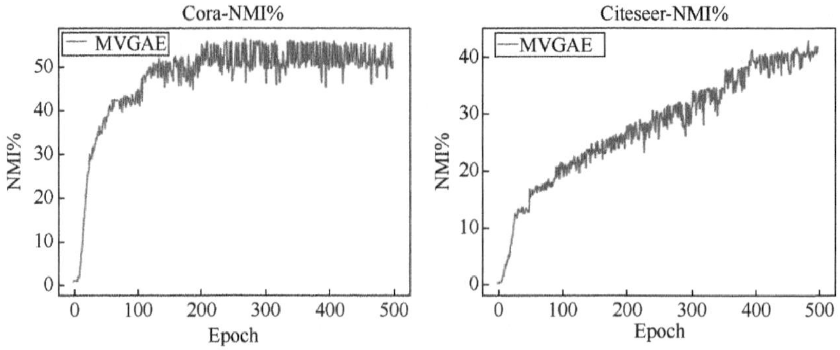

图 8-21　不同 epoch 的实验结果 NMI

表 8-9　已知社区结构数据集的对比实验结果(ACC)

Dataset	Kmeans	Spectral-f	Spectral-g	DeepWalk	GAE	VGAE	DGI	AGC	GUCD	MVGAE
Cora	34.65	36.26	34.19	46.74	53.25	55.95	71.81	68.92	50.5	**72.85**
Citeseer	38.49	46.23	25.91	36.15	41.26	44.38	**68.60**	67.00	54.47	67.28
Wiki	57.32	59.91	39.74	61.86	64.08	65.48	44.37	47.65	NA	**50.10**
Pubmed	33.37	41.28	23.58	38.46	17.33	28.67	NA	69.78	63.13	**70.81**

表 8-10　已知社区结构数据集的对比实验结果(NMI)

Dataset	Kmeans	Spectral-f	Spectral-g	DeepWalk	GAE	VGAE	DGI	AGC	GUCD	MVGAE
Cora	16.73	15.09	19.49	31.75	40.69	38.45	54.09	53.68	32.3	**54.46**
Citeseer	17.02	21.19	11.84	9.66	18.02	22.71	**43.75**	41.13	27.43	42.15
Wiki	30.20	43.99	19.28	32.38	11.93	30.28	42.20	45.28	NA	**50.32**
Pubmed	29.12	32.55	3.46	16.71	22.97	25.09	NA	31.59	26.98	**35.30**

从表 8-9 和表 8-10 中得出结果，对比基线方法本节提出的 MVGAE 方法在大多数据集实现了较优的性能。AGC 方法在基线方法中在 Wiki 和 Pubmed 数据集取得次优结果，DGI 方法在基线方法中 Cora 和 Citeseer 数据集取得次优结果。与 AGC 方法相比，在聚类准确度 ACC%性能上，MVGAE 在 Cora 数据集上提高了 5.7%，在 Citeseer 数据集上提高了 1.9%，在 Wiki 数据集上提高了 5.1%，在 Pubmed 数据集上提高了 1.5%。在标准互信息 NMI%性能，MVGAE 在 Cora 数据集上提高了 1.5%，在 Citeseer 数据集上提高了 2.5%，在 Wiki 数据集上提高 11.1%，在 Pubmed 数据集上提高了 11.7%。与无监督 GUCD 方法相比，MVGAE 均显示出竞争力。与对比学习 DGI 方法相比，在 citeseer 数据集上效果较差。

4. 与未知社区结构网络对比

本节对未知社区结构的三个数据集 Les Miserables、Adjnoun、Netscience 进行实验，数据集的相关信息如表 8-8 所示，实验结果如表 8-11 所示，实验表明加入模块度之后社区内部结构化效果更好，可以准确地找到网络中紧密的模块结构(社区)。在模块度 Q%性能上，MVGAE 方法相比 VGAECD 方法在 Les Miserables 数据集上提升 15.2%，在 Adjnoun 数据集上提升 36.9%，在 Netscience 数据集上提升 3.1%，若采用半监督的方法在这类网络中性能较差，而本节提出的 MVGAE 可以找到紧密的社区结构。

在未知社区结构网络中，使用自编码器的方法如 DNR 在 Q 值性能上表现都较差。变分图自编码器 VGAE 方法在一些网络中的表现略好，这表明在社区发现任务中，使用网络结构是有效的。但 VGAE 的结果与 MVGAE 相比较差，对于 Adjnoun 网络，VGAE 的 Q 值几乎为 0，无法找到社区结构。这些实验证明了模块化变分图自编码器模型在社区发现中的有效性。

表 8-11　未知社区结构数据集的对比实验结果(Q)

Dataset	DNR	VGAE	VGAECD	MVGAE
Les Miserables	40.62	45.52	50.62	**58.31**
Adjnoun	1.52	0.45	21.12	**28.92**
Netscience	36.93	53.48	84.38	**87.02**

5. 消融实验

本节我们通过一组简单的实验来证明基于交叉熵的解码器的有效性。如表 8-12 所示，MVGAE-cross 使用了基于交叉熵的解码器，而 MVGAE-dot 使用了基于 0-1 分布式点积的解码器(遵循 VGAE 的设计)。

表 8-12　两个不同解码器的实验结果 NMI%和 Q%

Dataset	UCDA-cross		UCDA-dot	
	NMI%	Q%	NMI%	Q%
Cora	54.46	65.82	35.12	63.56
Citeseer	42.15	61.23	20.90	56.52
Wiki	50.32	62.54	24.21	59.20
Pubmed	35.30	55.78	10.13	33.45

首先，在多个数据集上的实验充分描述了我们设计的基于交叉熵的解码器的有效性，它在所有数据集上的 NMI 和 Q 值都明显高于原来 VGAE 的点积解码器。

NMI%分数在Cora数据集上提高了55.1%，在Citeseer数据集上提高了96.9%，在Wiki数据集上提高了107.8%，而在Pubmed数据集上提高了248.5%。Q%分数在Cora数据集上提高了55.1%，在Citeseer数据集上提高了96.9%，在Wiki数据集上提高了107.8%，在Pubmed数据集上提高了248.5%。

其次，基于交叉熵的解码器对 NMI%的影响(55.1%～248.5%)明显大于它对Q%分数的影响(3.5%～66.8%)，当不使用基于交叉熵的解码器时，大多数真实网络会得到完全错误的划分结果。

6. 嵌入维度的影响

在 MVGAE 中，嵌入层的维度是一个重要的参数。因为在实验过程中，MVGAE 的其他参数，如迭代次数、学习率和 K-means 的聚类个数是最常用的参数。因此本节主要讨论嵌入维数的敏感性。设置隐藏层数为嵌入层数的两倍。图 8-22 显示了 4 个真实数据集上不同嵌入层数的 NMI%值。

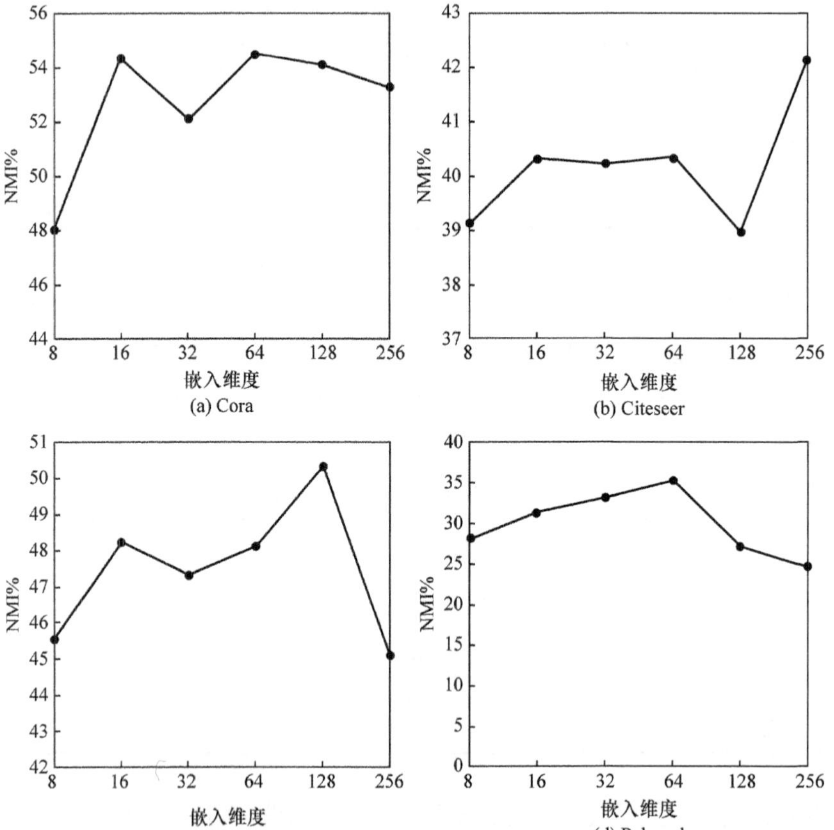

图 8-22　不同嵌入维度的影响

从图 8-22(a)到图 8-22(d)可以看出，随着嵌入维度从 8 个神经元增加到 16 个神经元，聚类结果稳步改善。增加嵌入维数有助于获得更多数据信息，从而实现良好的聚类。然而，当我们进一步增加神经元数量时，性能会波动，有时我们在更高维度上获得更好的分数。当神经元个数在 16～128 时，MVGAE 的性能受嵌入维数的影响在较小的范围内发生变化，NMI 得分总体上保持良好。由此得出，嵌入层中神经元的数量对 MVGAE 的性能有影响，通过网络结构与节点之间的交互学习到的非线性信息影响了聚类的划分。

7. 可视化

为了更直观地显示在运行 MVGAE 方法时节点是如何划分为稳定社区的，我们选择 Cora 数据集和 Citeseer 数据集来可视化嵌入样本。图 8-23 和图 8-24 是经 t-SNE 技术还原为 2-dim 后嵌入数据的可视化散点图。我们使用不同的颜色来标记不同的真实簇。可以看出节点在初始状态下是分散的，重构邻接矩阵的嵌入样本具有一定程度的改善。重构模块度矩阵后，社区结构逐渐更加清晰。其中，同一簇中的点具有较大的吸引力，形成几个紧凑的簇集，不同的簇之间距离较远。

从图 8-23 和图 8-24 中可以看出，MVGAE 方法中生成嵌入对社区形成了高度模块化的簇结构，具有很强的可区分性。可视化结果不仅显示了变分图自编码器 VGAE 强大的模块化能力，还揭示了重构模块度矩阵的合理性。原始样本混合在一起，基本难以区分，而 MVGAE 重构模块度矩阵的嵌入形成了高度模块化的聚类结构，具有很强的可区分性。VGAE 方法最初的任务是链路预测，因此重构节点之间的关系是有帮助的。但是社区结构发现任务更关注高阶关系，重构邻接矩阵社区发现性能较差。

原始数据　　重构邻接矩阵　　重构模块度矩阵

图 8-23　Cora 数据集可视化

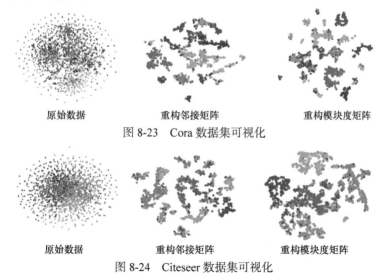

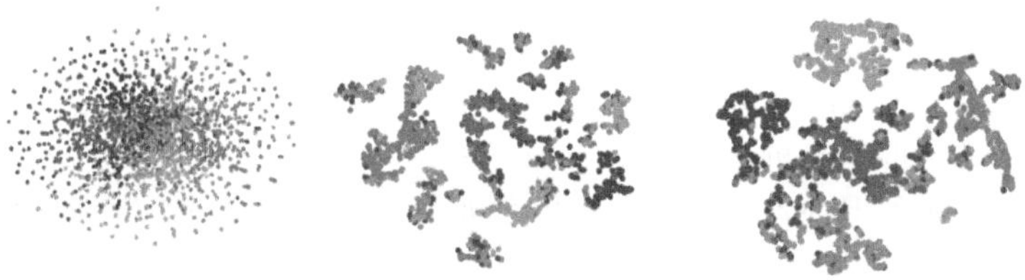

原始数据　　重构邻接矩阵　　重构模块度矩阵

图 8-24　Citeseer 数据集可视化

参考文献

[1] 李辉, 陈福才, 张建朋, 等. 复杂网络中的社团发现算法综述[J]. 计算机应用研究, 2021, 38(6):1611-1618.

[2] Sun Y, Han J. Mining heterogeneous information networks: A structural analysis approach[J]. Acm Sigkdd Explorations Newsletter, 2013, 14(2): 20-28.

[3] Guo K, Huang X T, Wu L, et al. Local community detection algorithm based on local modularity density[J]. Applied Intelligence, 2022, 52(2):1238-1253.

[4] Li Y, Tian Y, Zhang J W, et al. Learning signed network embedding via graph attention[C]// Proceedings of the AAAI Conference on Artificial Intelligence, 2020, 34(4): 4772-4779.

[5] 许营坤, 马放南, 杨旭华, 等. 基于全局注意力机制的属性网络表示学习[J]. 计算机科学, 2021, 48(12): 188-194.

[6] 胡昕彤, 沙朝锋, 刘艳君. 基于随机投影和主成分分析的网络嵌入后处理算法[J]. 计算机科学, 2021, 48(5): 124-129.

[7] Fan G, Geng B, Tao J R, et al. PPPNE: Personalized proximity preserved network embedding[J]. Neurocomputing, 2022, 472: 103-112.

[8] Cui P, Wang X, Pei J, et al. A survey on network embedding[J]. IEEE Transactions on Knowledge and Data Engineering, 2019, 31(5): 833-852.

[9] 蒋宗礼, 樊珂, 张津丽. 基于生成对抗网络和元路径的异质网络表示学习[J]. 计算机科学, 2022, 49(1): 133-139.

[10] 姜征和, 陈学刚. 基于注意力机制和异质信息网络元路径的推荐系统[J]. 计算机应用研究, 2022, 39(12): 3587-3591, 3597.

[11] Santo Fortunato. Community detection in graphs[J]. Physics reports, 2010, 486(3-5): 75-174.

[12] Goyal P, Ferrara E. Graph embedding techniques, applications, and performance: A survey[J]. Knowledge-Based Systems, 2018, 151: 78-94.

[13] Grover A, Leskovec J. Node2vec: Scalable feature learning for networks[C]// Proceedings of the 22nd ACM SIGKDD International Conference on Knowledge Discovery and Data Mining (KDD), 2016.

[14] Cai H, Zheng V W, Chang K C. A comprehensive survey of graph embedding: Problems, techniques, and applications[C]// IEEE Transactions on Knowledge and Data Engineering, 2018, 30(9): 1616-1637.

[15] Tang J, Qu M, Wang M Z, et al. LINE: Large-scale Information Network Embedding[C]// Proceedings of the 24th International Conference on World Wide Web, 2015. arXiv:1503.03578.

[16] Wang L L, Lu Y, Huang C H, et al. Embedding node structural role identity into hyperbolic space[C]//Proceedings of the 29th ACM International Conference on Information and Knowledge Management, 2020:2253-2256.

[17] Cao S S, Lu W, Xu Q K. Grarep: Learning graph representations with global structural information[C]//Proceedings of the 24th ACM International Conference on Information and Knowledge Management, 2015: 891-900.

[18] International Joint Conference on Artificial Intelligence, Buenos Aires, 2015.

[19] Ou M D, Cui P, Pei J, et al. Asymmetric transitivity preserving graph embedding[C]//Proceedings of the 22nd ACM SIGKDD International Conference on Knowledge Discovery and Data Mining, 2016: 1105-1114.

[20] Yang C, Sun M S, Liu Z Y, et al. Fast network embedding enhancement via high order proximity approximation[C]//Proceedings of the 26th International Joint Conference on Artificial Intelligence, 2017: 3894-3900.

[21] Qiu J Z, Dong Y X, Ma H, et al. Network embedding as matrix factorization: Unifying DeepWalk, Line, PTE, and node2vec[C]//Proceedings of the eleventh ACM International Conference on Web Search and Data Mining, 2018:459-467.

[22] Qiu J Z, Dong Y X, Ma H, et al. Netsmf: Large-scale network embedding as sparse matrix factorization[C]//The World Wide Web Conference, 2019: 1509-1520.

[23] Chen J Y, Gong Z G, Wang W, et al. HNS: Hierarchical negative sampling for network representation learning[J]. Information Sciences, 2021, 542: 343-356.

[24] 谢雨洋, 冯栩, 喻文健, 等. 基于随机化矩阵分解的网络嵌入方法[J]. 计算机学报, 2021, 44(3):447-461.

[25] Bruna J, Zaremba W, LeCun Y, et al. Spectral networks and deep locally connected networks on graphs[C]. International Conference on Learning Representations, 2014.

[26] Chen H C, Perozzi B, Hu Y F, et al. Harp: Hierarchical representation learning for networks[J]. Social and Information Networks, 2018. DOI:10.1609/aaai.v32i1.11849.

[27] Wu Z, Pan S, Chen F, et al. A comprehensive survey on graph neural networks[J]. IEEE Transactions on Neural Networks and Learning Systems, 2019, 31(9): 3191-3212.

[28] Wang P Y, Zhang J W, Liu G N, et al. Ensemble-spotting: Ranking urban vibrancy via poi embedding with multi-view spatial graphs[C]//Proceedings of the 2018 SIAM International Conference on Data Mining, 2018: 351-359.

[29] You J X, Ying R, Ren X, et al. Graphrnn: Generating realistic graphs with deep auto-regressive models[C]//Proceedings of the 35th International Conference on Machine Learning, 2018: 5708-5717.

[30] Meng L, Zhang J W. IsoNN: Isomorphic neural network for graph representation learning and classification[C]. International Conference on Learning Representations, New Orleans, 2019.

[31] Zheng C P, Fan X L, Wang C, et al. Gman: A graph multi-attention network for traffic prediction[C]//Proceedings of the AAAI Conference on Artificial Intelligence, 2020, 34(1): 1234-1241.

[32] 王强, 江昊, 羿舒文, 等. 复杂网络的双曲空间表征学习方法[J]. 软件学报, 2021, 32(1): 93-117.

[33] McDonald D, He S. Hyperbolic embedding of attributed and directed networks[J]. IEEE Transactions on Knowledge and Data Engineering, 2022, 99(1): 1-12.

[34] Boguñá M, Papadopoulos F, Krioukov D. Sustaining the internet with hyperbolic mapping[J]. Nature Communications, 2010, 1:62.
[35] Ganea O, Bécigneul G, Hofmann T. Hyperbolic entailment cones for learning hierarchical embeddings[C]// Proceedings of the 35th International Conference on Machine Learning (ICML), 2018:2661-2673.
[36] Zhang Y, Wang X, Liu N, et, al. Embedding heterogeneous information network in hyperbolic spaces[J]. ACM Transactions on Knowledge Discovery from Data (TKDD), 2022, 16(2): 1-23.
[37] Papadopoulos F, Psomas C, Krioukov D. Network mapping by replaying hyperbolic growth[J]. IEEE Transactions on Networking, 2014, 23(1): 198-211.
[38] Papadopoulos F, Aldecoa R, Krioukov D. Network geometry inference using common neighbors[J]. Physical Review E, 2015, 92(2): 1-16.
[39] 戴筠. 基于双曲空间图嵌入的科研热点预测[J]. 大数据, 2022, 8(6): 94-104.
[40] Chami I, Nichols E, Kiela D. Hyperbolic neural networks for graph-structured data[C]// Proceedings of the 8th International Conference on Learning Representations，2019.
[41] Zhou J, Cui G, Hua S,et al.Graph Neural Networks: A Review of Methods and Applications[M]. Beijing: KeAi, 2020.
[42] Xie Y, Yu B, Lv S, et al. A survey on heterogeneous network representation learning[J]. Pattern Recognition, 2021, 116(107936): 1-14.
[43] Zhang M, Chen Y, Wang Y. Link prediction based on graph neural networks[C]// Thirty-Second AAAI Conference on Artificial Intelligence, 2018.
[44] Dong Y, Chawla N V, Swami A. metapath2vec: Scalable representation learning for heterogeneous networks[C]//Proceedings of the 23rd ACM SIGKDD International Conference on Knowledge Discovery and Data Mining, 2017: 135-144.
[45] Mikolov T, Chen K, Corrado G, et al. Efficient estimation of word representations in vector space[J]. arXiv preprint arXiv:1301.3781, 2013.
[46] Fu T, Lee W C, Lei Z. Hin2vec: Explore meta-paths in heterogeneous information networks for representation learning[C]// Proceedings of the 2017 ACM on Conference on Information and Knowledge Management, New York, 2017: 1797-1806.
[47] Shang J, Qu M, Liu J, et al. Meta-path guided embedding for similarity search in large-scale heterogeneous information networks[R]. Cornell University, 2016, arXiv preprint arXiv:1610.09769.
[48] Cai X, Shang J, Hao F, et al. HMSG: Heterogeneous graph neural network based on metapath subgraph learning[J]. Knowledge based systems, 2023,(4): 1-11.
[49] Zhou S, Bu J, Wang X, et al. HAHE: Hierarchical attentive heterogeneous information network embedding[R]. arXiv: 1902.01475, 2019.
[50] Wang D, Cui P, Zhu W. Structural deep network embedding[C]// Proceedings of the 22nd ACM SIGKDD International Conference on Knowledge Discovery and Data Mining, 2016: 1300-1309.
[51] Chen H, Yin H, Wang W, et al. PME: Projected Metric Embedding on Heterogeneous Networks for Link Prediction[C]// Proceedings of the 24th ACM SIGKDD International Conference on Knowledge Discovery and Data Mining, 2018.
[52] Fu X, Zhang J, Meng Z, et al. Magnn: Metapath aggregated graph neural network for

heterogeneous graph embedding[C]//Proceedings of The Web Conference, 2020: 2331-2341.

[53] Chen D, Cai H, He X, et al. MARINE: Memory-augmented recurrent information flow network for dynamic heterogeneous graph embedding[J]. World Wide Web, 2018, 21(6): 1-21.

[54] Xue H, Yang L, Jiang W, et al. Modeling dynamic heterogeneous network for link prediction using hierarchical attention with temporal rnn [C]//Joint European Conference on Machine Learning and Knowledge Discovery in Databases, 2020: 282-298.

[55] Ullah A, Wang B, Sheng J F, et al. Identification of nodes influence based on global structure model in complex networks[J]. Scientific Reports, 2021, 11(1):1-11.

[56] 李鑫. 基于结构识别的网络表示学习算法研究与实现[D]. 吉林：吉林大学, 2021.

[57] 张芹, 郭进利. 基于复杂网络理论的质量管理分析[J]. 复杂系统与复杂性科学，2021, 18(4):43-49.

[58] Sheng J F, Zuo H Y, Wang B, et al. Community detection in complex network by network embedding and density clustering[J]. Journal of Intelligent and Fuzzy Systems, 2021, 41(6): 6273-6284.

[59] Wu Z H. Comprehensive knowledge graph embedding: A survey. IEEE Transactions on Knowledge and Data Engineering, 2018, 30 (5): 863-882.

[60] Battaglia P W, Hamrick J B, Bapst V, et al. Relational inductive biases, deep learning, and graph networks[EB/OL]. 2018. arXiv preprint arXiv:1806.01261.

[61] 王静红, 梁丽娜, 李昊康, 等. 基于注意力网络特征的社区发现算法[J]. 山东大学学报(理学版), 2021, 56(9):1-12.

[62] 杨旭华, 王晨. 基于网络嵌入与局部合力的复杂网络社区划分算法[J]. 计算机科学, 2021, 48(4):229-236.

[63] 潘雨, 邹军华, 王帅辉, 等. 基于网络表示学习的深度社团发现方法[J]. 计算机科学, 2021, 48(11A):198-203.

[64] 杨壹, 吴春晓, 何明, 等. 面向社交网络的负面影响最小化算法[J]. 系统仿真学报, 2021, 33(2):501-508.

[65] Chaudhary L, Singh B. Detecting community structures using modified fast louvain method in complex networks[J]. International Journal of Information Technology, 2021, 13(5): 1711-1719.

[66] Zhang Y C, Li Y G, Deng W F, et al. Complex networks identification using bayesian model with independent laplace prior[J]. Chaos: An Interdisciplinary Journal of Nonlinear Science, 2021, 31(1): 013107.

[67] 宁阳, 武志峰, 张策. 面向复杂网络的多属性决策关键节点识别算法研究[J]. 计算机与数字工程, 2021, 49(8): 1510-1515.

[68] 刘海姣, 马慧芳, 赵琪琪, 等. 融合用户兴趣偏好与影响力的目标社区发现[J]. 计算机研究与发展, 2021, 58(1): 70-82.

[69] Abdulrahman M M, Abbood A D, Attea B A. The influence of nmi against modularity in community detection problem: A case study for unsigned and signed networks[J]. Iraqi Journal of Science, 2021, 62(6): 2064-2081.

[70] Yang G, Zheng W P, Che C H, et al. Graph-based label propagation algorithm for community detection[J]. International Journal of Machine Learning and Cybernetics, 2020, 11(6):

1319-1329.

[71] He C B, Fei X, Li H C, et al. Improving NMF-based community discovery using distributed robust nonnegative matrix factorization with simrank similarity measure[J]. The Journal of Supercomputing, 2018, 74(10): 5601-5624.

[72] Wang D, Cui P, Zhu W. Structural deep network embedding[C]// Proceedings of the 22nd ACM SIGKDD International Conference on Knowledge Discovery and Data Mining (KDD), 2016.

[73] Kipf T N, Welling M. Semi-supervised classification with graph convolutional networks[J]. International Conference on Learning Representations, 2017.

[74] Xu K, Hu W, Leskovec J, et al. How powerful are graph neural networks?[C]// Proceedings of the 36th International Conference on Machine Learning (ICML), 2018.

[75] Oord A V D, Lipton Z C, Char C. Representation learning with contrastive predictive coding[EB/OL]. arXiv preprint arXiv:1807.03748. 2018.

[76] Nguyen D Q, Nguyen T D, Phung D. A self-attention network based node embedding model[C]//Joint European Conference on Machine Learning and Knowledge Discovery in Databases, 2020:364-377.

[77] Sabour S, Frosst N, Hinton G E. Dynamic routing between capsules[C]// Proceedings of the 30th Annual Conference on Neural Information Processing Systems (NeurIPS), 2017.

[78] Deng C H, Zhao Z Q, Wang Y Y, et al. GraphZoom: A multi-level spectral approach for accurate and scalable graph embedding[J]. International Conference on Learning Representations, 2020.

[79] Peng Z, Huang W B, Luo M N, et al. Graph representation learning via graphical mutual information maximization[C]//Proceedings of the Web Conference 2020, 2020:259-270.

[80] Shi M, Tang Y F, Zhu X Q, et al. Multi-class imbalanced graph convolutional network learning[C]//Proceedings of the Twenty-Ninth International Joint Conference on Artificial Intelligence, 2020.

[81] Zhao H, Yang X, Wang Z R, et al. Graph debiased contrastive learning with joint representation clustering[C]//Proceedings of the Thirtieth International Joint Conference on Artificial Intelligence, 2021:3434-3440.

[82] Chen Y H, Tang X, Qi X B, et al. Learning graph normalization for graph neural networks[J]. Neurocomputing, 2022.

[83] Newman M E J. Clustering and preferential attachment in growing networks. Physical Review E, 2001, 64(2): 025102.

[84] Jaccard P. The distribution of the flora in the alpine zone. 1[J]. New Phytologist, 1912, 11(2): 37-50.

[85] Liben-Nowell D, Kleinberg J. The link prediction problem for social networks[C]// Proc. of the Twelfth International Conference on Information and Knowledge Management. New York: Association for Computing Machinery, 2003: 556-559.

[86] Zhou T, Lü L Y, Zhang Y C. Predicting missing links via local information[J]. The European Physical Journal B, 2009,71: 623-630.

[87] Sen P, Namata G, Bilgic M, et al. Collective classification in network data[J]. AI Magazine, 2008, 29(3): 93-93.

[88] Gao H, Huang H. Deep attributed network embedding[C]//Proceedings of the 27th International Joint Conference on Artificial Intelligence (IJCAI), 2018: 3364-3370.

[89] Tang J, Qu M, Wang M, et al. Line: Large-scale information network embedding[C]// Proceedings of the 24th International Conference on World Wide Web (WWW),2015.

[90] Grover A, Leskovec J. Node2vec: scalable feature learning for networks[C]//Proceedings of the 22nd ACM SIGKDD International Conference on Knowledge Discovery and Data Mining, 2016:855-864.

[91] Tang J, Qu M, Wang M, et al. Line: large-scale information network embedding[C]//Proceedings of the 24th International Conference on World Wide Web, 2015:1067-1077.

[92] Yang C, Liu Z, Zhao D, et al. Network representation learning with rich text information[C]// Proceedings of the 24th International Joint Conference on Artificial Intelligence (IJCAI), 2015:2111-2117.

[93] Huang X, Li J, Hu X. Accelerated attributed network embedding[C]//Proceedings of the 2017 SIAM International Conference on Data Mining, 2017:633-641.

[94] Kingma D P, Welling M. Auto-encoding variational bayes[J]. arXiv preprint arXiv:1312.6114, 2013.

[95] Kipf T N, Welling M. Variational graph auto-encoders[J]. arXiv preprint arXiv:1611.07308, 2016.

[96] Zhang Z, Yang H, Bu J, et al. ANRL: Attributed network representation learning via deep neural networks[C]//Proceedings of the 27th International Joint Conference on Artificial Intelligence (IJCAI), 2018:3155-3161.

[97] Liu Q, Nickel M, Kiela D. Hyperbolic graph neural networks[C]//Proceedings of the 33rd International Conference on Neural Information Processing Systems (NeurIPS). 2019:8230-8241.

[98] Chami I, Ying R, Re C, et al. Hyperbolic graph convolutional neural networks[C]//Proceedings of the 33rd International Conference on Neural Information Processing Systems (NeurIPS), 2019:4868-4879.

[99] Zhang Y, Wang X, Shi C, et al. Hyperbolic graph attention network[J]. IEEE Transactions on Big Data, 2021, 8(6):1690-1701.

[100] Ganea O E, Bécigneul G, Hofmann T. Hyperbolic neural networks[C]//Proceedings of the 32nd International Conference on Neural Information Processing Systems (NeurIPS), 2018:5350-5360.

[101] Nickel M, Kiela D. Poincaré embeddings for learning hierarchical representations[C]//Proceedings of the 31st International Conference on Neural Information Processing Systems (NeurIPS), 2017:6341-6350.

[102] Zhang C. Learning from heterogeneous networks: Methods and applications[C]// Proceedings of the 13th international conference on web search and data mining. 2020: 927-928.

[103] Page L, Brin S, Motwani R, et al. The PageRank citation ranking: Bringing order to the web[R]. Stanford InfoLab, 1999.

[104] Jeh G, Widom J. SimRank: A measure of structural-context similarity[C]//Proceedings of the Eighth ACM SIGKDD International Conference on Knowledge Discovery and Data Mining, 2002: 538-543.

[105] Sun Y, Han J, Yan X, et al. Pathsim: Meta path-based top-k similarity search in heterogeneous

information networks[J]. Proceedings of the VLDB Endowment, 2011, 4(11): 992-1003.

[106] Song P, Zhao C, Huang B. SFNet: A slow feature extraction network for parallel linear and nonlinear dynamic process monitoring[J]. Neurocomputing, 2022, 488: 359-380.

[107] Vincent P, Larochelle H, Lajoie I, et al. Stacked denoising autoencoders: Learning useful representations in a deep network with a local denoising criterion[J]. Journal of machine learning research, 2010, 11(12): 3371-3408.

[108] Scarselli F, Gori M, Tsoi A C, et al. The graph neural network model[J]. IEEE Transactions on Neural Networks, 2009, 20(1): 61.

[109] Kearnes S, McCloskey K, Berndl M, et al. Journal of Computer-Aided Molecular Design, 2016, 30(8): 595-608.

[110] Hammond D K, Vandergheynst P, Gribonval R. Wavelets on graphs via spectral graph theory[J]. Applied and Computational Harmonic Analysis, 2011, 30(2): 129-150.

[111] Vaswani A, Shazeer N, Parmar N, et al. Attention is all you need[J]. Advances in Neural Information Processing Systems, 2017, 30(1):11.

[112] Shi C, Wang X, Philip S Y. Heterogeneous Graph Representation Learning and Applications[M]. Berlin: Springer, 2022.

[113] Shi C, Li Y, Zhang J, et al. A survey of heterogeneous information network analysis[J]. IEEE Transactions on Knowledge and Data Engineering, 2016, 29(1): 17-37.

[114] Fang Y, Lin W Q, Zheng V W , et al. Metagraph-Based Learning on Heterogeneous Graphs[C]// IEEE Transactions on Knowledge and Data Engineering, 2021, 33(1): 154-168.

[115] Kipf T N, Welling M. Semi-supervised classification with graph convolutional networks[C]// Proceedings of the 5th International Conference on Learning Representations (ICLR), 2017.

[116] Cui G, Zhou J, Yang C, et al. Adaptive graph encoder for attributed graph embedding[C]// Proceedings of the 26th ACM SIGKDD International Conference on Knowledge Discovery & Data Mining. Association for Computer Machinery, 2020: 976-985.

[117] Wu Z, Pan S, Chen F, et al. A comprehensive survey on graph neural networks[J]. IEEE Transactions on Neural Networks and Learning Systems, 2019, 31(9): 3191-3212.

[118] Kipf T N, Welling M. Semi-supervised classification with graph convolutional networks [J]. 2016, arXiv preprint arXiv:1609.02907.

[119] Cao S, Lu W, Xu Q. Grarep: Learning graph representations with global structural information [C]// Proceedings of the 24th ACM international on conference on information and knowledge management, 2015: 891-900.

[120] LeCun Y, Boser B, Denker JS, et al. Backpropagation applied to handwritten zip code recognition[J]. Neural Computation, 1989, 1(4): 541-551.

[121] Chen H, Yin H, Wang W, et al. PME: Projected metric embedding on heterogeneous networks for link prediction [C]// Proceedings of the 24th ACM SIGKDD International Conference on Knowledge Discovery and Data Mining, 2018: 1177-1186.

[122] Zhang C, Song D, Huang C, et al. Heterogeneous graph neural network[C]//Proceedings of the 25th ACM SIGKDD International Conference on Knowledge Discovery and Data Mining, 2019: 793-803.

[123] Wang X, Lu Y, Shi C, et al. Dynamic heterogeneous information network embedding with meta-path based proximity[J]. IEEE Transactions on Knowledge and Data Engineering, 2020, 34(3): 1117-1132.

[124] Bolya D, Fu C Y, Dai X L, et al. Hydra attention:Efficient attention with many heads[J]. arXiv:2209.07484. 2022.

[125] Gupta M, Kumar P, Bhasker B. A new relevance measure for heterogeneous networks[C]//Big Data Analytics and Knowledge Discovery: 17th International Conference, 2015: 165-177.

[126] Wang X, Ji H, Shi C, et al. Heterogeneous graph attention network[C]//The World Wide Web Conference. 2019: 2022-2032.

[127] Hinton G E, Krizhevsky A, Wang S D. Transforming auto-encoders[C]//Proceedings of the 21st International Conference on Artificial Neural Networks, 2011: 44-51.

[128] Zeiler M D, Fergus R. Visualizing and understanding convolutional networks[C]// European Conference on Computer Vision (ECCV), 2013.

[129] Frosst N, Sabour S, Hinton G. DARCCC: Detecting adversaries by reconstruction from class conditional capsules[C]//Proceedings of the 2018 Workshop on Security in Machine Learning (NeurIPS). 2018: 1-13.

[130] Hinton G E, Sabour S, Frosst N. Matrix capsules with EM routing[C]//Proceedings of the 6th International Conference on Learning Representations (ICLR), 2018: 1-15.

[131] Gulbahce N, Lehmann S. The art of community detection[J]. BioEssays, 2008, 30(10): 934-939.

[132] 石川, 王睿嘉, 王啸. 异质信息网络分析与应用综述[J]. 软件学报, 2022, 33(02): 598-621.

[133] Sabour S, Frosst N, Hinton G E. Dynamic routing between capsules[C]//Proceedings of the 30th Annual Conference on Neural Information Processing Systems (NeurIPS), 2017: 3856-3866.

[134] Cai B, Wang Y, Zeng L, et al. Edge classification based on convolutional neural networks for community detection in complex network[J]. Physica A: Statistical Mechanics and Its Applications, 2020, 556: 124826.

[135] Ai H, Wu X, Zhang L, et al. QSAR modelling study of the bioconcentration factor and toxicity of organic compounds to aquatic organisms using machine learning and ensemble methods[J]. Ecotoxicology and Environmental Safety, 2019, 179: 71-78.

[136] Chen C, Zhang Q, Yu B, et al. Improving protein-protein interactions prediction accuracy using XGBoost feature selection and stacked ensemble classifier[J]. Computers in Biology and Medicine, 2020, 123: 103899.

[137] Xiong G, Wu Z, Yi J, et al. ADMETlab 2.0: An integrated online platform for accurate and comprehensive predictions of ADMET properties[J]. Nucleic Acids Research, 2021, 49(W1): 5-14.

[138] Cai H, Zheng V W, Chang K C. A comprehensive survey of graph embedding: Problems, techniques, and applications. IEEE Transactions on Knowledge and Data Engineering, 2018, 30(9): 1616-1637.

[139] Velickovic P, Cucurull G, Casanova A, et al. Graph attention networks[C]//Proceedings of the 6th International Conference on Learning Representation (ICLR), 2018: 1-12.

[140] Salehi A, Davulcu H. Graph attention auto-encoders[C]//Proceedings of the 32nd IEEE International Conference on Tools with Artificial Intelligence (ICTAI), 2020: 989-996.

[141] Yang Z, Cohen W, Salakhudinov R. Revisiting semi-supervised learning with graph embeddings[C]//Proceedings of the 33nd International Conference on Machine Learning(ICML), 2016: 40-48.

[142] Cai B, Zeng L, Wang Y, et al. Community detection method based on node density, degree centrality, and K-means clustering in complex network[J]. Entropy, 2019, 21(12): 1145.

[143] Wang X, Hu X. Graph representation learning via hard and negative sampling[J]. IEEE Transactions on Knowledge and Data Engineering, 2019, 31(8): 1597-1609.

[144] Hasanzadeh A, Hajiramezanali E, Narayanan K, et al. Semi-implicit graph variational auto-encoders[C]//Proceedings of the 32nd Annual Conference on Neural Information Processing Systems (NeurIPS), 2019: 10711-10722.

[145] Nguyen D Q, Nguyen T D, Nguyen D Q, et al. A capsule network-based model for learning node embeddings[C]//Proceedings of the 29th ACM International Conference on Information & Knowledge Management, 2020: 3313-3316.

[146] Van der Maaten L, Hinton G. Visualizing data using t-SNE[J]. Journal of Machine Learning Research, 2008, 9(11): 1-27.

[147] Liu F C, Choi D, Xie L, et al. Global spectral clustering in dynamic networks[J]. Proceedings of the National Academy of Sciences, 2018, 115(5): 927-932.

[148] Newman M E J. Equivalence between modularity optimization and maximum likelihood methods for community detection[J]. Physical Review E, 2016, 94(5): 052315.

[149] Traag V A, Aldecoa R, Delvenne J C. Detecting communities using asymptotical surprise[J]. Physical Review E, 2015, 92(2): 022816.

[150] Eagle N, Pentland A S, Lazer D. Inferring friendship network structure by using mobile phone data[J]. Proceedings of the National Academy of Sciences, 2009, 106(36): 15274-15278.

[151] Xu K S, Hero A O. Dynamic stochastic blockmodels for time-evolving social networks[J]. IEEE Journal of Selected Topics in Signal Processing, 2014, 8(4): 552-562.

[152] Priebe C E, Conroy J M, Marchette D J, et al. Scan statistics on enron graphs[J]. Computational & Mathematical Organization Theory, 2005, 11(3): 229-247.

[153] Toth D J A, Leecaster M, Pettey W B P, et al. The role of heterogeneity in contact timing and duration in network models of influenza spread in schools[J]. Journal of The Royal Society Interface, 2015, 12(108): 20150279.

[154] Asur S, Parthasarathy S, Ucar D. An event-based framework for characterizing the evolutionary behavior of interaction graphs[J]. ACM Transactions on Knowledge Discovery from Data (TKDD), 2009, 3(4): 1-36.

[155] Yang T, Chi Y, Zhu S, et al. Detecting communities and their evolutions in dynamic social networks—a Bayesian approach[J]. Machine Learning, 2011, 82(2): 157-189.

[156] Hamilton W, Ying Z, Leskovec J. Inductive representation learning on large graphs[J]. Advances in Neural Information Processing Systems, 2017, 30.

[157] Yang L, Cao X, He D, et al. Modularity based community detection with deep learning[C]//

IJCAI, 2016, 16: 2252-2258.

[158] Liu J, Han J. Spectral clustering[M]//Data Clustering. New York: Chapman and Hall/CRC, 2018: 177-200.

[159] Girvan M, Newman M E J. Community structure in social and biological networks[J]. Proceedings of the National Academy of Sciences, 2002, 99(12): 7821-7826.

[160] Hartigan J A, Wong M A. Algorithm A S 136: A k-means clustering algorithm[J]. Journal of the Royal Statistical Society. Series C (Applied Statistics), 1979, 28(1): 100-108.

[161] Perozzi B, Al-Rfou R, SKIENA S. Deepwalk: Online learning of social representations[C]// Proceedings of the 20th ACM SIGKDD International Conference on Knowledge Discovery and Data Mining. Association for Computer Machinery, 2014: 701-710.

[162] Velickovi P, Fedus W, Hamilton W L, et al. Deep graph infomax[J]. ICLR, 2019, 2(3): 4.

[163] Zhang X, Liu H, Li Q, et al. Attributed graph clustering via adaptive graph convolution[J]. arXiv preprint arXiv:1906.01210, 2019.

[164] He D X, Song Y, Jin D, et al. Community-centric graph convolutional network for unsupervised community detection[C]//Proceedings of the Twenty-Ninth International Conference on International Joint Conferences on Artificial Intelligence, 2021: 3515-3521.